原 康夫・近 桂一郎・丸山瑛一・松下 貢 編集

❖❖❖ 裳華房フィジックスライブラリー ❖❖❖

統 計 力 学

中央大学教授
理学博士
香 取 眞 理 著

裳 華 房

STATISTICAL MECHANICS

by

Makoto KATORI, DR. SC.

SHOKABO

TOKYO

編 集 趣 旨

「裳華房フィジックスライブラリー」の刊行に当り，その編集趣旨を説明します．

最近の科学技術の進歩とそれにともなう社会の変化は著しいものがあります．このように新しい知識が急増し，また新しい状況に対応することが必要な時代に求められるのは，個々の細かい知識よりは，知識を実地に応用して問題を発見し解決する能力と，生涯にわたって新しい知識を自分のものとする能力です．このためには，基礎になる，しかも精選された知識，抽象的に物事を考える能力，合わせて数理的な推論の能力が必要です．このときに重要になるのが物理学の学習です．物理学は科学技術の基礎にあって，力，エネルギー，電場，磁場，エントロピーなどの概念を生み出し，日常体験する現象を定性的に，さらには定量的に理解する体系を築いてきました．

たとえば，ヨーヨーの糸の端を持って落下させるとゆっくり落ちて行きます．その理由がわかると，それを糸口にしていろいろなことを理解でき，物理の面白さがわかるようになってきます．

しかし，物理はむずかしいので敬遠したくなる人が多いのも事実です．物理がむずかしいと思われる理由にはいくつかあります．そのひとつは数学です．数学では $48 \div 6 = 8$ ですが，物理の速さの計算では $48\,\mathrm{m} \div 6\,\mathrm{s} = 8\,\mathrm{m/s}$ となります．実用になる数学を身につけるには，物理の学習の中で数学を学ぶのが有効的な方法なのです．この"メートル"を"秒"で割るという一見不可能なようなことの理解が，実は，数理的推論能力養成の第1歩なのです．

一見，むずかしそうなハードルを越す体験を重ねて理解を深めていくところに物理学の学習の有用さがあり，大学の理工系学部の基礎科目として物理が最も重要である理由があると思います．

編集趣旨

　受験勉強では暗記が有効なように思われ，必ずしもそれを否定できません．ただ暗記したことは忘れやすいことも事実です．大学の勉強でも，解く前に問題の答を見ると，それで多くの事柄がわかったような気持になるかもしれません．しかし，それでは，考えたり理解を深めたりする機会を失います．20世紀を代表する物理学者の1人であるファインマン博士は，「問題を解いて行き詰まった場合には，答をチラッと見て，ヒントを得たらまた自分で考える」という方法を薦めています．皆さんも参考にしてみてください．

　将来の科学技術を支えるであろう学生諸君が，日常体験する自然現象や科学技術の基礎に物理があることを理解し，物理的な考え方の有効性と物理の面白さを体験して興味を深め，さらに物理を応用する能力を養成することを目指して企画したのが本シリーズであります．

　裳華房ではこれまでも，その時代の要求を満たす物理学の教科書・参考書を刊行してきましたが，物理学を深く理解し，平易に興味深く表現する力量を具えた執筆者の方々の協力を得て，ここに新たに，現代にふさわしい基礎的参考書のシリーズを学生諸君に贈ります．

　本シリーズは以下の点を特徴としています．

- 基礎的事項を精選した構成
- ポイントとなる事項の核心をついた解説
- ビジュアルで豊富な図
- 豊富な［例題］，［演習問題］とくわしい［解答］
- 主題にマッチした興味深い話題の"コラム"

　このような特徴を具えたこのシリーズが，理工系学部で最も大切な物理の学習に役立ち，学生諸君のよき友となることを確信いたします．

編集委員会

まえがき

　本書は，統計力学の入門的な教科書，参考書である．

　力学ではニュートン方程式，電磁気学ではマクスウェル方程式，そして量子力学ではシュレーディンガー方程式というように，多くの物理学の理論では，中心的な役割を果たす微分方程式がある．これらの科目の講義の前半では，それぞれの方程式の導出やその物理的な意味についての説明がなされ，講義の後半では，いくつかの問題への応用の中で，方程式の解法が示される．

　しかしながら，熱力学と統計力学では，タイトルに力学という言葉が含まれていながら，運動方程式が登場することはない．偏微分を用いて表される熱力学関係式と，状態方程式は，熱力学と統計力学において重要な役割を果たすが，それらは運動方程式ではない．熱力学と統計力学では，主に平衡状態という定常状態を取り扱うので，時間発展を議論することはないのである．そのため，時間に対する微分の項から始まる運動方程式が登場することはないのである．

　統計力学は，ミクロ（微視的）な粒子の運動を記述する物理学である力学や量子力学と，系のマクロ（巨視的）な状態を記述する熱力学とをつなぐ理論である．よって，単独ではその存在意義はない．原子や分子といったミクロな存在に対する物理学の知識と，我々の世界は，そういったミクロな存在が膨大な個数集まって形成されているのであるという認識があって初めて，統計力学を学ぶことの意味が理解できる．

　統計力学を学び始めた人は，おそらく誰しも，ある種の違和感をおぼえるのではないだろうか．上述のように考えると，この違和感は当然である．いやむしろ，必然であるということさえできよう．統計力学のユニークさを，正しく感じとったことに他ならないからである．

難しい数学が必要であるとか，鋭い直観をはたらかせなければならないとかいった困難ではない．この違和感を解消し，統計力学を自分の思考の糧とするには，とにかく慣れればよいだけである．

　本書では，統計力学における標準的な題材を，なるべく言葉多く説明することを試みた．それでも難しく感じるところもあるかもしれない．そういったときは，「まだ，単に慣れていないだけだ」と思って，あまり細かいところにこだわることなく，どんどんと読み進めていってほしい．各章末に「本章の要点」を箇条書きで与えておいた．細かい計算はさておいて，そこに挙げておいたポイントが理解できていれば，まずはOKである．章末の演習問題のうち，*印を付けてあるものは，最初は飛ばしてもらって構わない．

　本書を何度か読み直し，演習問題にチャレンジしていくうちに，それなりに時間が過ぎていく．そのうちにきっと，ミクロな存在に対する物理学である量子力学に関する勉強も進んでいくことであろう．また，いろいろな物理現象や社会現象の話を聴く機会も増えていくことであろう．その中には，超伝導，相転移，乱流現象，宇宙マイクロ波背景放射，金融工学といった，興味深いマクロ現象の話題もあることだろう．そうこうしているうちに，統計力学の考え方や手法に慣れてきて，ミクロとマクロの橋渡しを目的とする統計力学に，親しみさえ感じるようになってくるに違いない．

　本書の原稿は，このシリーズの編集委員である原 康夫氏と松下 貢氏にお読みいただき，お二人から丁寧で的確な指導を受けることができた．宗行英朗氏も原稿を読んで下さり，いくつかの有益なコメントをいただいた．また，裳華房の小野達也氏には大変お世話になった．この機会にこれらの方々に，心より感謝申し上げる．

2010年10月

香取眞理

目　次

1. 統計力学の基礎

§1.1　力学・熱力学・統計力学　1
§1.2　ミクロカノニカル分布の方法　・・・・・・・・・・8
　1.2.1　状態空間と状態密度関数　8
　1.2.2　ミクロカノニカル集団　13
　1.2.3　シャノンのエントロピー関数・・・・・・・15
　1.2.4　等エネルギー状態における一様分布・・・・20
　1.2.5　ボルツマンの式・・・・22
　1.2.6　熱力学関係式と状態方程式・・・・・・・・・・23
§1.3　カノニカル分布の方法・・25
　1.3.1　熱平衡状態・・・・・・25
　1.3.2　ヘルムホルツの自由エネルギー・・・・・・・・29
　1.3.3　相対エントロピー関数とカノニカル分布・・・31
　1.3.4　ボルツマン因子と分配関数・・・・・・・・・・33
　1.3.5　ヘルムホルツの自由エネルギーと分配関数・・・38
　1.3.6　ハミルトニアンの分散と熱容量・比熱・・・・41
　1.3.7　熱力学極限の普遍性・・44
§1.4　グランドカノニカル分布の方法・・・・・・・・・・46
　1.4.1　化学ポテンシャルとギブスの自由エネルギー・・46
　1.4.2　グランドカノニカル集団・・・・・・・・・・・50
　1.4.3　大分配関数とフガシティ・・・・・・・・・・・53
本章の要点・・・・・・・・・55
演習問題・・・・・・・・・・56

2. いろいろな物理系への応用

§2.1 理想気体 ・・・・・・・・61
  2.1.1 ミクロカノニカル分布と
      エントロピー ・・・62
  2.1.2 スターリングの公式と
      熱力学極限 ・・・・67
  2.1.3 カノニカル分布と自由エネ
      ルギー密度 ・・・・73
  2.1.4 自由粒子系のカノニカル
      集団 ・・・・・・82
  2.1.5 グランドカノニカル分布と
      化学ポテンシャル ・90
§2.2 2準位系 ・・・・・・・99
  2.2.1 ミクロカノニカル分布から
      カノニカル分布へ 102

  2.2.2 常磁性体としての2準位系
      ・・・・・・・・108
  2.2.3 ショットキー型比熱 ・112
§2.3 振動子系 ・・・・・・116
  2.3.1 振動状態のミクロカノニカ
      ル分布とカノニカル分布
      ・・・・・・・・117
  2.3.2 エネルギー量子のグランド
      カノニカル分布 ・・122
本章の要点 ・・・・・・・124
演習問題 ・・・・・・・・125

3. 量子理想気体

§3.1 理想ボース気体 ・・・・147
  3.1.1 振動数の異なる調和振動子
      の集まり ・・・・148
  3.1.2 自由ボース粒子系 ・・151
  3.1.3 ボース–アインシュタイン
      統計 ・・・・・・154

  3.1.4 ボース–アインシュタイン
      凝縮 ・・・・・・158
§3.2 ボース粒子とフェルミ粒子 167
§3.3 理想フェルミ気体 ・・・・170
  3.3.1 自由フェルミ粒子系とフェ
      ルミ–ディラック統計 170

3.3.2　理想フェルミ気体の縮退　　　本章の要点 ・・・・・・・・・・187
　　　　　状態 ・・・・・・・175　　　演習問題 ・・・・・・・・・・188

付　　録 ・・・・・・・・・・・・・・・・・・・・・・・・・・・197
　A.1　数学公式について ・・・・・・・・・・・・・・・・・・197
　A.2　熱力学関係式の示強性量による表現 ・・・・・・・・・・203
演習問題解答 ・・・・・・・・・・・・・・・・・・・・・・・・205
索　　引 ・・・・・・・・・・・・・・・・・・・・・・・・・・238

コ ラ ム

　　平均値とは「客観的な期待値」のこと ・・・・・・・・・・16
　　ミクロとマクロの橋渡し ・・・・・・・・・・・・・・・・98
　　今日の気分は，ボソン的？ それとも，フェルミオン的？ ・・169

1 統計力学の基礎

　我々の世界は，ミクロな原子や分子が数グラム当り 10^{23} のオーダーという膨大な個数集まって成り立っている．このような原子や分子の集団がとり得るミクロな状態の数は想像を絶するほど多く，よって，系のミクロな状態のダイナミクスは多様性を秘めている．それにもかかわらず，平衡状態においては，粒子数密度，温度，圧力といったほんのいくつかの物理量によって，物質のマクロな状態を正確に記述することができることを，我々は熱力学で学ぶ．どうしてそのようなことが可能なのであろうか．

　本章では統計力学の考え方の基礎を解説し，この疑問に答える．そして，ミクロカノニカル分布の方法，カノニカル分布の方法，グランドカノニカル分布の方法という3つの標準的な手法を解説する．これらはいずれも，ミクロな状態1つ1つに対してそのエネルギーの値を与える関数であるハミルトニアンから，エントロピーや自由エネルギーといったマクロな熱力学量と状態方程式を導出する計算手段を与えるものである．

§1.1　力学・熱力学・統計力学

　力学は物体の運動を記述するための物理学である．最も直接的な運動の記述方法は，物体の位置を時刻 t の関数として表すものである．

　例えば，断面が図1.1のようなお椀型の斜面に沿って小物体が滑っていく状況を考えてみよう．図の底面 B から h だけ高い位置にある斜面上の点 A で物体を支えておいて，時刻 $t=0$ で静かに離す．物体の質量を m として

1. 統計力学の基礎

重力加速度の大きさを g で表すと，物体にはたらく重力は大きさが mg で鉛直下向きの定ベクトルで表される．この重力ベクトルの斜面に垂直な成分は斜面からの垂直抗力とつり合うので，物体に実質的にはたらくのは重力ベクトルのうちの斜面に沿った成分である．これは斜面下向き（物体の進行方向）に向いているから，物体は斜面に沿って加速運動することになる．

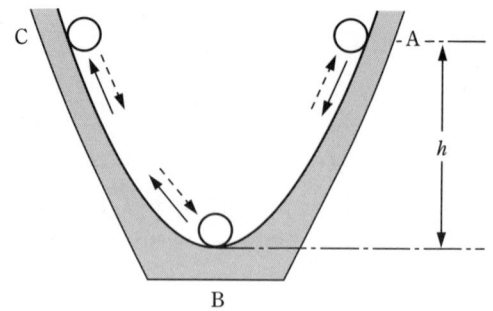

図1.1 お椀型の斜面上を運動する小物体

図の位置Bに到達したときには，物体にはたらく重力ベクトルは底面から鉛直上向きにはたらく垂直抗力ベクトルと完全につり合うので，物体には正味としては力は作用しない．しかし，このときには物体は $v_{\max} = \sqrt{2gh}$ の速さで運動しているので，位置Bで急に止まることはできない（慣性の法則）．位置Bを通過して，物体は出発点Aとは反対側の斜面を上っていくことになる．ただし今度は，重力ベクトルの斜面に平行な成分は進行方向とは逆向きなので，減速運動である．

斜面は滑らかで物体と斜面との間に摩擦が全くはたらかず，また空気抵抗は無視できるものとすると，物体は出発点Aと同じ高さにある斜面上の点Cまで上ることになる．この点Cは運動の転回点であり，この点で物体は一瞬静止し，以後は斜面に沿って加速しながら滑り降りることになる．そして，再び点Bを通過して位置Aに戻る．すなわち，この物体はAとCの間を振動運動することになる．物体の斜面上の位置を時刻 t の関数として正確に記述するには，時刻 $t=0$ では位置Aに静止していたという初期条件の下で，**ニュートンの運動方程式**を解けばよい．その解は，t の周期関数で与えられる．

この物体が斜面上を振動する様子は，物体の位置を時刻 t の関数として直接的に表さなくても，**力学的エネルギー保存則**を適用することにより理解することができる．物体の力学的エネルギーを E とすると，

$$E = \frac{1}{2} m v_{\max}^2 = mgh = 一定 \tag{1.1}$$

である．この保存量を**運動エネルギー**と重力の**ポテンシャルエネルギー**という 2 つの形態に配分する比率が，物体が運動している間に周期的に振動するのである．転回点である位置 A と C では運動エネルギーはゼロ，重力のポテンシャルエネルギーは最大値 mgh である．また，位置 B ではポテンシャルエネルギーはゼロ，運動エネルギーは最大値 $mv_{\max}^2/2$ をとる．

しかし，これは現実的な運動の様子を記述しているとはいえない．実際には，物体と斜面との間には**摩擦**があり，また，**空気抵抗**もある．そのため，斜面に沿った物体の振動運動は減衰していく．そして，物体は斜面に沿って振幅を減少させながら何度か往復運動をした後で，やがて位置 B に静止してしまうことだろう．それでは，物体のもっていた力学的エネルギーはいったいどこに消えてしまったのであろうか．

これに答えるのが**熱力学**である．実は，物体のもっていた力学的エネルギーは，最終的にはすべて**熱エネルギー**に変わってしまうのである．小物体の力学的エネルギーと，小物体，斜面，それに空気という，いま考えている系全体の熱エネルギーとの和を考えると，その総和は保存される．しかし，力学的エネルギーから熱エネルギーへのエネルギー形態の変化は，同じ力学的エネルギーである運動エネルギーとポテンシャルエネルギーという 2 つの形態の間の変化とは質的に異なり，後者は**可逆**であるが，前者は**非可逆**である．熱エネルギーは，斜面と小物体をつくっている物質の温度と，周りにある空気の温度を，ともに少しずつ上げるのに使われてしまい，熱エネルギーを力学的エネルギーに戻すことはできないのである．

この非可逆性を物理法則として表現するのが**熱力学第 2 法則**，すなわち

1. 統計力学の基礎

エントロピー増大則である．この法則では，力学的エネルギーから熱エネルギーへのエネルギー形態の変化にともなって，エントロピーという量が増大すると考える．系全体のエントロピーが減少することは決してなく，したがって，位置Bで止まってしまった小物体が再び動き出すことはない，というわけである．

それでは，そもそも熱エネルギーとは何であろうか．これに答えるには，物質は何から成り立っているのかという知識が必要となる．物質は原子や分子からできている．そして，熱エネルギーは，物質をつくっている原子や分子の力学的エネルギーの総和である．例えば空気の場合，空気の成分である窒素や酸素といった気体分子は真空中をほぼ自由に飛んでいるので，その熱エネルギーは気体分子の運動エネルギーの総和で与えられる．これに対して，斜面やその上を滑らせた小物体は，原子が規則正しく配列して結晶構造をつくっている固体である．固体中の原子は各々の平衡位置（力のつり合いの位置）の周りを振動しており，固体の熱エネルギーはこれらの振動エネルギーの総和である．こう考えると，力学的エネルギーと熱エネルギーとの質的な違いがどこから来るのかわからなくなる．

ここで気をつけなければならない事実は，わずか数 g の物質をつくっている原子や分子の数が 10^{23} のオーダーであるということである．例えば，水の分子（H_2O）は原子量1の水素原子（H）2つと原子量16の酸素原子（O）1つからできているので分子量18であり，よって水は 18 g で 1 mol である．この 18 g の水の中に**アボガドロ定数**

$$N_A = 6.022 \times 10^{23} \ [\text{mol}^{-1}] \tag{1.2}$$

の個数もの水の分子が含まれていることになる．つまり，熱エネルギーは，原子や分子のもつ微小な力学的エネルギーを，膨大な数足し合わせた結果として得られる量なのである．

この量的な違いが質的な違いを生み出すからくりは，いったい何なのであろうか．この問いに答えるのが，本書で学ぶ**統計力学**である．この問題は，

我々が日常的に使っている温度という物理量の正体は何か，という問題であり，また熱力学第 2 法則によって変化の向きを決めているエントロピーとは何か，という問いに等しい．なぜなら，温度もエントロピーも，膨大な数の原子や分子の集団である物質に対してのみ定義できる物理量だからである．

　今度は，小物体と斜面との間の摩擦を考慮することにしよう．摩擦の効果により，斜面の表面を形成している原子は，物体がその上を通過する際にその力学的エネルギーの一部をもらって振動を始める．物体は斜面上を何度か往復運動するが，原子間には相互作用があるので，この間に原子の振動は広がり，物体が位置 B に静止したときには，斜面をつくっている膨大な数の原子が振動している状況になっていることであろう．では，どのような振動状態にあるのだろうか．

　問題を単純化して，各原子は平衡位置を中心にして 1 次元的に単振動しているものとしよう．原子はミクロ（微視的）な存在であるから**量子力学**に従っており，各々の原子の**振動状態**は，基底状態，第 1 励起状態，第 2 励起状態，…というように離散的に（とびとびに）存在している．単振動の振動数を一定値 ν と仮定して，プランク定数を

$$h = 6.626 \times 10^{-34} \ [\text{J} \cdot \text{s}] \tag{1.3}$$

と書くと，第 n 励起状態のエネルギーは基底エネルギー（零点エネルギー）$h\nu/2$ よりも $nh\nu$ だけ高いことになる．

　斜面を構成している原子の総数を N としよう．このうち，j 番目の原子は第 n_j 励起状態にあるものとし，基底状態にあるときには $n_j = 0$ とする．空気抵抗は考えないことにすると，等式

$$E = \sum_{j=1}^{N} n_j h\nu \tag{1.4}$$

が成り立つはずである．左辺は小物体が初めにもっていた力学的エネルギー (1.1) であり，右辺は小物体が静止した後の N 個の原子の励起振動エネルギーの総和である．つまり，この式は，小物体と斜面全体のエネルギー保存

則を表している．

N 個の原子集団全体の振動状態は，各成分が $n_j = 0, 1, 2, \cdots$ のいずれかの値をとる N 成分のベクトル

$$\boldsymbol{n} = (n_1, n_2, \cdots, n_N) \tag{1.5}$$

を1つ定めると決まる．そして，振動状態 $\boldsymbol{n}$ が決まれば，その総エネルギーの値も決まる．これを振動状態 $\boldsymbol{n}$ の関数として

$$\mathscr{H}(\boldsymbol{n}) = \sum_{j=1}^{N} n_j h\nu \tag{1.6}$$

と書くことにする．振動状態 $\boldsymbol{n}$ が決まればエネルギーの値は決まるが，逆にエネルギーの値が $\mathscr{H}(\boldsymbol{n}) = E$ と定まっても，振動状態 $\boldsymbol{n}$ は1通りには決まらない．

［例題 1.1］ エネルギーの値が

$$\mathscr{H}(\boldsymbol{n}) = E \tag{1.7}$$

となる振動状態 $\boldsymbol{n}$ の総数を，N と E を用いて表せ．

［解］ (1.7) に (1.6) を代入して両辺を $h\nu$ で割ると

$$\sum_{j=1}^{N} n_j = \frac{E}{h\nu}$$

が得られる．よって，E が $h\nu$ の自然数倍のときだけ，(1.7) を満たす振動状態が存在することになる．以下，そのような場合を考えることにする．つまり，$E/h\nu = M = 1, 2, 3, \cdots$ となる場合である．

いま，N 個の箱を考えて，n_j は j 番目の箱に入っている白球の個数を表すものと思うことにする．$n_j = 0$ ならば j 番目の箱は空である．つまり，j 番目の箱に n_j 個の白球が入っている状況を，j 番目の振動子が第 n_j 励起状態にある状況に対応させるのである（$n_j = 0$ なら基底状態である）．すると，求めたい状態の数は，M 個の白球を N 個の箱に分配する仕方の数に等しいことがわかる．

図 1.2 に例示したように，この分配の仕方は，M 個の白球に仕切り板の印として $(N-1)$ 個の黒球を混ぜて，それらを1列に並べたときの配列と1対1対応する．同色の球はそれぞれ区別できないとして勘定すると，この配列の数は

§1.1 力学・熱力学・統計力学　7

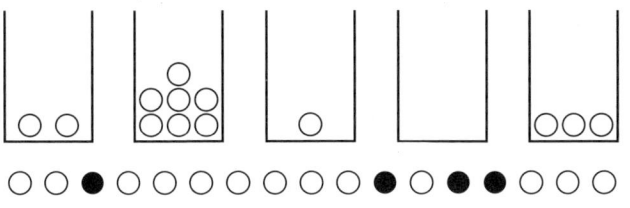

図1.2 白球の箱への分配と白球・黒球の配列との対応

$_{M+N-1}C_M = (M+N-1)!/\{M!(N-1)!\}$ である．以上より，エネルギーが E の振動状態 $\boldsymbol{n}$ の総数は，$E/h\nu = 1, 2, 3, \cdots$ のときに

$$\frac{(E/h\nu + N - 1)!}{(E/h\nu)!\,(N-1)!} \tag{1.8}$$

で与えられることになる．

〈注1.1〉 (1.8) で与えられた振動状態の総数は，例えば $N=10$ に対して $E/h\nu = 10$ としたときは約 9.2×10^4，$N = 20$, $E/h\nu = 20$ のときは約 6.9×10^{10}，$N = 50$, $E/h\nu = 50$ のときは約 5.0×10^{28} というように，N を少し大きくしただけで急激に大きな値をとるようになる．第2章の§2.1で述べるスターリングの公式 (2.21) を用いると，$E/h\nu = N$ として N を非常に大きくすると，この状態数は 2^{2N} のオーダーで大きくなることが示せる．N がアボガドロ定数 (1.2) ならば，この数は 10 の 10^{23} 乗のオーダーである．アボガドロ定数は 6 の後にゼロが 23 個続く大きな数だが，この場合の振動状態の総数は，1 の後にゼロが 10^{23} 個続く数というわけで，想像を絶する大きな数である．

　斜面を形成している原子集団の振動状態 $\boldsymbol{n}$ を定めるにはどうしたらよいのであろうか．それにはまず，斜面内の原子間相互作用とともに，斜面の表面を形成している原子とその上を滑る小物体を構成している原子との間の相互作用を詳しく調べ，摩擦のメカニズムを明らかにしなければならない．その上で，10^{23} のオーダーの個数だけ連立させた運動方程式を解くことになる．

　いま仮に，これらのことがすべて可能になったとしても，ベクトル $\boldsymbol{n}$ を定めることは不可能なのである．なぜならば，この連立方程式を解くために必要な**初期条件**に関する情報が，我々には欠落しているからである．図1.1が

示すような状況で，我々は初期条件として小物体を図の位置 A に置くとした．しかしこのとき，斜面を形成している N 個の原子の初期状態を指定することは我々にはできないのである．

斜面と小物体は膨大な数の原子から成る力学系を成す．この大自由度力学系の運動を，小物体の重心座標に関する初期条件（小物体の重心の位置と初速度）というほんのわずかな数の情報だけから予測しなければならないのである．この圧倒的な情報量の不足が，問題を質的に変化させてしまうことになる．

このように，情報が足りないので，当然，膨大な数の原子の運動状態を正確に予測することはできない．しかし，熱力学は次のことを主張する．もしもこの系の**熱容量** C がわかれば，斜面上の小物体の熱力学エネルギー E が熱エネルギーに変換された結果，系の温度は

$$T = \frac{E}{C}$$

だけ上昇するということである．そして統計力学は，系の熱容量 C を正確に計算する手段を与えるのである．

§1.2　ミクロカノニカル分布の方法

1.2.1　状態空間と状態密度関数

前節では，斜面を形成している原子の振動状態を考えた．振動している原子の個数が N のとき，この振動状態は (1.5) で表される N 次元ベクトル $\boldsymbol{n}$ で指定された．一般に，原子や分子といったミクロな粒子の状態を多くの粒子について同時にまとめて指定したものを，系の**ミクロな状態**，あるいは単に**状態**とよぶ．また，系がとり得る状態全体が成す集合を**状態空間**という．

以下では一般に，N 粒子から成る系の状態空間を Ω_N と書き，この集合の要素である状態を $\omega \in \Omega_N$ と記すことにする．（一般に，a が集合 A の要素であるとき，$a \in A$ と書く．）系全体のエネルギーが状態 ω の関数 $\mathscr{H}(\omega)$ と

して与えられているとき，$\mathscr{H}(\omega)$ を**ハミルトニアン**とよぶ．

いま，系全体のエネルギーは保存されていて，その値を E とすると，実現し得る状態 ω は等式 $\mathscr{H}(\omega) = E$ を満たすものに限られることになる．ただし，状態が (1.5) の n のように離散的ではなく，連続的に存在して，ハミルトニアンが ω の連続関数である場合もあり，そのときには $\mathscr{H}(\omega)$ がちょうどある値 E であるという状況は数学的には扱いにくい．そこで微小なエネルギーの幅 $\Delta E > 0$ を許して，系のエネルギーの値 $\mathscr{H}(\omega)$ が不等式

$$E \leq \mathscr{H}(\omega) \leq E + \Delta E \tag{1.9}$$

を満たすような状態 ω が実現し得るものと考えることにしよう．

〈注 1.1〉で述べたように，この条件を満たす状態は 1 通りには定まらない．（実際には条件を満たす状態が 1 通りに決まらないどころか，その総数は膨大なものであり，問題はずっと深刻である．）それでは，条件 (1.9) を満たす状態 ω の総数はどのように表されるであろうか．

この数は E と ΔE，および粒子の数 N の関数である．条件の幅 ΔE が大きくなればなるほど条件が緩くなることになるから，ΔE の増大にともなって条件を満たす状態の総数は増えることになる．ΔE が正で小さい値のとき（これを $0 < \Delta E \ll 1$ というように書く）には，その増え方は ΔE に比例するであろう．よって，条件 (1.9) を満たす状態の総数は，$0 < \Delta E \ll 1$ のとき，N に依存して決まる E のある連続関数 $D_N(E)$ を比例係数として，$D_N(E) \Delta E$ と書けることになる．

一般に，ある条件を満たす要素の集合 A を

$$A = \{\omega : 要素 \omega の満たす条件\}$$

と書き，集合 A の要素が有限個のときは，その総数を $|A|$ と記すことにする．また，集合の要素 ω が連続的に存在していて無限個あるときには，$|A|$ は状態空間 Ω_N 内に占める集合 A の体積を表すものとする．すると，上で述べたことは

$$|\{\omega : E \leq \mathscr{H}(\omega) \leq E + \Delta E\}| = D_N(E) \Delta E + o(\Delta E) \tag{1.10}$$

と書き表せることになる．ここで一般に，正の実数 x に対して小文字のオーを用いて $o(x)$ と書いたときには，それは $x \to 0$ のとき，それよりも速くゼロになる x の関数を意味するものとする．例えば，x^2 とか x^3 などである．つまり，$x \to 0$ で $o(x)/x \to 0$ となる．（$\sqrt{x}$ のような関数は $o(x)$ ではない．$\sqrt{x}/x = x^{-1/2}$ なので $x \to 0$ で $\sqrt{x}/x \to \infty$ となってしまうからである．）

以上から，

$$D_N(E) = \lim_{\Delta E \to 0} \frac{1}{\Delta E} \left| \{\omega : E \leq \mathscr{H}(\omega) \leq E + \Delta E\} \right| \quad (1.11)$$

であることがわかる．この式の極限記号 lim の中身は，条件 (1.9) を満たす状態の総数をエネルギー幅 ΔE で割ったものである．単位エネルギー幅ごとの状態数という意味で，$D_N(E)$ を**エネルギー状態密度関数**，あるいは単に**状態密度**とよぶ．

〈注 1.2〉 系の状態が連続的に存在するときに，状態空間の体積をもって状態の数ということに抵抗を感じる読者も多いことであろう．1個，2個，…というときは，何かを単位にしてそれの何個分であるかを示すのが普通であるから，それはもっともなことである．このことについては，第2章の§2.1で理想気体を議論する際に，丁寧に考察することにする．それまではとりあえず，要素が連続的に存在する集合の場合，要素の総量を表したいときは，集合が成す領域の体積を用いるという便宜上の手段を用いることにする．

[**例題 1.2**] 自由に運動する粒子 N 個から成る系（自由粒子系）を考える．質量はどれも m であるが，粒子は互いに区別できるものとして，$j = 1, 2, \cdots, N$ と順番付けすることにする．j 番目の粒子の状態は運動量 $\mathbf{p}_j = (p_{jx}, p_{jy}, p_{jz})$ だけで指定され，位置に関しては考慮しないものとする．このとき，この N 粒子系の状態 ω は

$$\mathbf{p} = (p_{1x}, p_{1y}, p_{1z}, p_{2x}, p_{2y}, p_{2z}, \cdots, p_{Nx}, p_{Ny}, p_{Nz}) \quad (1.12)$$

という $3N$ 個の成分をもつベクトルで指定され，ハミルトニアンは

$$\mathscr{H}(\mathbf{p}) = \sum_{j=1}^{N} \frac{\mathbf{p}_j^2}{2m} \quad (1.13)$$

で与えられる．このとき，状態密度 $D_N(E)$ を求めよ．ただし，d 次元の半径 r の球の体積を $c_d r^d$ とする．

[**解**]　(1.12) で与えられる各状態は，位置ベクトルが (1.12) で表される $3N$ 次元空間中の各点と1対1対応する．条件 (1.9) に (1.13) を代入して，式変形すると

$$r = \sqrt{p_{1x}^2 + p_{1y}^2 + p_{1z}^2 + \cdots + p_{Nx}^2 + p_{Ny}^2 + p_{Nz}^2} \tag{1.14}$$

に対して

$$\sqrt{2mE} \leq r \leq \sqrt{2m(E + \Delta E)} \tag{1.15}$$

という条件式が得られる．

2次元平面上の原点を中心とする半径 r の円周は $\sqrt{x^2 + y^2} = r$，3次元空間中の原点を中心とする半径 r の球面は $\sqrt{x^2 + y^2 + z^2} = r$ で表されることから類推すると，(1.14) は $3N$ 次元空間中の原点を中心とする半径 r の $3N$ 次元球面を表していることがわかる．よって，(1.15) を満たす状態の集合は，原点を中心とする半径 $\sqrt{2mE}$ の $3N$ 次元球の球面と，同じく原点を中心とする半径 $\sqrt{2m(E + \Delta E)}$ の $3N$ 次元球の球面との間に挟まれた，$3N$ 次元領域に対応することがわかる．よって，この場合は，$|\{\omega : E \leq \mathscr{H}(\omega) \leq E + \Delta E\}|$ は上述の領域の $3N$ 次元体積を意味することになる．

与条件より，$3N$ 次元の半径 r の球の体積は $c_{3N} r^{3N}$ で与えられるので，

$$\begin{aligned}
|\{\omega : E \leq \mathscr{H}(\omega) \leq E + \Delta E\}| &= c_{3N} \left(\sqrt{2m(E + \Delta E)}\right)^{3N} - c_{3N} \left(\sqrt{2mE}\right)^{3N} \\
&= c_{3N} (2mE)^{3N/2} \left\{\left(1 + \frac{\Delta E}{E}\right)^{3N/2} - 1\right\} \\
&= c_{3N} (2mE)^{3N/2} \frac{3N}{2} \frac{\Delta E}{E} + o(\Delta E)
\end{aligned}$$

となる．最後の等式ではテイラー展開の公式 $(1+x)^a = 1 + ax + (a(a-1)/2)x^2 + \cdots = 1 + ax + o(x)$ を用いた．これを (1.11) に代入すると

$$D_N(E) = \frac{3N}{2} c_{3N} (2m)^{3N/2} E^{3N/2 - 1} \tag{1.16}$$

と求められる．

[別解] 条件 (1.9) の代わりに

$$\mathscr{H}(\omega) \leq E \qquad (1.17)$$

つまり，エネルギーの値が E 以下である状態の総数をまず計算してしまう方法もある．(1.17) を満たす状態の数を簡単に**状態数**ということが多い．これを

$$W_N(E) = |\{\omega : \mathscr{H}(\omega) \leq E\}| \qquad (1.18)$$

と表すことにすると，

$$D_N(E) = \frac{d}{dE} W_N(E) \qquad (1.19)$$

という関係が成り立つ．本例題の場合，$W_N(E)$ は $3N$ 次元空間中の半径 $\sqrt{2mE}$ の球の体積なので，与条件より

$$W_N(E) = c_{3N}(\sqrt{2mE})^{3N} \qquad (1.20)$$

である．これを (1.19) に従って E で微分すると，(1.16) の結果が得られる．

後で c_d の具体的な表式が必要になるので，ここで数学公式として与えておくことにする．

《**数学公式 1**》 c_d は次式で与えられる．

$$c_d = \begin{cases} \dfrac{\pi^{d/2}}{(d/2)!} & (d \text{ が偶数のとき}) \\ \dfrac{2(2\pi)^{(d-1)/2}}{d!!} & (d \text{ が奇数のとき}) \end{cases} \qquad (1.21)$$

ただし，奇数 d に対して，$d!! = d(d-2)(d-4)\cdots 3 \cdot 1$ である．[†]

$d = 2$ に対しては (1.21) の上の式より

$$c_2 = \frac{\pi}{1!} = \pi$$

$d = 3$ に対しては (1.21) の下の式より

$$c_3 = \frac{2(2\pi)}{3!!} = \frac{4\pi}{3}$$

[†] 《数学公式》については付録 A.1 を参照せよ．

となる．これらは確かに，半径 r の円の面積 πr^2 と半径 r の球の体積 $(4\pi/3)r^3$ で $r=1$ としたものに，それぞれ等しい．

1.2.2 ミクロカノニカル集団

さて，状態 ω の関数 $Q(\omega)$ を考えることにしよう．ただし，$Q(\omega)$ はハミルトニアン $\mathscr{H}$ とは別の関数とする．具体的には，状態が (1.5) の N 成分ベクトル $\boldsymbol{n}$ で与えられる原子集団の振動状態を例にして考えてみることにしよう．このときは，(1.6) のようにベクトル $\boldsymbol{n}$ のすべての成分の和 $\sum_{j=1}^{N} n_j$ を $h\nu$ 倍したのがハミルトニアン $\mathscr{H}(\boldsymbol{n})$ であった．これに対して，例えば $Q(\boldsymbol{n}) = n_1 h\nu$ とすると，関数 $Q(\boldsymbol{n})$ は 1 番目の原子だけの振動エネルギーを表す関数ということになる．

系全体のエネルギーの値，つまりハミルトニアンという関数の値は (1.9) の条件式を満たすように E の近傍の値に揃えたとしても，別の関数 $Q(\omega)$ の値は，一般には状態 ω ごとに大きく異なることもあるはずである．よって，$Q(\omega)$ の値を正確に知るには，条件 (1.9) だけでは不十分であり，この条件を満たす $D_N(E)\varDelta E$ 個の状態のうち，実際にはどの状態が実現されているかを正確に知らないといけないことになる．しかし，我々にはこれは不可能なのである．それでも $Q(\omega)$ の値を見積もるにはどうしたらよいだろうか．

上で例として考えた関数 $Q(\boldsymbol{n}) = n_1 h\nu$ は，特別な状態のときは極端に大きな値をとることがあるだろう．例えば，1 番目の原子は大きく振動している（高い励起状態にある）が，他の原子は振動していない（零点振動しかしていない）状態を考えると，このときは $Q(\boldsymbol{n}) = E$ となる．ところが，例えば 10 番目の原子だけが大きく振動している状態においては，1 番目の原子は振動していないので $Q(\boldsymbol{n}) = 0$ である．もっとも，$N \sim 10^{23}$ 個もの原子のうち，1 番目だけとか 10 番目だけとかいうように，どれか 1 つの原子だけが励起しているような状態はむしろ稀であろう．斜面の上を滑り運動した物体の

14   1. 統計力学の基礎

運動エネルギー E が，摩擦によって斜面表面の N 個の原子に分配されるのだから，そのうちの１つの原子の振動エネルギーを表す関数 $Q(\boldsymbol{n}) = n_1 h\nu$ がとる典型的な値は，E/N であると考えるのが自然であろう．

　それでは，**典型的な状態** ω_0 というものを考えることはできるであろうか．これがわかれば，エネルギーの値がほぼ E であるという条件（1.9）を満たす $D_N(E)\,\Delta E$ 個の状態から典型的な状態 ω_0 だけを抜き出して，これに対する Q の値 $Q(\omega_0)$ を計算しておけば，Q の見積もりとしてはかなり正確になるであろう．見積もりたい関数 Q によっては，例えば状態のもつ対称性などを考慮して，ごく稀にしか実現しない状態は除いて，典型的な状態の候補をある程度は絞ることができる場合もあるかもしれない．しかしここでは一般論として，これも不可能であるとしよう．それでは，どうしたらよいだろうか．

　仮に，典型的な状態 ω_0 がわかったとしよう．すると，それを代入して得られる値 $Q(\omega_0)$ は関数 Q の値としても典型的な値であるということになる．したがって，典型的な状態 ω_0 とは，$Q(\omega_0)$ が典型的な値，つまり「並みの値」であるような状態であるということであり，$D_N(E)\,\Delta E$ 個の状態の集合の中の多数派ということになる．これに対して，Q の値として極端に大きい値や小さい値を与える状態は少数派ということになる．

　こう考えると，$Q(\omega)$ の値を見積もるには何も典型的な特定の状態 ω_0 を指定することなどしなくても，ごく単純に，次のような**算術平均**をとってしまえばよいことになる．

$$\langle Q \rangle = \lim_{\Delta E \to 0} \frac{1}{D_N(E)\,\Delta E} \sum_{\omega\,:\,E \leq \mathscr{H}(\omega) \leq E + \Delta E} Q(\omega) \tag{1.22}$$

この算術平均が $Q(\omega)$ に対して良い見積もりを与えるかどうかは，エネルギーの値がほぼ E であるという条件（1.9）を満たす状態の集合の性質による．この集合の要素がそれぞれどれも個性的で互いに似ても似つかぬもので

あるとすると，それらの算術平均は要素のどれとも異なるものになってしまうことだろう．(1.22) は算術平均をとっているのだから，当然，平均的な値とはいえるが，このような場合には，得られた値は典型的な値とはいえないことになる．

逆に，多くの要素が互いに似かよっていて，それらが圧倒的な多数派を形成している場合は，算術平均をとることによって少数派からの寄与を薄めることができる．その結果，算術平均は平均的，かつ，典型的な値を与えることになるだろう．

エネルギーの値がほぼ E であるという条件 (1.9) を課したとき，我々が統計力学で想定する状態の集合は，この後者のようなものである．一般に統計力学で扱う状態の集団と状態の関数 $Q(\omega)$ は，算術平均 (1.22) で典型的な値を与えることができるようなものなのである．このような集団を**ミクロカノニカル集団（小正準集団）**とよぶ．カノニカル（正準）とは標準的であるという意味であり，上の想定は正統的であり，物理学として有効であることを主張した命名になっている．（「ミクロ（小）」と付いているのは，次節以降で説明するカノニカル集団（正準集団）やグランドカノニカル集団（大正準集団）と区別するためである．）それでは，どうしてこれが標準的なのかを，以下で解説することにしよう．

1.2.3　シャノンのエントロピー関数

N 個の粒子から成る物理系のとり得る状態 ω の総数を n として，それらすべての集合を

$$\Omega_N = \{\omega_1, \omega_2, \cdots, \omega_n\} \tag{1.23}$$

と書くことにする．ただしここでは，状態に適当な順番を付けて，$\omega_j, j = 1, 2, \cdots, n$ と番号付けをしておくことにした．とり得る状態の総数 n は当然，粒子数 N に依存しているから，$n = n(N)$ である．[例題 1.1] の結果を思い出してほしい．各瞬間には，物理系は n 個の状態のうち，いずれか1つ

の状態しかとることができないものとする．

n 個の状態のうちのどの状態にあるのかは，確率的に定まるものとする．それぞれの状態にある確率を

$$\mathbb{P}(\omega_1) = p_1, \quad \mathbb{P}(\omega_2) = p_2, \quad \cdots, \quad \mathbb{P}(\omega_n) = p_n \quad (1.24)$$

と書くことにする．ただし，これらは当然

$$0 \leq p_j \leq 1, \quad 1 \leq j \leq n \quad (1.25)$$

であり，また，確率の総和は 1 であるから

$$\sum_{j=1}^{n} p_j = 1 \quad (1.26)$$

を満たすものとする．この条件（1.25）と（1.26）を満たすように，すべての確率の値 $\mathbb{P}(\omega_j) = p_j, 1 \leq j \leq n$ が与えられたとき，集合 Ω_N の要素に対して**確率分布**が定められたという．また，確率分布が与えられた集合を**統計集団**（$\Omega_N, \mathbb{P}$）とよぶ．このとき，状態 $\omega \in \Omega_N$ の関数 $Q(\omega)$ の**平均値**（**期待値**）は

$$\langle Q \rangle = \sum_{j=1}^{n} Q(\omega_j) p_j \quad (1.27)$$

で与えられる．

 ## 平均値とは「客観的な期待値」のこと

　統計力学で出てくる公式のうちで，最も重要であり，決して忘れてはならないものはどれであろうか．それは，平均値を与える式

$$\langle Q \rangle = \sum_{j=1}^{n} Q(\omega_j) p_j$$

である．ミクロカノニカル分布，カノニカル分布，そして，グランドカノニカル分布というように，用いる統計集団が異なると，確率分布 $p_j, 1 \leq j \leq n$ の形は変わるが，平均値を与えるこの公式は，変わりようがないからである．

　もちろん，この公式は日常的にも役に立つ．そのことを示すために，1 枚 300 円の宝くじについて考えてみることにしよう．1 等が当たれば，当せん金はなんと 2 億円！，4 等だとしても 1 万円もらえる．期待を持って宝くじを買うわけであるが，

§1.2 ミクロカノニカル分布の方法　17

ここは冷静になって，上の公式を適用して，客観的に損得を計算してみることにしよう．

「1等が当たる」という場合を ω_1 で表す．$Q(\omega_1)$ がこのときの当せん金であり，2億円である．それでは，p_1 の値はいくらであろうか．1ユニットとよばれる1000万枚あたりの当たりくじの本数が，各等級ごとに公表されている．1等は，この1ユニットで1枚である．よって，$p_1 = 1/1000$万 $= 1 \times 10^{-7}$ である．したがって，$Q(\omega_1) p_1 = 2$ 億円 $\times 10^{-7} = 20$ 円 となる．

その他の当たりくじに対しても，下の表のように計算することができる．その結果，当せん金の平均値は，$\sum_{j=1}^{9} Q(\omega_j) p_j = 143.96$ 円 と求められる．300円で，平均的には約144円…．がっかりな結果である．

等　級	ω_j	$Q(\omega_j)$	本　数	p_j	$Q(\omega_j) p_j$
1等	ω_1	2億円	1	10^{-7}	20円
1等の前後賞	ω_2	5千万円	2	2×10^{-7}	10円
1等の組違い賞	ω_3	10万円	99	9.9×10^{-6}	0.99円
2等	ω_4	1億円	3	3×10^{-7}	30円
2等の組違い賞	ω_5	10万円	297	2.97×10^{-5}	2.97円
3等	ω_6	100万円	100	10^{-5}	10円
4等	ω_7	1万円	1万	10^{-3}	10円
5等	ω_8	3千円	10万	0.01	30円
6等	ω_9	300円	100万	0.1	30円
計			1110502		143.96円

いやいや，現実はもっと厳しい．これは，あくまで当せん金の平均値である．「全くどれにも当たらない」ということも，考えに入れるべきである．この場合を ω_{10} と書くことにすると，$p_{10} \fallingdotseq 1 - \sum_{j=1}^{9} p_j = 0.89$ である．（正確に考えると，1枚の宝くじで，例えば4等と6等が同時に当たることもあるので，p_{10} は $1 - \sum_{j=1}^{9} p_j$ よりも少し大きい．）$Q(\omega_{10}) = 0$ なので，当せん金 Q の平均値の計算のために用意した上の表には，この ω_{10} の場合は登場しなかったが，当たろうが当たるまいが，宝くじを1枚買った時点で，我々の懐は確実にマイナス300円となっている．この分を考慮した金額である $\tilde{Q}(\omega) = Q(\omega) - 300$ の平均値を計算してみると，

$$\langle \tilde{Q} \rangle = \langle Q \rangle - 300$$
$$= 143.96 - 300 = -156.04 \text{円}$$

という答えが得られる．「平均値の公式」に従って客観的に計算すると，300円の宝くじを買うことで「期待」されることは，約156円の損ということになる．

18   1. 統計力学の基礎

統計集団は確率分布 $\mathbb{P}(\omega_j) = p_j$, $1 \leq j \leq n$ によって特徴付けられる．例えば，$p_j = 1/n$, $1 \leq j \leq n$ は (1.25) と (1.26) の条件を満たすが，これは n 個の状態がどれも等確率で実現する統計集団である．これを**一様分布**という．これに対して，$p_1 = 1$, $p_2 = p_3 = \cdots = p_n = 0$ も (1.25) と (1.26) の条件を満たすが，この場合は 1 番目の状態が必ず実現することを意味する．

一様分布 $p_j = 1/n$, $1 \leq j \leq n$ は，例えば $n = 6$ とすればサイコロの目の出方の確率分布であるから，どの状態が出るのかは全くランダム（乱雑）であり，結果は不確定であるといえる．他方，$p_1 = 1$ でそれ以外の $p_j = 0$ の場合は，結果は ω_1 に確定していることになる．一般に n 個の状態から成る統計集団の乱雑さ，あるいは不確定性の度合いを表すのに，関数

$$\hat{I}(\mathbb{P}) = -\sum_{j=1}^{n} p_j \log p_j \tag{1.28}$$

を用いることができる．ただし，本書では e を底にした自然対数を $\log$ で表すものとする．また，$\log 0 = -\infty$ であるが，これにゼロを掛けたものは，$0 \log 0 = 0$ と定めることにする．

ハミルトニアン $\mathscr{H}(\omega)$ は 1 つ 1 つの状態 ω の関数であったが，この関数は状態の集合である統計集団に対して与えられるものである．よって，統計集団を特徴付ける確率分布 $\mathbb{P}(\omega_j) = p_j$, $1 \leq j \leq n$ の関数になっていることに注意すべきである．（確率分布 $\mathbb{P}(\omega_j)$ は状態 ω_j の関数なので，それの関数である $\hat{I}(\mathbb{P})$ は汎関数とよぶこともできるが，本書では簡単に，$\hat{I}(\mathbb{P})$ を $\mathbb{P}$ の関数ということにする．）この関数の値が最大のときに統計集団の乱雑さは最大であるということができるので，この関数はある種のエントロピーを表すものである．特に，$\hat{I}(\mathbb{P})$ は**シャノンのエントロピー関数**とよばれている．

ただし，熱力学ではエントロピーにエネルギー E と温度 T の比 E/T の単位 $[\mathrm{J \cdot K^{-1}}]$ をもたせている．気体定数

$$R = 8.314 \; [\mathrm{J \cdot mol^{-1} \cdot K^{-1}}]$$

をアボガドロ定数 (1.2) で割って得られる物理定数を**ボルツマン定数**とよび

$$k_B = \frac{R}{N_A} = 1.380 \times 10^{-23}\ [\text{J}\cdot\text{K}^{-1}] \tag{1.29}$$

と書くが，これはまさに $[\text{J}\cdot\text{K}^{-1}]$ の単位をもっている．そこで，確率分布 $\mathbb{P}$ の関数としてのエントロピー関数を，次式で定義することにする．

$$\hat{S}(\mathbb{P}) = k_B \hat{I}(\mathbb{P})$$
$$= -k_B \sum_{j=1}^n p_j \log p_j \tag{1.30}$$

また，任意の確率分布 $\mathbb{P}(\omega_j) = p_j,\ 1 \leq j \leq n$ に対して，不等式

$$\hat{S}(\mathbb{P}) \leq k_B \log n \tag{1.31}$$

が成り立つことが示せる（すぐ下の［例題 1.3］を参照）．不等式の右辺は，一様分布 $p_j = 1/n,\ 1 \leq j \leq n$ のときのエントロピー関数の値

$$\hat{S}\left(\left(\frac{1}{n}, \frac{1}{n}, \cdots, \frac{1}{n}\right)\right) = -k_B \sum_{j=1}^n \frac{1}{n} \log \frac{1}{n} = -k_B \log \frac{1}{n} = k_B \log n$$

に他ならない．一様分布は，最もランダムで結果が不確定な分布であるが，これは「エントロピー関数が最大値をとる統計集団である」ということができるのである．反対に，$p_1 = 1, p_2 = \cdots = p_n = 0$ のように確定している状態に対しては，$\hat{S}((1, 0, \cdots, 0)) = -k_B \times \log 1 - k_B(n-1) \times 0 \log 0 = 0$ というように，エントロピー関数はゼロとなり，これがこの関数の最小値である．

［**例題 1.3**］ 任意の確率分布 $\mathbb{P}(\omega_j) = p_j,\ 1 \leq j \leq n$ に対して，不等式 (1.31) が成り立つことを証明せよ．

［**解**］ 関数 $f(x) = x \log x$ を $0 < x < 1$ に対して考える．$f'(x) = \log x + 1$, $f''(x) = 1/x > 0$ なので，この関数は下に凸である．よって，$0 < x_1 < x_2 < 1$ に対して，x_1 と x_2 の中点 $(x_1 + x_2)/2$ での関数の値 $f((x_1 + x_2)/2)$ は $f(x_1)$ と $f(x_2)$ の平均値 $\{f(x_1) + f(x_2)\}/2$ の値を超えることは有り得ない．このことは，図 1.3 のようにグラフを描いてみると納得できることであろう．つまり，

$$f\left(\frac{1}{2}(x_1 + x_2)\right) \leq \frac{1}{2}\{f(x_1) + f(x_2)\} \tag{1.32}$$

である．

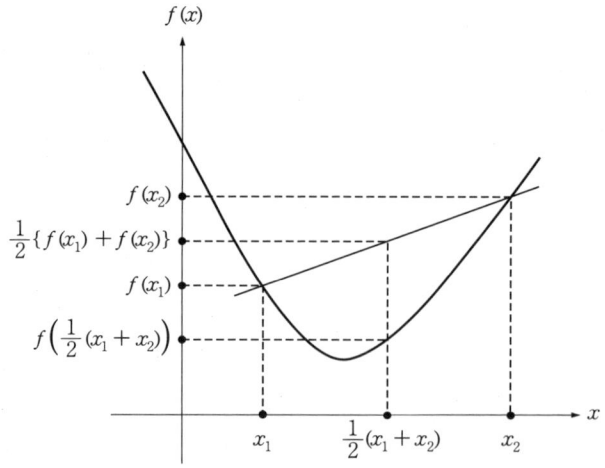

図1.3 下に凸な関数 $y = f(x)$ では，(1.32) の不等式が成り立つ．

同様に，任意の $n = 3, 4, \cdots$ に対して，$0 < x_j < 1$, $1 \leq j \leq n$ のとき，不等式

$$f\left(\frac{1}{n}\sum_{j=1}^{n} x_j\right) \leq \frac{1}{n}\sum_{j=1}^{n} f(x_j) \tag{1.33}$$

が成り立つ．この不等式で $x_j = p_j$, $1 \leq j \leq n$ とすると，条件 (1.26) より $\sum_{j=1}^{n} p_j = 1$ であるから，$f(1/n) \leq \sum_{j=1}^{n} f(p_j)/n$ となる．ところが $f(x) = x \log x$ であったから，これは

$$\frac{1}{n} \log \frac{1}{n} \leq \frac{1}{n}\sum_{j=1}^{n} p_j \log p_j$$

ということである．つまり，シャノンのエントロピー関数 (1.28) に対して

$$\hat{I}(\mathbb{P}) \leq \log n = \hat{I}\left(\left(\frac{1}{n}, \frac{1}{n}, \cdots, \frac{1}{n}\right)\right) \tag{1.34}$$

という不等式が証明されたことになる．この両辺に k_B を掛けて，式に $[\mathrm{J \cdot K^{-1}}]$ の単位をもたせたのが (1.31) である．

1.2.4 等エネルギー状態における一様分布

さてここで，算術平均の式 (1.22) を再び考察してみることにする．

§1.2 ミクロカノニカル分布の方法

$\Delta E \to 0$ の極限をとる前を考えることにしよう．条件 (1.9) を満たす状態は $D_N(E)\Delta E$ 個あるが，この数を n と記すことにする．また，条件 (1.9) を満たす状態を $\omega_1, \omega_2, \cdots, \omega_n$ と適当に順番付けることにする．すると，(1.22) で $\Delta E \to 0$ の極限をとる前の式は

$$\sum_{j=1}^{n} \frac{1}{n} Q(\omega_j)$$

と書ける．(1.27) と見比べると，これは一様分布 $p_j = 1/n$, $1 \leq j \leq n$ における平均値に他ならないことがわかる．

$n = D_N(E)\Delta E$ の値はエネルギー幅 ΔE の値に依存するが，各 ΔE の値に対して一様分布の平均値であるという状況は同じである．結局，(1.22) の極限は，エネルギーの値が E である多数の**等エネルギー状態**が一様分布している統計集団において，状態 ω の関数 Q の平均値を計算しているものと見なすことができることになる．

統計力学で想定する状態の集合は，熱力学でいう**平衡状態**を表すものである．いまここでは，エネルギーが一定である場合を考えているので，熱力学の用語でいうと**孤立系**を扱っていることになる．この場合は，「エントロピー最大の状態が平衡状態になっている」というのが熱力学の主張である．我々は上で，状態の集合として統計集団を考えることにして，集団のエントロピーを与える関数として (1.30) を採用した．このエントロピー関数を最大にする統計集団の確率分布 $\mathbb{P}$ は一様分布 $p_j = 1/n$, $1 \leq j \leq n$ であった．よって，エネルギーが一定のときの平衡状態は，一様分布した統計集団で表されるということになる．

エネルギーが一定の系に対して，我々が統計力学において想定した状態の集合はまさにこれであり，これをミクロカノニカル集団とよぶのである．エネルギーがきっちり E である状態だけを取り扱う代わりに，ΔE だけ，系がとり得るエネルギーの値に幅をもたせて，(1.9) の不等式を満たすような状態をすべて考えてしまう．そして，それ全体での一様分布を考えて平均値を

計算してしまう．その上で，$\Delta E \to 0$ の極限をとれば正しい平均値が得られる．これが (1.22) が意味することである．

等エネルギー状態における**一様分布**を，系のエネルギーが一定であるときの標準的な分布という意味で，統計力学では特に**ミクロカノニカル分布**とよぶのである．

1.2.5 ボルツマンの式

確率分布 $\mathbb{P}$ の関数として，(1.30) で導入されたエントロピー関数 $\bar{S}(\mathbb{P})$ は，条件 (1.9) を満たす状態 ω の統計集団が一様分布であるとき，最大値

$$\begin{aligned}\bar{S}_{\max} &= k_B \log n \\ &= k_B \log [D_N(E)\Delta E] \\ &= k_B \log D_N(E) + k_B \log \Delta E \end{aligned} \quad (1.35)$$

をとり，これが平衡状態における孤立系のエントロピーを与えることが予想される．

熱力学関数としてのエントロピーは，粒子数 N が一定のときは，内部エネルギー U と体積 V の関数である．いま，ミクロカノニカル集団にある状態のエネルギー E を平衡系の内部エネルギー U と同一視することにする．また，単位体積当りの粒子数として定義される**粒子数密度**を

$$\rho = \frac{N}{V} \quad (1.36)$$

と書くことにする．このとき，粒子数密度 ρ が一定なら，当然，粒子数は体積 V に比例して，$N = \rho V$ となる．(1.35) の最右辺の第 1 項は E と N の関数であるが，これがちょうど熱力学関数としてのエントロピーが U と V の関数であることと対応できることになる．

なお，(1.35) の最右辺の第 2 項は E と N の陽な（直接的な）関数ではないのでこれは除き，

$$S(E, V) = k_B \log D_{\rho V}(E) \tag{1.37}$$

とおくことにする．本書では，これを**ボルツマンの式**とよぶことにする．

〈注 1.3〉 物体が原子量（または分子量）m_0 の原子（または分子）で構成されているとすると，物体の総質量 M を m_0 [g] で割ることにより物体のモル数がわかる．例えば，水の分子量は $m_0 = 18$ なので，1.8 L（リットル）の水は（$M = 1800$ [g] であるから）$1800/18 = 100$ [mol] であることになる．これにアボガドロ数 N_A を掛けることで粒子数 N が求められる．したがって，**質量密度**（単位体積当りの質量）M/V から粒子数密度（1.36）が定まる．

1.2.6 熱力学関係式と状態方程式

さてここで，熱力学でよく扱うシリンダーの中の気体の問題を考えてみることにしよう．

[**例題 1.4**] 気体が絶対温度 T の熱平衡状態にあり，そのときの体積を V，圧力を p，また，内部エネルギーを U とする．エントロピーは U と V の 2 変数関数 $S(U, V)$ であり，

$$\frac{\partial S(U, V)}{\partial U} = \frac{1}{T}, \qquad \frac{\partial S(U, V)}{\partial V} = \frac{p}{T} \tag{1.38}$$

という**熱力学関係式**が成り立つことを，熱力学の法則から導け．

[**解**] **熱力学第 1 法則**より，微小過程において

$$dU = \delta Q + \delta W \tag{1.39}$$

が成り立つ．ここで，δQ は微小過程において系が吸収した熱量，δW は系が外部からされた仕事を表す．（微小過程において，系が外部に熱を放出したときは $\delta Q < 0$，また，系が外部に仕事をしたときには $\delta W < 0$ とする．）

図 1.4 に示した状況において，エントロピーに対する**クラウジウスの式**

$$dS = \frac{\delta Q}{T} \tag{1.40}$$

を用いると $\delta Q = T\, dS$ となる．また，$\delta W = -p\, dV$ であるから，(1.39) は

$$dU = T\, dS - p\, dV \tag{1.41}$$

24　1. 統計力学の基礎

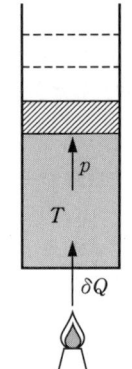

図 1.4　シリンダーの中の気体．絶対温度 T，圧力 p とする．外から加えられた熱量を δQ とするとエントロピー変化は $dS = \delta Q/T$．気体が dV だけ体積膨張する間に気体は $p\,dV$ だけ外に仕事をするので，外からされた仕事 δW としては $\delta W = -p\,dV$ と表される．

となる．これを

$$dS = \frac{1}{T}\,dU + \frac{p}{T}\,dV \tag{1.42}$$

という形に書き直すと，S を変化させるには U を変化させるか，V を変化させればよいことがわかる．これで，S は U と V の関数であることが示せたことになる．そして，この (1.42) を $S = S(U, V)$ という 2 変数関数に対する全微分の式

$$dS = \frac{\partial S}{\partial U}\,dU + \frac{\partial S}{\partial V}\,dV$$

と見なすことにより，偏微分に関する関係式 (1.38) が導かれる．

　上の例題で導いた熱力学関係式 (1.38) をボルツマンの式 (1.37) と組み合わせると，気体に対しては次の関係式が導かれることになる．

$$\frac{1}{T} = \frac{\partial S(E, V)}{\partial E} = k_\mathrm{B}\frac{\partial}{\partial E}\log D_{\rho V}(E) \tag{1.43}$$

$$\frac{p}{T} = \frac{\partial S(E, V)}{\partial V} = k_\mathrm{B}\frac{\partial}{\partial V}\log D_{\rho V}(E) \tag{1.44}$$

この 2 つの関係式より，ミクロカノニカル集団の状態密度関数 $D_N(E)$ から，この統計集団が記述する平衡状態の絶対温度 T と圧力 p を算出することができる．その結果，それらと粒子数密度 ρ との間の関係式

$$p = p(\rho, T) \tag{1.45}$$

が導かれることになる．この関係式は**状態方程式**とよばれる．

上で導入したミクロカノニカル集団を基にして，以下ではさらに議論を展開して統計力学の解説を続けるが，統計力学で実際に計算する量は熱力学量である．これらは，状態密度 $D_N(E)$ やいくつかの平均値 $\langle Q \rangle$ で与えられるものであり，個々の状態 ω そのものや，それらの分布の詳細には依存しないものである．

したがって，いかに統計力学が物理学において有効であっても（実際，大変有効なのであるが），等エネルギー状態の分布が厳密な意味で一様であることを保証することはできない．実際のところは，上で (1.22) を算術平均の式として提案した際に述べたように，例外的な状態もあるはずだが，絶対的な多数派は「並みの状態」であり，それらが実質的にはどれも等しい寄与を与えているのであろう．

しかし，「孤立系の平衡状態では，ミクロな等エネルギー状態が完全に一様分布している」という仮定をして，平均をとるときの重み（重率）はすべて等しく $1/n$ であるということを公理としておいて議論を展開しても，以下で述べる統計力学の構造は全く同じである．そこで，いわば標語的に，この一様分布を**等重率の仮定**あるいは**等重率の原理**とよんで，これを統計力学の拠り所としても一向に構わない．

§1.3 カノニカル分布の方法

1.3.1 熱平衡状態

図 1.1 に描いたような斜面上を小物体が滑り運動する状況を，再び考えることにしよう．小物体のもっていた力学的エネルギー E は，最終的には斜面と小物体をつくっている固体原子の振動エネルギーになる．ここで問題となったのは，固体を形成している原子の個数が 10^{23} のオーダーという膨大な数であることであった．そのため，原子集団がとり得る相異なる振動状態

の数も膨大であり，エネルギーの総量が E と定められても，実際にそのうちのどの振動状態になっているかは，我々にはわからないのである．

我々人間がわかるかわからないかに関わらず，斜面と小物体を形成している原子の振動状態は，エネルギーを一定値 E に保ちながらも，運動方程式に従って時間的に変化していく．エネルギーの総和が一定という条件の下では，ミクロな状態はほとんどが皆互いに似かよった「並みの状態」である．もちろん，斜面上を小物体が通過した直後には，斜面を形成する原子集団のうちの一部だけが振動しているはずであるから，そのときは振動は特別な状態にあったであろう．しかし，そのような特別な状態の個数に比べて，「並みの状態」の個数は圧倒的に多いのである．

時間が経つにつれて系のミクロな状態は移り変わっていくのであるが，早晩，推移前の状態も推移後の状態もともに「並みの状態」であり，両者が実質的に区別できないような状況に陥ることになる．大平原の中を進む長距離列車の窓から外を眺めている様子を想像してもらいたい．進めど進めど全く変化がないように思われる状況である．これが熱力学でいうところの**平衡状態**なのである．

このような状況では，互いに似かよった n 個の状態が，運動方程式に従った順序で決定論的に実現されるとする代わりに，各々が $1/n$ の等確率でランダムに実現されるとしても，なんら違いは生じない．そこで，力学的な運動状態を，一様分布をしている状態の統計集団で記述してしまおうというのが，**統計力学のアイデア**なのである．

「並みの状態」の集団で表現される状態，すなわち平衡状態での系のエネルギーを，我々は**熱エネルギー**とよぶ．「並みの状態」が余りに大多数を占めるので，ミクロな状態が再び特別で例外的な状態に至ることはまずあり得ない．この非可逆性を我々は，小物体の力学的エネルギーが系の熱エネルギーに変化した，というように理解するのである．

前節では小物体と斜面との間の摩擦は考慮したが，空気抵抗は無視した．

§1.3 カノニカル分布の方法

これは，小物体と斜面が真空中に置かれていたと考えたことになる．それでは，空気があるとどうだろうか．

空気は**流体**であり，**粘性**をもつ．運動する小物体の周囲の気体は，小物体に引きづられて一緒に運動するので流速をもつ．小物体から離れた位置では気体の流れはない（無風状態）とすると，流速に場所ごとの差が生じることになる．静止した斜面の上を小物体が滑るのと同様に，静止した気体の層の横を，気体の別の層が滑り運動するような状況になり，気体の層と層との間に摩擦が生じるのである．これが気体の粘性の原因である．小物体の運動エネルギーは，気体の内部摩擦によって熱エネルギーへと変換される．その結果，小物体は減速される．これが空気抵抗である．

小物体のもっていた力学的エネルギーは，斜面と，小物体と，気体それぞれの熱エネルギーへ変換されるのであるが，この三者の間での熱エネルギーの移流もある．一般に，温度が高い物体から温度が低い物体への**熱の移動**がある．温度が一致して，系全体で温度が一様になると，熱の移動はなくなる．これが**熱平衡状態**である．

斜面と小物体を形成している原子の個数を N，空気の成分である気体分子の総数を N' とする．この $N + N'$ 個の粒子から成る系全体を考えれば，その総エネルギーは一定値 E であるから，前節で述べたミクロカノニカル集団として統計力学で扱うことができる．しかし，上述のように，斜面と，小物体と，その周りの空気というように，系をいくつかのマクロ（巨視的）な部分に分け，それぞれの間の熱の出入りを考えて，それらがつり合って実現した熱平衡状態としての平衡状態を記述する際には，以下で述べるような，**カノニカル分布（正準分布）**という確率分布に従う統計集団である**カノニカル集団（正準集団）**を用いて熱力学量を計算する方法が有効である．

さて，今度は空気との間の熱の出入りもあるものとして，再び斜面を形成している固体原子の振動状態 ω を考えてみよう．ハミルトニアンを前節と同じく $\mathcal{H}(\omega)$ と記す．まず，とり得る状態すべての集合である状態空間 Ω_N

を考えたいのであるが，今度の場合は，振動エネルギーの和は E，あるいはその近傍の値のみをとるという (1.9) で表されたような制限はない．空気との熱エネルギーの出入りがあるからである．

斜面と空気との間の熱エネルギーのやりとりは，ミクロには，斜面の表面を形成している原子と空気の気体分子との間の**相互作用**によって行なわれるものである．その様子は例えば次のようなものであろう．たまたま高速で飛んできた気体分子が，斜面表面で振動している原子にうまい角度で衝突し，原子の振動エネルギーを励起させる．気体分子は跳ね返されて空中に戻るが，そのときには運動の速さは減少していることになる．初め空気の温度が斜面の温度よりも高かったとすると，気体分子の運動は平均的に高速であり，上のようなプロセスが頻繁に起こることだろう．その結果，気体分子の速度は平均的には徐々に減少し，逆に振動エネルギーの値は平均的には増大していくことだろう．このようなプロセスが，マクロには高温の空気から低温の斜面への熱の移動として観測されるのである．

斜面と空気の温度が一致して熱平衡状態に達した後は，斜面を形成している原子の振動エネルギーの総和は，平均的には増大も減少もしないことになる．もちろん，**揺らぎ**はある．たまたま高速の気体分子が振動する原子に衝突するというプロセスが起これば，振動エネルギーの値は一時的に増大することだろう．しかし，高い励起状態にある振動子がもっていた振動エネルギーの一部が，たまたまぶつかってきた気体分子の運動エネルギーに変換されてしまうという，逆のプロセスもしばしば起こることだろう．

いま，振動状態の状態空間をこれまでと同様に (1.23) のように書くことにする．この中には，エネルギーの値が等しい状態同士もある．§1.2 で述べたように，それらは互いに似たもの同士である．しかし，ここで考える状態空間 Ω_N は，ミクロカノニカル集団に対して考えたものと比べてずっと大きい．エネルギーの値が違っていて，明らかに互いに異なっている状態も混ざっているからである．統計力学では，このより大きな状態空間 Ω_N の各要

素 ω がある確率分布に従って実現する統計集団を考えて，それを用いて，絶対温度 T が一定の熱平衡状態を記述するのである．

確率分布をここでも $\mathbb{P}(\omega_j) = p_j$, $1 \leq j \leq n$ と記すことにする．熱平衡状態では，系のエネルギーの値は平均的には変動しない．この状況は，ハミルトニアン $\mathscr{H}(\omega)$ の平均値を一定とするような確率分布 $\mathbb{P}$ によって表現されることになる．確率分布 $\mathbb{P}$ に対して，その分布におけるハミルトニアンの平均値を

$$\hat{U}(\mathbb{P}) = \sum_{j=1}^{n} \mathscr{H}(\omega_j)\, p_j \tag{1.46}$$

と記すことにする．熱力学に従えば，系が絶対温度 T のある１つの熱平衡状態にあると，系の内部エネルギーの値はある値 U に定まる．このことに対応して，確率分布 $\mathbb{P}$ に

$$\hat{U}(\mathbb{P}) = U \tag{1.47}$$

という条件を課すことにする．

等エネルギー状態のミクロカノニカル分布は，実は単純な一様分布であったが，これはエントロピー関数 (1.30) を最大にする特別な分布であった．そして，「孤立系ではエントロピー最大の状態が平衡状態である」という熱力学の主張ときれいに対応させることができることから，このミクロカノニカル分布に従う統計集団で孤立系の平衡状態が記述できると考えた．しかし今度の場合は，（エネルギーの平均値）＝（内部エネルギー）＝一定という条件 (1.47) を課したので，一様分布とは異なる分布を求めなければならない．

1.3.2 ヘルムホルツの自由エネルギー

付加条件の下で，ある関数の値が最大あるいは最小となる状況を求める問題は，**ラグランジュの未定乗数法**という手法を用いれば簡単に扱えるということを**変分法**で習った人もいることだろう．

いま考えている問題は，$\hat{U}(\mathbb{P}) = $ 一定 という条件の下でエントロピー関数

30   1. 統計力学の基礎

$\hat{S}(\mathbb{P})$ の値を最大にする状況を求めよ，というものである．ラグランジュの未定乗数を α と書くことにしてこの手法に従えば，$\hat{S} - \alpha\hat{U}$ を最大にする状況を求めればよいことになる．ここで，$\hat{S}$ はエントロピー関数 (1.30) なので $[\mathrm{J\cdot K^{-1}}]$ の単位をもつが，$\hat{U}$ は内部エネルギーであり，その単位は $[\mathrm{J}]$ である．よって，α は温度の逆数の単位 $[\mathrm{K^{-1}}]$ をもつことになる．そこで，温度を T と書いて，仮に $\alpha = 1/T$ とおいてみることにすると，ラグランジュの未定乗数法で最大にすべき関数は $\hat{S} - \alpha\hat{U} = -(\hat{U} - T\hat{S})/T$ となる．これは $\hat{U} - T\hat{S}$ を最小にすることに等しい．

さてここで，再び熱力学を思い出すことにしよう．温度一定のときの熱平衡状態は，内部エネルギー U，エントロピー S，および系の絶対温度 T を用いて定義される**ヘルムホルツの自由エネルギー**

$$F = U - TS \tag{1.48}$$

を最小にする状態であった．上の考察の結果は，まさにこの熱力学の理論と対応している．

そこで，確率集団を特徴付ける確率分布 $\mathbb{P}$ の関数としてのヘルムホルツの自由エネルギー関数を

$$\hat{F}(\mathbb{P}) = \hat{U}(\mathbb{P}) - T\hat{S}(\mathbb{P}) \tag{1.49}$$

で定義することにする．ただし，右辺第1項の $\hat{U}(\mathbb{P})$ は (1.46) で，第2項の $\hat{S}(\mathbb{P})$ は (1.30) でそれぞれ与えられている．T は熱平衡状態にある系の絶対温度を表す．

問題は，付加条件 (1.47) は忘れて，すべての確率分布 $\mathbb{P}$ の中からヘルムホルツの自由エネルギー関数 (1.49) の値を最小にするものを求めよ，というものになった．答えは熱平衡状態を指定する絶対温度 T の関数であるから，$\mathbb{P}^{(T)}(\omega_j) = p_j^{(T)}$，$1 \leq j \leq n$ と記すことにする．

まず，先に答えを述べてしまうことにする．この問題の答えは，

$$p_j{}^{(T)} = \frac{e^{-\mathscr{H}(\omega_j)/k_BT}}{Z_N(T)} \qquad (j=1,2,\cdots,n) \tag{1.50}$$

で与えられる．ただし，

$$Z_N(T) = \sum_{j=1}^{n} e^{-\mathscr{H}(\omega_j)/k_BT} \tag{1.51}$$

である．$Z_N(T)$は（1.50）の分子の総和であり，確率の和は1であるという条件（1.26）を満たすようにするための規格化因子である．以下，（1.50）が成立することを証明しよう．

1.3.3 相対エントロピー関数とカノニカル分布

この証明のために，まず**相対エントロピー関数**とよばれる関数を導入する．確率分布 $\mathbb{P}$ に従う統計集団に対して，シャノンのエントロピー関数（1.28）は乱雑さの度合いを表す関数であった．それに対して，相対エントロピー関数は，ある1つの統計集団を基準として，それに対する別の統計集団の相対的な乱雑さの度合いを表すものである．具体的には，基準とする統計集団の確率分布を $\mathbb{P}^0(\omega_j) = p_j^0, 1 \leq j \leq n$，比較する統計集団の確率分布を $\mathbb{P}(\omega_j) = p_j, 1 \leq j \leq n$とすると，

$$\hat{I}(\mathbb{P}|\mathbb{P}^0) = -\sum_{j=1}^{n} p_j \log \frac{p_j}{p_j^0} \tag{1.52}$$

で与えられる．この関数は，一般に

$$\hat{I}(\mathbb{P}|\mathbb{P}^0) \leq 0 \tag{1.53}$$

であり，等号は $\mathbb{P} = \mathbb{P}^0$ のときにのみ成立する．

[**例題 1.5**] 不等式（1.53）を証明せよ．

[**解**] $x \geq 0$ では，不等式 $x \log x \geq x - 1$ が成り立ち，等号は $x=1$ のときのみ成立する．$1 \leq j \leq n$ に対して $p_j^0 > 0$ として，この不等式を $x = p_j/p_j^0$ として用いると

$$\frac{p_j}{p_j^0} \log \frac{p_j}{p_j^0} \geq \frac{p_j}{p_j^0} - 1$$

が成り立つ．両辺に p_j^0 を掛けて，j について 1 から n まで和をとると，$\sum_{j=1}^{n} p_j^0 = \sum_{j=1}^{n} p_j = 1$ であるから，(1.53) の不等式が導かれる．等号は $x = p_j/p_j^0 = 1$ がすべての j に対して成り立つときのみ成立する．

さて，任意の確率分布 $\mathbb{P}$ に対して $\hat{F}(\mathbb{P})$ を式変形してみよう．(1.30)，(1.49) および (1.52) より，

$$\begin{aligned}
\hat{F}(\mathbb{P}) &= \hat{U}(\mathbb{P}) + k_\mathrm{B}T \sum_{j=1}^{n} p_j \log p_j \\
&= \hat{U}(\mathbb{P}) + k_\mathrm{B}T \sum_{j=1}^{n} p_j \log \frac{p_j}{p_j^{(T)}} + k_\mathrm{B}T \sum_{j=1}^{n} p_j \log p_j^{(T)} \\
&= \hat{U}(\mathbb{P}) - k_\mathrm{B}T \hat{I}(\mathbb{P}|\mathbb{P}^{(T)}) + k_\mathrm{B}T \sum_{j=1}^{n} p_j \log p_j^{(T)} \quad (1.54)
\end{aligned}$$

である．ここで，(1.50) が成立すると仮定すると，最右辺の第 3 項は

$$\begin{aligned}
k_\mathrm{B}T \sum_{j=1}^{n} p_j \log p_j^{(T)} &= k_\mathrm{B}T \sum_{j=1}^{n} p_j \left\{ -\frac{\mathscr{H}(\omega_j)}{k_\mathrm{B}T} - \log Z_N(T) \right\} \\
&= -\sum_{j=1}^{n} p_j \mathscr{H}(\omega_j) - k_\mathrm{B}T \log Z_N(T) \sum_{j=1}^{n} p_j \\
&= -\hat{U}(\mathbb{P}) - k_\mathrm{B}T \log Z_N(T) \quad (1.55)
\end{aligned}$$

となるが，他方，

$$\begin{aligned}
\hat{F}(\mathbb{P}^{(T)}) &= \hat{U}(\mathbb{P}^{(T)}) + k_\mathrm{B}T \sum_{j=1}^{n} p_j^{(T)} \log p_j^{(T)} \\
&= \hat{U}(\mathbb{P}^{(T)}) + k_\mathrm{B}T \sum_{j=1}^{n} p_j^{(T)} \left\{ -\frac{\mathscr{H}(\omega_j)}{k_\mathrm{B}T} - \log Z_N(T) \right\} \\
&= -k_\mathrm{B}T \log Z_N(T) \quad (1.56)
\end{aligned}$$

であるから，(1.55) は $-\hat{U}(\mathbb{P}) + \hat{F}(\mathbb{P}^{(T)})$ に等しい．

そこで，これを (1.54) に代入すると，

$$\hat{F}(\mathbb{P}) = \hat{F}(\mathbb{P}^{(T)}) - k_\mathrm{B}T \hat{I}(\mathbb{P}|\mathbb{P}^{(T)})$$

という等式が得られる．ここで不等式 (1.53) を用いると，一般に

$$\hat{F}(\mathbb{P}) \geq \hat{F}(\mathbb{P}^{(T)}) \tag{1.57}$$

が成り立つことが結論される．等号は $\mathbb{P} = \mathbb{P}^{(T)}$ のときにのみ成立することから，

$$\min_{\mathbb{P}} \hat{F}(\mathbb{P}) = \hat{F}(\mathbb{P}^{(T)}) \tag{1.58}$$

であり，これで証明が済んだことになる．さらに (1.56) より，最小値は

$$\hat{F}_{\min} = \hat{F}(\mathbb{P}^{(T)}) = -k_{\mathrm{B}} T \log Z_N(T) \tag{1.59}$$

で与えられることも証明されたことになる．

以上より，(1.50) で与えられる確率分布 $\mathbb{P}^{(T)}(\omega_j) = p_j^{(T)}$, $1 \leq j \leq n$ は，ヘルムホルツの自由エネルギー関数 $\hat{F}(\mathbb{P})$ の値を最小にする確率分布であることが証明された．つまりこれは，ハミルトニアンの平均値を一定に保つという条件の下で，エントロピー関数 $\hat{S}(\mathbb{P})$ の値を最大にする確率分布である．

$\mathbb{P}^{(T)}(\omega_j) = p_j^{(T)}$, $1 \leq j \leq n$ は，ハミルトニアンの平均値で決まる絶対温度 T をパラメーターにもつ．これは，**カノニカル分布**（**正準分布**）あるいは**ギブス分布**とよばれる．そして，この確率分布に従うミクロな状態の統計集団 $(\Omega_N, \mathbb{P}^{(T)})$ を，**カノニカル集団**（**正準集団**）という．

状態 ω の関数 $Q(\omega)$ のカノニカル分布での平均値を

$$\langle Q \rangle^{(T)} = \sum_{j=1}^{n} Q(\omega_j)\, p_j^{(T)} \tag{1.60}$$

と記すことにする．(1.50) と (1.51) より，これは

$$\langle Q \rangle^{(T)} = \frac{\sum_{j=1}^{n} Q(\omega_j) e^{-\mathscr{H}(\omega_j)/k_{\mathrm{B}} T}}{\sum_{j=1}^{n} e^{-\mathscr{H}(\omega_j)/k_{\mathrm{B}} T}} \tag{1.61}$$

と書ける．

1.3.4　ボルツマン因子と分配関数

カノニカル集団はエネルギーの値が異なる状態を含んでいるが，このうち

34   1. 統計力学の基礎

で，ある E の値に対して，ミクロカノニカル集団に対して課した条件 (1.9) を満たす状態のみが実現する確率

$$\mathbb{P}^{(T)}(E \leq \mathscr{H}(\omega) \leq E + \mathit{\Delta} E) = \sum_{j\,:\,E \leq \mathscr{H}(\omega_j) \leq E + \mathit{\Delta} E} p_j^{(T)}$$
$$= \frac{1}{Z_N(T)} \sum_{j\,:\,E \leq \mathscr{H}(\omega_j) \leq E + \mathit{\Delta} E} e^{-\mathscr{H}(\omega_j)/k_\mathrm{B} T} \tag{1.62}$$

を，エネルギー幅 $\mathit{\Delta} E$ が小さいときに見積もってみよう．

$E \leq \mathscr{H}(\omega_j) \leq E + \mathit{\Delta} E$ であるような ω_j に対しては

$$e^{-\mathscr{H}(\omega_j)/k_\mathrm{B} T} = e^{-E/k_\mathrm{B} T} + O(\mathit{\Delta} E)$$

である．ただし一般に，実数 x に対して大文字のオーを用いて $O(x)$ と書いたものは，$x \to 0$ で x と同じ速さでゼロになる関数を表すものとする．つまり，$x \to 0$ で $|O(x)/x|$ は正の有限な値に収束することになる．すると，(1.62) は

$$\mathbb{P}^{(T)}(E \leq \mathscr{H}(\omega) \leq E + \mathit{\Delta} E) = \frac{1}{Z_N(T)} \{e^{-E/k_\mathrm{B} T} + O(\mathit{\Delta} E)\} \sum_{j\,:\,E \leq \mathscr{H}(\omega_j) \leq E + \mathit{\Delta} E} 1$$

と書けるが，

$$\sum_{j\,:\,E \leq \mathscr{H}(\omega_j) \leq E + \mathit{\Delta} E} 1 = \left| \{\omega : E \leq \mathscr{H}(\omega) \leq E + \mathit{\Delta} E\} \right|$$

なので，状態密度 $D_N(E)$ の定義式 (1.10) より

$$\mathbb{P}^{(T)}(E \leq \mathscr{H}(\omega) \leq E + \mathit{\Delta} E) = \frac{D_N(E)\, e^{-E/k_\mathrm{B} T}}{Z_N(T)} \mathit{\Delta} E + o(\mathit{\Delta} E)$$

ということになる．この結果から，エネルギー E の状態に対する確率密度関数

$$\mathrm{P}^{(T)}(E) \equiv \lim_{\mathit{\Delta} E \to 0} \frac{\mathbb{P}^{(T)}(E \leq \mathscr{H}(\omega) \leq E + \mathit{\Delta} E)}{\mathit{\Delta} E} \tag{1.63}$$

が定義できて，それは

$$\mathrm{P}^{(T)}(E) = \frac{D_N(E)\, e^{-E/k_\mathrm{B} T}}{Z_N(T)} \tag{1.64}$$

で与えられることが導かれる.

各エネルギー状態の確率密度は，状態密度 $D_N(E)$ と因子 e^{-E/k_BT} に比例している．該当する状態の数が多い方が，そのうちのどれかの状態が実現する確率は多くなるはずだから，確率密度 $\mathrm{P}^{(T)}(E)$ が状態密度 $D_N(E)$ に比例するのは当然である．重要なのは

$$e^{-E/k_BT} \tag{1.65}$$

という因子である．ボルツマン定数 k_B の単位は $[\mathrm{J}\cdot\mathrm{K}^{-1}]$ なので，$k_\mathrm{B}T$ の単位はエネルギー E と同じく $[\mathrm{J}]$ である．よって，$E/k_\mathrm{B}T$ は無次元量となる．したがって，(1.65)は無次元の非負の実数であり**ボルツマン因子**とよばれる．

絶対零度は除き，$T>0$ とすると，$E=0$（基底エネルギー状態）のときは当然，ボルツマン因子 e^{-E/k_BT} は 1 である．$k_\mathrm{B}T$ をユニットとして E の値を増やしていくと，$E=k_\mathrm{B}T$ のときはボルツマン因子は $e^{-1}=(2.71828\cdots)^{-1} \simeq 0.368$，$E=2k_\mathrm{B}T$ のときは $e^{-2} \simeq 0.368^2 \simeq 0.135$，$E=3k_\mathrm{B}T$ のときは $e^{-3} \simeq 0.368^3 \simeq 0.050, \cdots$，というように，この因子の値は急速に減少していく．このことから，図 1.5 に示したように，ボルツマン因子の減少は T の値が

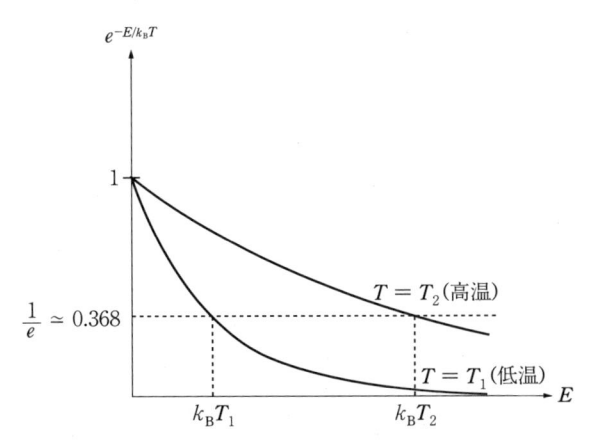

図 1.5 ボルツマン因子 e^{-E/k_BT} の E および T 依存性．一般に E の減少関数であるが，T の値が小さいほど減少は速く，T の値が大きいほど減少は遅い．

小さいほど速く，T の値が大きいほど遅いことがわかる．この因子は，一般に熱平衡状態においては，高いエネルギー状態は低いエネルギー状態よりも実現しにくい傾向にあり，その傾向は低温になるほど著しくなるということを表しているのである．

$T \to \infty$ の極限では，ボルツマン因子は常に 1 であり，$T = 0$ のときは，$E = 0$（基底エネルギー状態）に対してのみ 1 を与え，それ以外のすべての励起状態 $E > 0$ に対してはゼロを与える．したがって，高温 $T \gg 1$ ではボルツマン因子は効かず，エネルギー分布の確率密度 (1.64) は状態密度 $D_N(E)$ のみで決まることになり，他方，絶対零度 $T = 0$ では，基底エネルギー状態のみが実現することになる．

［例題 1.1］の後の〈注 1.1〉で，$E/h\nu$ の値を振動子の個数 N とともに大きくすると，振動子系の等エネルギー状態の数は急激に増大することを見た．また［例題 1.2］では，自由粒子系に対しては $D_N(E) \propto E^{3N/2-1}$ という結果を得た．粒子数 N は大きな数であるから，これは E の急激な増加関数である．一般に，状態密度 $D_N(E)$ は E の急激な増加関数である．

図 1.6 を見てもらいたい．E の増加関数である状態密度 $D_N(E)$ と E の減少関数であるボルツマン因子とを，(1.64) のように掛けることによって得られるエネルギー分布の確率密度関数 $\mathrm{P}^{(T)}(E)$ は，上に凸な関数であり，ある中間の E の値で最大値をとることになる．

粒子数 N が十分に大きければ，最大値を与える E の値はエネルギー E の平均値，すなわち系の内部エネルギー $U(T)$ に一致するようになる．$\mathrm{P}^{(T)}(E)$ は，系のエネルギーが，この平均値の周りにどのように分布するか（揺らいでいるか）を表しているのである．

系がとり得るエネルギーの値の最小値を $\min_{\omega \in \Omega_N} \mathscr{H}(\omega) = E_{\min}$ と書くことにすると，これ以上のエネルギーの値すべてにわたって積分すれば，当然

$$\int_{E_{\min}}^{\infty} \mathrm{P}^{(T)}(E)\, dE = 1$$

§1.3 カノニカル分布の方法　37

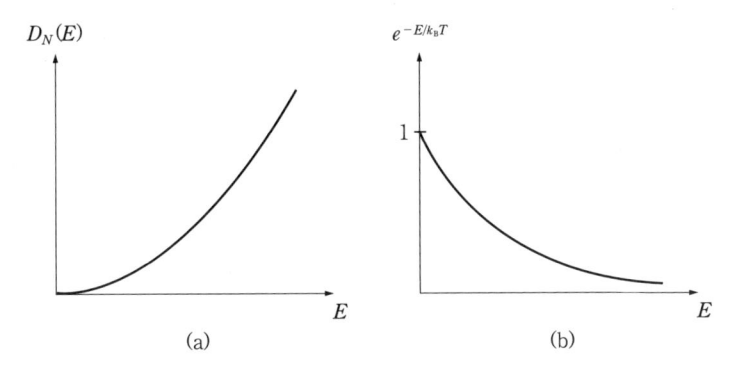

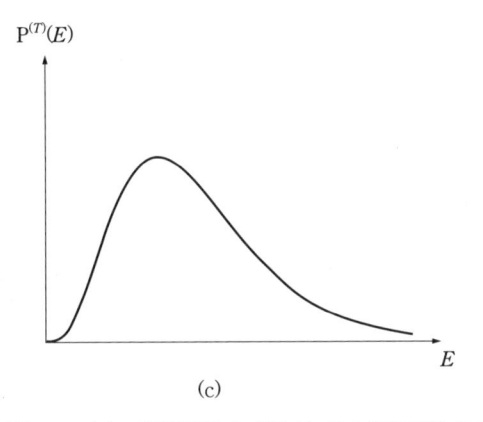

図 1.6 (a) 状態密度 $D_N(E)$ は E の増加関数である．
(b) ボルツマン因子 e^{-E/k_BT} は E の減少関数である．
(c) この 2 つの積に比例するエネルギー分布の確率密度関数 $P^{(T)}(E)$
$\propto D_N(E) e^{-E/k_BT}$ は E の凸関数であり，ある中間の E の値で最大になる．

となる．この式に（1.64）を代入すると

$$Z_N(T) = \int_{E_{\min}}^{\infty} D_N(E) \, e^{-E/k_BT} \, dE \tag{1.66}$$

という公式が導かれる．つまり，$Z_N(E)$ はすべてのエネルギー状態を，それぞれに重み（重率）$D_N(E) e^{-E/k_BT}$ を掛けて足し合わせたものである．このことから，$Z_N(T)$ は**状態和**とよばれる．$Z_N(T)$ は重みの総量なので，

1. 統計力学の基礎

逆にいえば，この式は，その総量が各エネルギー状態に分配される仕方を表したものであるともいえる．そのため，$Z_N(T)$ は**分配関数**ともよばれる．

なお，エネルギー E の関数 $Q(E)$ のカノニカル分布における平均値は

$$\langle Q \rangle^{(T)} = \int_{E_{\min}}^{\infty} Q(E)\, \mathrm{P}^{(T)}(E)\, dE \tag{1.67}$$

で与えられるので，(1.64) と (1.66) より

$$\langle Q \rangle^{(T)} = \frac{\int_{E_{\min}}^{\infty} Q(E)\, D_N(E)\, e^{-E/k_\mathrm{B}T}\, dE}{\int_{E_{\min}}^{\infty} D_N(E)\, e^{-E/k_\mathrm{B}T}\, dE} \tag{1.68}$$

という公式が得られる．

1.3.5 ヘルムホルツの自由エネルギーと分配関数

熱力学関数としてのヘルムホルツの自由エネルギー (1.48) は，粒子数 N が一定のときには，絶対温度 T と体積 V の関数である．そして，熱力学関係式

$$\frac{\partial F(T,V)}{\partial T} = -S, \qquad \frac{\partial F(T,V)}{\partial V} = -p \tag{1.69}$$

が成り立つ（次の［例題1.6］を参照）．(1.59) において，粒子数密度を ρ として $N = \rho V$ とすると，ヘルムホルツの自由エネルギー (1.48) に対して

$$F(T,V) = -k_\mathrm{B} T\, \log Z_{\rho V}(T) \tag{1.70}$$

という表式が得られることになる．これを熱力学関係式 (1.69) と組み合わせると，カノニカル分布における分配関数 $Z_{\rho V}(T)$ から，熱平衡状態にある系のエントロピーと圧力が

$$S = -\frac{\partial F(T,V)}{\partial T} = \frac{\partial}{\partial T}\{k_\mathrm{B} T\, \log Z_{\rho V}(T)\} \tag{1.71}$$

$$p = -\frac{\partial F(T,V)}{\partial V} = k_\mathrm{B} T\, \frac{\partial}{\partial V} \log Z_{\rho V}(T) \tag{1.72}$$

§1.3 カノニカル分布の方法　39

というように導き出せることになる．

[**例題 1.6**]　ヘルムホルツの自由エネルギーに対する熱力学関係式 (1.69) を熱力学法則から導け．

[**解**]　定義式 (1.48) より
$$dF = dU - S\,dT - T\,dS$$
これに (1.41) を代入すると
$$dF = (T\,dS - p\,dV) - S\,dT - T\,dS$$
$$= -S\,dT - p\,dV \tag{1.73}$$
が得られる．この式は，F を変化させるには T を変化させるか V を変化させればよいということを示しているので，$F = F(T,V)$ であることが結論される．そして，この式が全微分を表すと見なすと，偏微分に関する公式 (1.69) が導かれる．

ヘルムホルツの自由エネルギー $F = F(T,V)$ に対して，熱力学での定義式 (1.48) とカノニカル分布の分配関数を用いた (1.70) の 2 通りの表現が登場したので，どうしても両者の関係が気になるところである．上では，(1.71) はエントロピー S を計算するための式であると述べた．もちろんこれは正しいが，実はこの式は，F に対する 2 つの表式が等価であることを示す式でもある．

実際，(1.71) は
$$S = k_\mathrm{B} \log Z_{\rho V}(T) + k_\mathrm{B} T \frac{\partial}{\partial T} \log Z_{\rho V}(T)$$
と書けるが，この両辺に T を掛けて，(1.70) を用いると
$$TS = -F + k_\mathrm{B} T^2 \frac{\partial}{\partial T} \log Z_{\rho V}(T) \tag{1.74}$$
が得られる．ここで，分配関数 $Z_{\rho V}(T)$ の定義式 (1.51) を思い出すと，
$$k_\mathrm{B} T^2 \frac{\partial}{\partial T} \log Z_{\rho V}(T) = k_\mathrm{B} T^2 \frac{\partial}{\partial T} \log \sum_{j=1}^n e^{-\mathscr{H}(\omega_j)/k_\mathrm{B} T}$$

40 1. 統計力学の基礎

$$= k_B T^2 \frac{\sum_{j=1}^n \frac{\partial}{\partial T} e^{-\mathcal{H}(\omega_j)/k_B T}}{\sum_{j=1}^n e^{-\mathcal{H}(\omega_j)/k_B T}} = \frac{\sum_{j=1}^n \mathcal{H}(\omega_j) e^{-\mathcal{H}(\omega_j)/k_B T}}{\sum_{j=1}^n e^{-\mathcal{H}(\omega_j)/k_B T}}$$

$$= \sum_{j=1}^n \mathcal{H}(\omega_j) \frac{e^{-\mathcal{H}(\omega_j)/k_B T}}{Z_{\rho V}(T)} = \sum_{j=1}^n \mathcal{H}(\omega_j)\, p_j^{(T)} \quad (1.75)$$

となる．これは，カノニカル分布におけるハミルトニアンの値の平均値 $\langle \mathcal{H} \rangle^{(T)}$ であり，熱平衡状態での系の内部エネルギーを与えることになる．

$$\langle \mathcal{H} \rangle^{(T)} = \hat{U}(\mathbb{P}^{(T)}) = U \quad (1.76)$$

よって，(1.74) は $TS = -F + U$，つまり，ヘルムホルツの自由エネルギーの熱力学における定義式（1.48）に等しいのである．

上の計算のエッセンスは，内部エネルギー U が，分配関数から

$$U = k_B T^2 \frac{\partial}{\partial T} \log Z_{\rho V}(T) \quad (1.77)$$

というように得られるという事実であろう．この公式で，T についての偏微分の前の $k_B T^2$ が邪魔に思える人もいることだろう．(1.75) の計算をした際に味わったように，これはボルツマン因子 (1.65) の指数の肩において，T が分子にではなく分母にあるということから来る煩わしさである．そこで，

$$\beta = \frac{1}{k_B T} \quad (1.78)$$

という変数を導入して，ボルツマン因子を

$$e^{-\mathcal{H}(\omega)/k_B T} = e^{-\beta \mathcal{H}(\omega)} \quad (1.79)$$

と書いて，変数を T から β に変更して公式を整理するという方法もある．β は [K^{-1}] ではなく [J^{-1}] の単位をもつのであまりよい言い方ではないが，**逆温度**とよばれることもある．

T から β への変数変換 (1.78) にともなって，偏微分は

$$\frac{\partial}{\partial T} = \frac{d\beta}{dT}\frac{\partial}{\partial \beta}$$
$$= -\frac{1}{k_B T^2}\frac{\partial}{\partial \beta} = -k_B \beta^2 \frac{\partial}{\partial \beta}$$

と変換される．よって，$Z_{\rho V}(T) = \tilde{Z}_{\rho V}(\beta)$ と書き改めることにすると(1.77)は

$$U = -\frac{\partial}{\partial \beta}\log \tilde{Z}_{\rho V}(\beta) \tag{1.80}$$

となり，すっきりとした公式ができあがることになる．

1.3.6 ハミルトニアンの分散と熱容量・比熱

分布関数 $\mathbb{P}(\omega_j) = p_j,\ 1 \leq j \leq n$ が与えられたとき，状態の関数 $Q(\omega)$ の平均値 $\langle Q \rangle$ は (1.27) で与えられる．これに対して，次式で定義される統計量は**分散**とよばれる．

$$\langle (Q - \langle Q \rangle)^2 \rangle = \sum_{j=1}^{n}\{Q(\omega_j) - \langle Q \rangle\}^2 p_j \tag{1.81}$$

図 1.7 に示したように，平均値から大きくずれた $Q(\omega)$ の値をもつ状態 ω が占める割合が多い統計集団では，$Q(\omega)$ の分散は大きくなる．分散の正の

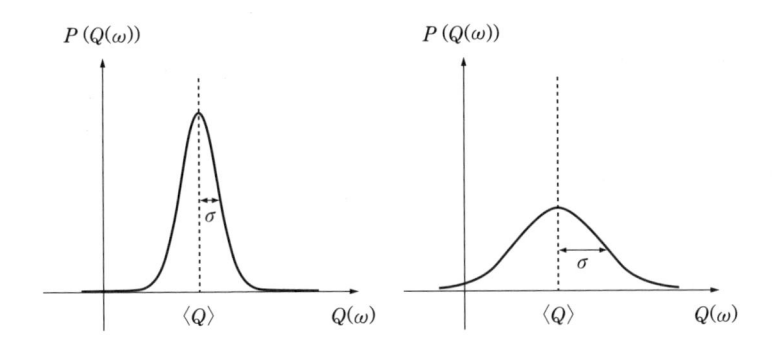

(a) 分散が小さい分布   (b) 分散が大きい分布

図 1.7

平方根を**標準偏差**とよび，σ の記号で表すことが多い．

[**例題 1.7**]　次の問いに答えよ．

（1）一般に次の等式が成り立つことを示せ．
$$\langle (Q - \langle Q \rangle)^2 \rangle = \langle Q^2 \rangle - \langle Q \rangle^2 \tag{1.82}$$

（2）内部エネルギー（1.76）を体積 V は一定にして温度 T で偏微分すると，**定積熱容量**
$$C_V = \frac{\partial U}{\partial T} \tag{1.83}$$
が得られる．C_V をカノニカル分布におけるハミルトニアンの分散
$$\left(\sigma_{\mathscr{H}}^{(T)}\right)^2 \equiv \langle (\mathscr{H} - \langle \mathscr{H} \rangle)^2 \rangle^{(T)} \tag{1.84}$$
を用いて表せ．

[**解**]（1）分散の定義式（1.81）より
$$\begin{aligned}\langle (Q - \langle Q \rangle)^2 \rangle &= \sum_{j=1}^{n} [Q(\omega_j)^2 - 2Q(\omega_j)\langle Q \rangle + \langle Q \rangle^2] p_j \\ &= \sum_{j=1}^{n} Q(\omega_j)^2 p_j - 2\langle Q \rangle \sum_{j=1}^{n} Q(\omega_j) p_j + \langle Q \rangle^2 \sum_{j=1}^{n} p_j \end{aligned} \tag{1.85}$$

ここで
$$\sum_{j=1}^{n} Q(\omega_j)^2 p_j = \langle Q^2 \rangle, \qquad \sum_{j=1}^{n} Q(\omega_j) p_j = \langle Q \rangle, \qquad \sum_{j=1}^{n} p_j = 1$$

なので，(1.85) は
$$\begin{aligned}\langle (Q - \langle Q \rangle)^2 \rangle &= \langle Q^2 \rangle - 2\langle Q \rangle^2 + \langle Q \rangle^2 \\ &= \langle Q^2 \rangle - \langle Q \rangle^2\end{aligned}$$

となり，(1.82) が導かれる．

（2）(1.76) を T で偏微分する．
$$\begin{aligned}C_V &= \frac{\partial}{\partial T} \sum_{j=1}^{n} \mathscr{H}(\omega_j) \, p_j^{(T)} \\ &= \frac{\partial}{\partial T} \sum_{j=1}^{n} \mathscr{H}(\omega_j) \frac{e^{-\mathscr{H}(\omega_j)/k_B T}}{\sum_{k=1}^{n} e^{-\mathscr{H}(\omega_k)/k_B T}}\end{aligned}$$

$$= \sum_{j=1}^{n} \mathscr{H}(\omega_j) \frac{\partial}{\partial T} \frac{e^{-\mathscr{H}(\omega_j)/k_B T}}{\sum_{k=1}^{n} e^{-\mathscr{H}(\omega_k)/k_B T}} \tag{1.86}$$

ここで，分数の微分の公式

$$\left\{\frac{f(x)}{g(x)}\right\}' = \frac{f'(x)\, g(x) - f(x)\, g'(x)}{\{g(x)\}^2} \tag{1.87}$$

を適用すると

$$\frac{\partial}{\partial T} \frac{e^{-\mathscr{H}(\omega_j)/k_B T}}{\sum_{k=1}^{n} e^{-\mathscr{H}(\omega_k)/k_B T}} = \frac{1}{\left(\sum_{k=1}^{n} e^{-\mathscr{H}(\omega_k)/k_B T}\right)^2} \Bigg[\left\{\frac{\partial}{\partial T} e^{-\mathscr{H}(\omega_j)/k_B T}\right\} \sum_{k=1}^{n} e^{-\mathscr{H}(\omega_k)/k_B T}$$

$$- e^{-\mathscr{H}(\omega_j)/k_B T} \frac{\partial}{\partial T} \sum_{k=1}^{n} e^{-\mathscr{H}(\omega_k)/k_B T} \Bigg] \tag{1.88}$$

であり，

$$\frac{\partial}{\partial T} e^{-\mathscr{H}(\omega_j)/k_B T} = \frac{\mathscr{H}(\omega_j)}{k_B T^2} e^{-\mathscr{H}(\omega_j)/k_B T}$$

なので，(1.88) は

$$\frac{1}{k_B T^2} \left\{ \frac{\mathscr{H}(\omega_j)\, e^{-\mathscr{H}(\omega_j)/k_B T}}{\sum_{k=1}^{n} e^{-\mathscr{H}(\omega_j)/k_B T}} - \frac{e^{-\mathscr{H}(\omega_j)/k_B T} \sum_{k=1}^{n} \mathscr{H}(\omega_k)\, e^{-\mathscr{H}(\omega_k)/k_B T}}{\left(\sum_{k=1}^{n} e^{-\mathscr{H}(\omega_k)/k_B T}\right)^2} \right\}$$

$$= \frac{1}{k_B T^2} \{ \mathscr{H}(\omega_j)\, p_j^{(T)} - p_j^{(T)} \langle \mathscr{H} \rangle^{(T)} \}$$

となる．これを (1.86) に代入すると

$$C_V = \frac{1}{k_B T^2} \left[\sum_{j=1}^{n} \mathscr{H}(\omega_j)^2\, p_j^{(T)} - \sum_{j=1}^{n} \mathscr{H}(\omega_j)\, p_j^{(T)} \langle \mathscr{H} \rangle^{(T)} \right]$$

$$= \frac{1}{k_B T^2} \left[\langle \mathscr{H}^2 \rangle^{(T)} - \left\{ \langle \mathscr{H} \rangle^{(T)} \right\}^2 \right] \tag{1.89}$$

となるので，(1.84) の記法を用いると

$$C_V = \frac{1}{k_B T^2} \left(\sigma_{\mathscr{H}}^{(T)}\right)^2 \tag{1.90}$$

という公式が得られ，定積熱容量は，一般にハミルトニアンの分散に比例すること

44   1. 統計力学の基礎

がわかる．

定積熱容量 C_V を粒子数 N で割ったものを 1 粒子当りの**定積比熱** c_V といい，これをアボガドロ数 N_A 倍した量を**定積モル比熱**という．また，c_V に粒子数密度 ρ を掛ければ，単位体積当りの定積比熱を表すことになる．（本書ではこれを，$\bar{c}_V = \rho c_V$ と書くことにする．）よって一般に，「定積比熱はハミルトニアンの分散に比例する」といってもよい．

(1.72) は，熱平衡状態での圧力を粒子数密度 ρ と絶対温度 T とで表す式であるから，カノニカル分布の方法では，この式から状態方程式 (1.45) が導かれることになる．

1.3.7　熱力学極限の普遍性

§1.2 では，熱力学関数であるエントロピー S がボルツマンの式 (1.37) によって状態密度 $D_{\rho V}(E)$ から与えられることを見た．またこの §1.3 では，熱力学関数であるヘルムホルツの自由エネルギー F が (1.70) のようにカノニカル分布の分配関数 $Z_{\rho V}(T)$ で与えられることを示した．ところが，F は熱力学での定義式 (1.48) ではエントロピー S を使って表せるので，この 2 つの関係式を 1 つにまとめて示すことができそうに思える．本節の最後に，それを眺めてみることにしよう．

まず，ボルツマンの式 (1.37) を $D_{\rho V}(E)$ について解くと

$$D_{\rho V}(E) = e^{S(E,V)/k_B} \tag{1.91}$$

が得られる．これを分配関数の表式 (1.66) に代入すると

$$Z_{\rho V}(T) = \int_{E_{\min}}^{\infty} e^{-\{E - T S(E,V)\}/k_B T} \, dE \tag{1.92}$$

となる．よって，(1.48) と (1.70) より，等式

$$U - T\, S(U,V) = -k_B T\, \log \int_{E_{\min}}^{\infty} e^{-\{E - T S(E,V)\}/k_B T} \, dE \tag{1.93}$$

§1.3 カノニカル分布の方法　45

が導かれる．左辺は本節で述べたカノニカル分布で記述される自由エネルギーであり，U と V の関数である．他方，右辺の被積分関数 $e^{-(E-TS(E,V))/k_\mathrm{B}T}$ は，エネルギー E の値を固定したミクロカノニカル分布で記述される関数であり，E と V の関数になっている．前節でボルツマンの式（1.37）を導いたときに U と E とを同一視したが，正確には両者の関係は（1.93）で表されるものなのである．

この式の右辺はいろいろなエネルギー状態にわたっての積分になっているが，その積分の中で，ある特別なエネルギー状態からの寄与が突出していて，他のエネルギー状態からの寄与は無視できるような状況が実現されたと仮定しよう．積分への寄与を独占する状態のエネルギーの値を仮に E^* と書くことにすると，右辺の中の積分は $e^{-(E^*-TS(E^*,V))/k_\mathrm{B}T}$ でおき換えられることになる．すると，これの対数をとって $-k_\mathrm{B}T$ を掛けることにより，右辺は $E^* - TS(E^*, V)$ となる．これが左辺と等しいことから，$E^* = U$ が結論される．

ミクロカノニカル集団はエネルギーの値 E を固定した統計集団であった．そのエネルギーの固定値を，記述したい熱平衡状態にある系の内部エネルギーの値 U に一致させることもできる．他方，上で述べたように，エネルギーの値が U の状態が独占的な状況にあるものとすると，すべてのエネルギー状態についての積分など計算せずに，この $E = U$ のエネルギー状態だけを考えたとしても，得られる結果は同じことになる．

ミクロカノニカル分布の方法でもカノニカル分布の方法でも全く同じ結果を与えることができる状況，それが**粒子数密度** $\rho = N/V$ と**内部エネルギー密度** $u = U/V = E/V$ を一定に保ちながら，粒子数 N と系の体積 V を同時に無限大にした極限なのである．そして，統計力学における計算方法の違い，すなわちミクロカノニカル分布を考えるのか，それともカノニカル分布を考えるのかという統計集団の設定の仕方の違いに依存せずに得られる普遍的な結果が，**熱力学**の法則なのである．そのため，上述の極限を**熱力学極限**

とよぶ.

§1.4 グランドカノニカル分布の方法
1.4.1 化学ポテンシャルとギブスの自由エネルギー

　もう一度，図 1.1 に描いた系について考えよう．§1.3 では斜面上の小物体の滑り運動が終わり，系全体が絶対温度 T の熱平衡状態に落ち着いた後の状況を考えた．そして，斜面を形成している原子集団の熱平衡状態での振動状態を記述する統計集団を導いた．

　斜面と小物体，および空気から成る全系のもつエネルギーの総和は一定であるとしても，そのうち，斜面の原子の振動エネルギーに分配される量は一定ではない．その値は，ある一定値を中心にして，その周りの値を時間的に変動する．熱力学では，平均値であるこの一定値を絶対温度 T のときの斜面の内部エネルギー $U(T)$ とよんだ．

　統計力学では，原子の振動エネルギーの値を，確率的にしか定まらない変数（**確率変数**）と見なして，T とハミルトニアン $\mathscr{H}$ で定まるカノニカル分布とよばれる確率分布 $\mathbb{P}^{(T)}$ に従うものと考えるのであった．内部エネルギー U は，このカノニカル分布におけるハミルトニアンの平均値 $\langle \mathscr{H} \rangle^{(T)}$ であり，その周りの変動は，この分布における $\mathscr{H}$ の実現値の揺らぎとして記述される．揺らぎの幅は分布関数の標準偏差 σ という統計量で表されるが，その 2 乗 σ^2 として定義される分散は，(1.90) で表したように，一般に系の定積熱容量 C_V と絶対温度の 2 乗 T^2 に比例する．

　斜面を形成する膨大な数の原子の振動状態が時間的にどのように変化していくのか，そのダイナミクスを正確に追うことは，我々には不可能である．しかし，温度 T で指定される熱平衡状態に落ち着いた後での状況なら，振動エネルギーの平均値やその周りの揺らぎの幅などを，正確に計算することができる．これが統計力学の主張である．

　本節では，図 1.1 の斜面をつくっている原子の振動ではなく，空気の成分

である気体分子の運動について考えてみたい．今度は，気体分子の運動エネルギーと分子間の弱い相互作用を表すポテンシャルエネルギーの和として与えられるハミルトニアンを $\mathscr{H}$ とする．

前節と同様にカノニカル分布関数を書き下そうとすると，気体分子の個数を N 個というように固定して考えるのは不自然ではないだろうか，と疑問に思うことだろう．

話を単純化するために，分子間の相互作用は無視して，空気を**理想気体**と思って考察してみよう．n モルの**理想気体の状態方程式**は $pV = nRT$ であるが，これは

$$pV = Nk_\mathrm{B}T \tag{1.94}$$

と書ける．ボルツマン定数 k_B の定義式 (1.29) より，$nR = nN_\mathrm{A}k_\mathrm{B}$ であり，nN_A は粒子数 N に他ならないからである．空気中で実験をするとき，我々は空気の成分の気体分子の個数 N を固定したりしない．そのようなことは不可能であろう．その代わり，温度（気温）T と圧力（気圧）p を測定して実験データとする．(1.94) より

$$\rho \equiv \frac{N}{V} = \frac{p}{k_\mathrm{B}T} \tag{1.95}$$

であるから，T と p の値を測定して求めたことは，気体分子の粒子数密度 ρ の値を求めたことを意味する．それに対して，体積 V の設定は任意である．しかし，V をある値に設定すると，その体積当りの粒子数は $N = \rho V$ という値に確定されることになる．

けれどもこれは，絶対温度 T で内部エネルギー U がある値に確定するのと同じく，熱力学のレベルでの確定値と考える方が自然であろう．そこで，系の粒子数 N は変動（分布）しているが，体積 V 当りの粒子数の平均値 $\langle N \rangle$ は ρV で与えられる値に確定している状況を考えることにしよう．以下では，熱力学のレベルで確定した粒子数を，字体を変えて $\mathscr{N}$ と書き，この状況を $\mathscr{N} = \langle N \rangle$ と表すことにする．

48　1. 統計力学の基礎

　空気や，斜面を形成している原子の振動子系といった，マクロではあるが全系の一部である部分系に着目したとき，その部分系とそれ以外の部分との間の熱の出入りが平均的にはつり合っている状態が熱平衡状態であった．これは，着目している部分系の温度とそれ以外の部分の温度とが一致したときに実現する状態である．それでは，着目している部分系とその外部との間の粒子の出入りも平均的につり合っている状態では，温度とは別に，さらにどんな物理量の値が等しくなっているべきなのであろうか．

　着目している部分系が，例えば実験室の中の空気であり，それ以外の部分は実験室の外の空気だったとすると，両者の気圧 p が一致していれば，気体分子の平均的な流れ (つまり風) はなく，分子の出入りは平均的にはつり合っていることだろう．

　着目している部分系がビーカーの中身で，そこである化学反応が進行しているような状況ではどうであろうか．着目している分子が生成されている場合，あるいは何か別の物質への分子の吸収過程が起こっているような場合には，粒子数は時間とともに増大あるいは減少する．十分時間が経って化学反応が終了し，つまり正反応と逆反応とがつり合ったときに初めて，粒子数は平均的に一定となることだろう．

　粒子が部分系からその外部へと流出しようとする傾向を，一般に熱力学では**化学ポテンシャル**とよび，μ と書く．上述の初めの例のような部分系と外部との圧力差による流出・流入と，後の例のような化学反応による粒子の生成・吸収の効果を，まとめて μ で表すことにする．部分系の化学ポテンシャルの値と外部の化学ポテンシャルの値が等しくなったときに，粒子の出入りに関しても平衡状態が実現することになる．化学反応系に対しては，特にこれを**化学平衡**とよぶこともある．

　化学ポテンシャル μ は 1 粒子当りの自由エネルギーである．ただし，ヘルムホルツの自由エネルギー (1.48) は絶対温度 T と体積 V の熱力学関数であったが，上述のように V の指定は任意であるような**開放系**においては，

圧力 p のつり合いが重要であるので，絶対温度 T と圧力 p の熱力学関数を考える方が便利である．変数を V から p に変えるには，F に pV を加えて

$$\begin{aligned}\mu &= \frac{1}{\mathcal{N}}(F+pV) \\ &= \frac{1}{\mathcal{N}}(U-TS+pV)\end{aligned} \tag{1.96}$$

とすればよい．この定義から $\mathcal{N}=$ 一定 のときは $d\mu=(dF+pdV+Vdp)/\mathcal{N}$ となるが，これに (1.73) で与えられる dF を代入すれば

$$d\mu = \frac{1}{\mathcal{N}}(-SdT+Vdp) \tag{1.97}$$

となり，確かに $\mu=\mu(T,p)$ となっている．(1.97) を変形して

$$SdT-Vdp+\mathcal{N}d\mu=0 \tag{1.98}$$

と書いたものを**ギブス - デュエムの関係**という．

(1.96) で与えられた化学ポテンシャル μ を $\mathcal{N}$ 倍して，部分系全体の自由エネルギーを表した

$$G=\mathcal{N}\mu \tag{1.99}$$

は**ギブスの自由エネルギー**とよばれる．(1.96) より

$$\begin{aligned}G &= F+pV \\ &= U-TS+pV\end{aligned} \tag{1.100}$$

となる．

着目している部分系とその外部との間に粒子の出入りがある場合には，(1.99) の表式の粒子数 $\mathcal{N}$ が変化することになる．したがって，$dG=\mathcal{N}d\mu+\mu d\mathcal{N}$ ということなので，(1.97) を代入すると

$$dG=-SdT+Vdp+\mu d\mathcal{N} \tag{1.101}$$

となる．これを G に対する全微分の式と見なすと，ギブスの自由エネルギー G を T と p と $\mathcal{N}$ の 3 変数の熱力学関数 $G=G(T,p,\mathcal{N})$ と考えることができることになる．部分系の温度 T と圧力 p と化学ポテンシャル μ のいずれもが外部とつり合った平衡状態は，このギブスの自由エネルギーが最小

になる状態として実現される．

1.4.2 グランドカノニカル集団

ギブスの自由エネルギー (1.99) または (1.100) を最小にする平衡状態を記述することができる統計集団は，どのようなものであろうか．粒子数 N が未定なので，状態空間としては N を固定したときの状態空間

$$\Omega_N = \{\omega_1, \omega_2, \cdots, \omega_{n(N)}\}$$

をすべての N の値に対して，集合として足し合わせたものになる．

$$\Omega = \bigcup_{N=0}^{\infty} \Omega_N \tag{1.102}$$

Ω の要素 ω は無限個ある．これまでと同様にそれらに順番を付けて ω_j, $j = 1, 2, 3, \cdots$ と記してもよいが，順番の付け方は何でもよいので，以後では特に番号付けはしないで議論を進めることにする．よって，系が状態 $\omega \in \Omega$ にある確率に対しても，p_j のように番号の添字 j を付けた表式などは用意せず，単に $\mathbb{P}(\omega)$ と書くことにする．すると一般に，統計集団 $(\Omega, \mathbb{P})$ において状態 ω の関数 $Q(\omega)$ の平均値は，(1.27) の代わりに

$$\langle Q \rangle = \sum_{\omega \in \Omega} Q(\omega)\, \mathbb{P}(\omega) \tag{1.103}$$

と書けることになる．

各状態 $\omega \in \Omega$ に対して，その状態の粒子数を $N(\omega)$ と書き，またその状態のもつエネルギーを $\mathscr{H}(\omega)$ と書くことにする．そして，これらの平均値をそれぞれ確率分布 $\mathbb{P}$ の関数として

$$\tilde{\mathscr{N}}(\mathbb{P}) = \langle N \rangle = \sum_{\omega \in \Omega} N(\omega)\, \mathbb{P}(\omega) \tag{1.104}$$

$$\tilde{U}(\mathbb{P}) = \langle \mathscr{H} \rangle = \sum_{\omega \in \Omega} \mathscr{H}(\omega)\, \mathbb{P}(\omega) \tag{1.105}$$

と書くことにする．また，エントロピー関数を

$$\tilde{S}(\mathbb{P}) = -k_B \sum_{\omega \in \Omega} \mathbb{P}(\omega) \log \mathbb{P}(\omega) \tag{1.106}$$

とする．

§1.4 グランドカノニカル分布の方法

さて，熱力学関数としてのギブスの自由エネルギー $G = G(T, p, \mathcal{N})$ に対応して，確率分布 $\mathbb{P}$ の関数としてのギブスの自由エネルギー関数 $\hat{G}(\mathbb{P})$ を導入したい．以下の議論では，前節と同様に，相対エントロピー関数の不等式 (1.53) を用いたいので，(1.99) ではなく，エントロピー S が陽に出てくる (1.100) を計算の出発点としたい．この (1.100) のうちの U と S はそれぞれ (1.105) と (1.106) に対応させればよいだろう．T は記述したい平衡状態の絶対温度であり，これは定数である．また上述のように，体積 V は任意に設定して構わない値である．

問題は，圧力 p をどのように扱うかである．圧力 p は状態の関数であるから，確率分布 $\mathbb{P}$ の関数 $\hat{p}(\mathbb{P})$ を定義しなければならないはずである．これをどうしたらよいかは，これまでの議論では不明である．そこで，とりあえず定義なしで $\hat{p}(\mathbb{P})$ と書いておくことにして，

$$\hat{G}(\mathbb{P}) = \hat{U}(\mathbb{P}) - T\hat{S}(\mathbb{P}) + \hat{p}(\mathbb{P})\, V \tag{1.107}$$

とおくことにしよう．

状態空間 Ω における確率分布 $\mathbb{P}$ で，(1.107) の値を最小にするものは，絶対温度 T と化学ポテンシャル μ をもつ平衡状態を記述すべきものであり，これを $\mathbb{P}^{(T,\mu)}$ と記すことにする．実はこれは

$$\mathbb{P}^{(T,\mu)}(\omega) = \frac{e^{-\{\mathcal{H}(\omega) - \mu N(\omega)\}/k_\mathrm{B}T}}{\varXi(T, \mu)} \qquad (\omega \in \Omega) \tag{1.108}$$

という式で与えられることを，以下で説明したい．ただし，$\varXi(T, \mu)$ は

$$\sum_{\omega \in \Omega} \mathbb{P}^{(T,\mu)}(\omega) = 1 \tag{1.109}$$

となるための規格化因子であり，

$$\varXi(T, \mu) = \sum_{\omega \in \Omega} e^{-\{\mathcal{H}(\omega) - \mu N(\omega)\}/k_\mathrm{B}T} \tag{1.110}$$

で定義される．

定義式 (1.106) および (1.107) より

$$\hat{G}(\mathbb{P}) = \hat{U}(\mathbb{P}) + k_\mathrm{B} T \sum_{\omega \in \Omega} \mathbb{P}(\omega) \log \mathbb{P}(\omega) + \hat{p}(\mathbb{P})\, V$$

$$= \hat{U}(\mathbb{P}) + k_\mathrm{B} T \sum_{\omega \in \Omega} \mathbb{P}(\omega) \log \frac{\mathbb{P}(\omega)}{\mathbb{P}^{(T,\mu)}(\omega)}$$
$$\qquad + k_\mathrm{B} T \sum_{\omega \in \Omega} \mathbb{P}(\omega) \log \mathbb{P}^{(T,\mu)}(\omega) + \hat{p}(\mathbb{P})\, V$$

$$= \hat{U}(\mathbb{P}) - k_\mathrm{B} T\, \hat{I}(\mathbb{P}|\mathbb{P}^{(T,\mu)}) + k_\mathrm{B} T \sum_{\omega \in \Omega} \mathbb{P}(\omega) \log \mathbb{P}^{(T,\mu)}(\omega) + \hat{p}(\mathbb{P})\, V$$

ここで $\hat{I}(\mathbb{P}|\mathbb{P}^{(T,\mu)})$ は，確率分布 $\mathbb{P}^{(T,\mu)}$ をもつ統計集団に対する確率分布 $\mathbb{P}$ の統計集団の相対エントロピーを表し，(1.53) の不等式より

$$\hat{I}(\mathbb{P}|\mathbb{P}^{(T,\mu)}) = -\sum_{\omega \in \Omega} \mathbb{P}(\omega) \log \frac{\mathbb{P}(\omega)}{\mathbb{P}^{(T,\mu)}(\omega)} \leq 0$$

である．等式は $\mathbb{P} = \mathbb{P}^{(T,\mu)}$ のときのみ成立するので，

$$\hat{G}(\mathbb{P}) \geq \hat{U}(\mathbb{P}^{(T,\mu)}) + k_\mathrm{B} T \sum_{\omega \in \Omega} \mathbb{P}^{(T,\mu)}(\omega) \log \mathbb{P}^{(T,\mu)}(\omega) + \hat{p}(\mathbb{P}^{(T,\mu)})\, V \tag{1.111}$$

である．ここで (1.108) が成り立つならば

$$k_\mathrm{B} T \sum_{\omega \in \Omega} \mathbb{P}^{(T,\mu)}(\omega) \log \mathbb{P}^{(T,\mu)}(\omega)$$
$$= k_\mathrm{B} T \sum_{\omega \in \Omega} \mathbb{P}^{(T,\mu)}(\omega) \left\{ -\frac{\mathscr{H}(\omega)}{k_\mathrm{B} T} + \frac{\mu N(\omega)}{k_\mathrm{B} T} - \log \mathit{\Xi}(T,\mu) \right\}$$
$$= -\hat{U}(\mathbb{P}^{(T,\mu)}) + \hat{\mathscr{N}}(\mathbb{P}^{(T,\mu)})\, \mu - k_\mathrm{B} T \log \mathit{\Xi}(T,\mu)$$

である．ただしここで，(1.104)，(1.105)，および (1.109) を用いた．これを (1.111) に代入すると

$$\hat{G}(\mathbb{P}) \geq \hat{\mathscr{N}}(\mathbb{P}^{(T,\mu)})\, \mu + \{\hat{p}(\mathbb{P}^{(T,\mu)})\, V - k_\mathrm{B} T \log \mathit{\Xi}(T,\mu)\} \tag{1.112}$$

が得られる．

　この不等式の右辺第1項は，ギブスの自由エネルギー G に対する (1.99) の表式で，$\mathscr{N}$ を $\hat{\mathscr{N}}(\mathbb{P}^{(T,\mu)})$ におき換えたものである．よってこれが，$\hat{G}(\mathbb{P})$ の最小値になっていると考えたい．そこで，右辺の第2項はゼロであるという要請をおくことにする．つまり，

$$\hat{p}(\mathbb{P}^{(T,\mu)}) = \frac{k_\mathrm{B} T}{V} \log \varXi(T,\mu) \tag{1.113}$$

が成り立つとする．これは，確率分布 $\mathbb{P}$ の関数 $\hat{p}(\mathbb{P})$ を特定することはせず，ただ $\mathbb{P} = \mathbb{P}^{(T,\mu)}$ としたときの値は上の式で与えられるという要請である．すると

$$\min_\mathbb{P} \hat{G}(\mathbb{P}) = \hat{G}(\mathbb{P}^{(T,\mu)})$$
$$= \hat{\mathscr{N}}(\mathbb{P}^{(T,\mu)}) \mu \tag{1.114}$$

という，熱力学関係式 (1.99) ときれいに対応した結論を得ることができる．

(1.108) で与えられる確率分布 $\mathbb{P}^{(T,\mu)}$ は絶対温度 T と化学ポテンシャル μ という 2 つのパラメーターをもつ確率分布であり，**グランドカノニカル分布（大正準分布）** とよばれる．また，この確率分布に従うミクロな状態 $\omega \in \varOmega$ の統計集団 $(\varOmega, \mathbb{P}^{(T,\mu)})$ を**グランドカノニカル集団（大正準集団）**という．そこでの状態 ω の関数 $Q(\omega)$ の平均を

$$\langle Q \rangle^{(T,\mu)} = \sum_{\omega \in \varOmega} Q(\omega) \, \mathbb{P}^{(T,\mu)}(\omega) \tag{1.115}$$

と書くことにする．

1.4.3 大分配関数とフガシティ

確率分布関数 (1.108) の規格化因子である (1.110) は，**大分配関数**または**大状態和**とよばれる．これは，カノニカル分布の状態和 (1.51) を

$$\lambda = \lambda(T,\mu) = e^{\mu/k_\mathrm{B} T} \tag{1.116}$$

という因子を用いて，粒子数 N に対して

$$\varXi(T,\mu) = \sum_{N=0}^{\infty} \lambda^N Z_N(T)$$
$$= \sum_{N=0}^{\infty} e^{\mu N / k_\mathrm{B} T} \sum_{\omega \in \varOmega_N} e^{-\mathscr{H}(\omega)/k_\mathrm{B} T} \tag{1.117}$$

というように足し合わせたものだからである．ただし，$Z_0(T) = 1$ とする．

ここで，μN はギブスの自由エネルギー (1.99) と同じく [J] の単位をもっているので，$\mu N/k_\mathrm{B} T$ は無次元量となる．よって，ボルツマン因子と同様に，(1.116) も無次元の重みとなるのである．この因子 λ を**フガシティ**，あるいは**逃散能**とよぶ．

グランドカノニカル集団 $(\varOmega, \mathbb{P}^{(T,\mu)})$ は，熱の出入りも粒子の出入りもつり合った平衡状態を表すものであり，絶対温度 T と化学ポテンシャル μ で指定される．(1.113) は，この平衡状態での圧力 p を与えることになる．ミクロカノニカル分布では状態密度 D_N から平衡状態でのエントロピー S が (1.37) によって与えられ，カノニカル分布では分配関数 Z_N から熱平衡状態でのヘルムホルツの自由エネルギー F が (1.70) によって与えられた．そして，グランドカノニカル分布では，大分配関数 $\varXi$ から平衡状態での圧力が

$$p = \frac{k_\mathrm{B} T}{V} \log \varXi(T, \mu) \qquad (1.118)$$

で与えられるというわけである．

この平衡状態では，エネルギーの平均値と粒子数の平均値はそれぞれ一定であり，

$$\langle \mathscr{H} \rangle^{(T,\mu)} = \sum_{\omega \in \varOmega} \mathscr{H}(\omega)\, \mathbb{P}^{(T,\mu)}(\omega) = U \qquad (1.119)$$

$$\langle N \rangle^{(T,\mu)} = \sum_{\omega \in \varOmega} N(\omega)\, \mathbb{P}^{(T,\mu)}(\omega) = \mathscr{N} = \rho V \qquad (1.120)$$

である．ただし，U は系の内部エネルギー，ρ は粒子数密度，V は想定した体積である．

グランドカノニカル分布 $\mathbb{P}^{(T,\mu)}$ は T と μ の値を与えれば (1.108) で定まるので，(1.119) と (1.120) は内部エネルギーと平均粒子数を計算する公式に見える．しかし実際には，このうちの (1.120) は，絶対温度 T と粒子数密度 ρ と化学ポテンシャル μ との間の関係式を与えるものとしての役割がある．これと (1.118) とを連立させることにより化学ポテンシャル μ を消去すると，平衡状態での系の圧力 p が粒子数密度 ρ と絶対温度 T の関数とし

て定められることになる．これが状態方程式 (1.45) である．

[本章の要点]

1. 統計力学では，系のミクロな状態がどのように変化するかを，運動方程式を解いて時間的に追うことはしない．その代わりに，ミクロな状態の統計集団を考えて，その要素であるいろいろな状態が，ある確率分布に従ってランダムに出現するものする．そして，平衡状態における熱力学量を，統計集団における平均値として算出する．

2. 標準的な統計集団には，ミクロカノニカル分布に従うもの，カノニカル分布に従うもの，およびグランドカノニカル分布に従うものの3つがある．

3. 外界と，エネルギーの出入りも粒子の出入りもない孤立系では，エントロピー最大の状態が平衡状態である．この状態はミクロカノニカル分布で記述される．これは，等エネルギー状態における一様分布である．各等エネルギー状態の総数は状態密度 D で表される．平衡状態でのエントロピーの値 S は，状態密度 D から，ボルツマンの式 $S = k_\mathrm{B} \log D$ によって計算することができる．

4. 外界と，粒子の出入りはないが，エネルギーのやりとりがある場合のマクロな定常状態を熱平衡状態という．熱平衡状態は絶対温度 T で指定され，カノニカル分布で記述される．カノニカル分布におけるエネルギー E の分布関数は，状態密度 D とボルツマン因子 $e^{-E/k_\mathrm{B}T}$ との積で与えられる．分布関数の規格化因子は分配関数 Z とよばれる．ヘルムホルツの自由エネルギー F は，この分配関数から公式 $F = -k_\mathrm{B}T \log Z$ によって計算することができる．

5. 外界と，エネルギーの出入りも粒子の出入りもある場合は，平衡状態は絶対温度 T と化学ポテンシャル μ の2つの物理量の値で指定される．この平衡状態は，グランドカノニカル分布で記述される．グランドカノニカ

56   1. 統計力学の基礎

ル分布関数の規格化因子は，大分配関数 Ξ とよばれる．粒子系の体積を V とすると，圧力 p は公式 $p = (k_B T/V) \log \Xi$ によって計算することができる．

6. カノニカル分布では，系のエネルギーの値は分布する．その平均値は，系の内部エネルギーを与える．平均値からの偏差の2乗を平均したものは，分散とよばれる．系の熱容量，および比熱は，エネルギーの分散を計算することによって求めることができる．

演習問題

[1] n を自然数として，1 から n までの値の一様分布を考える．つまり $\omega \in \Omega \equiv \{1, 2, \cdots, n\}$ に対して，出現確率はすべて等しく $p_j = \mathbb{P}(\omega = j) = 1/n, 1 \leq j \leq n$ とする．

(1) まず準備として，次の2つの和の公式を**数学的帰納法**を用いて証明せよ．

$$\sum_{j=1}^{n} j = \frac{1}{2} n(n+1) \tag{1.121}$$

$$\sum_{j=1}^{n} j^2 = \frac{1}{6} n(n+1)(2n+1) \tag{1.122}$$

(2) 平均値 $\langle j \rangle = \sum_{j=1}^{n} j p_j$ を求めよ．

(3) 分散 $\sigma^2 = \langle (j - \langle j \rangle)^2 \rangle = \sum_{j=1}^{n} (j - \langle j \rangle)^2 p_j$ を求めよ．

[2] p を $0 < p < 1$ の定数とする．$\Omega = \{0, 1, 2, \cdots, n\}$ に対して，各要素の出現確率が

$$p_j = {}_n C_j \, p^j (1-p)^{n-j} = \frac{n!}{j!(n-j)!} p^j (1-p)^{n-j} \quad (0 \leq j \leq n) \tag{1.123}$$

と与えられる分布を**2項分布**という．これは p_j が，$\{(1-p) + px\}^n$ を2項展

開したときの x^j の係数に等しいからである.

(1) 確率の総和は $\sum_{j=0}^{n} p_j = 1$ となっていることを確認せよ.

(2) 平均値 $\langle j \rangle$ を求めよ.

(3) 分散 $\sigma^2 = \langle (j - \langle j \rangle)^2 \rangle$ を求めよ.

[3] エネルギーの値が, $\varepsilon > 0$ の高エネルギー状態と $-\varepsilon < 0$ の低エネルギー状態の2つの状態があり, 粒子がこのうちのいずれか一方の状態をとるものとする.

(1) $0 < p < 1$ として, 高エネルギー状態をとる確率を p, 低エネルギー状態をとる確率を $1 - p$ とする. 1粒子のエネルギーの平均値 U_1 とエネルギーの分散 σ_1^2 を求めよ.

(2) N 個の粒子があり, 各々他の粒子とは無関係に, 確率 p で高エネルギー状態をとり, 確率 $1 - p$ で低エネルギー状態をとるものとする. N 個のうち高エネルギー状態にある粒子の数を j とすると, これは2項分布に従って分布することを説明せよ.

(3) この2項分布における j の関数 $Q(j)$ の平均値を $\langle Q(j) \rangle$ と書くことにする. N 粒子系のエネルギーの平均 U_N とエネルギーの分散 σ_N^2 は, それぞれ

$$U_N = (2\langle j \rangle - N)\varepsilon, \quad \sigma_N^2 = 4(\langle j^2 \rangle - \langle j \rangle^2)\varepsilon^2 \qquad (1.124)$$

で与えられることを示せ.

(4) [2]で求めた2項分布の平均と分散の公式を用いて, U_N と σ_N^2 を p, ε, N を用いて表せ. また, その結果を上の問(1)で求めた1粒子の U_1, σ_1^2 と比較せよ.

(5) N 粒子系が, 絶対温度 T の熱平衡状態にあるものとする. 高エネルギー状態は低エネルギー状態に比べて 2ε だけエネルギーが高いので, p と $1-p$ との比は, ボルツマン因子を用いて,

$$\frac{p}{1-p} = e^{-2\varepsilon/k_B T} \qquad (1.125)$$

と表される. これを解いて, p を絶対温度 T の関数として求めよ. そして,

その結果を上の問（4）の答に代入することによって，U_N と σ_N^2 を絶対温度 T の関数として求めよ．

[4] 質量 m の自由粒子 N 個が，断熱壁に囲まれた体積 V の容器の中に入っていて，エネルギー E の状態にあるものとする．このときの状態密度 $D_N(E)$ は (1.16) で与えられるものとする．この孤立系の内部に，この自由粒子の系とは別の物体も入っていて，この物体と自由粒子の系との間にはエネルギーのやりとりがあるものとする．

いま，この物体がエネルギー E_0 をもつ状態にあるとすると，自由粒子の系のエネルギーは $E - E_0$ であり，状態密度は $D_N(E - E_0)$ となる．ところが，(1.16) が示すように，$D_N(E)$ は E の増加関数なので，$D_N(E - E_0) < D_N(E)$ である．つまり，自由粒子の状態密度は減少する．この減少率を

$$q_N(E_0) = \frac{D_N(E - E_0)}{D_N(E)} \tag{1.126}$$

と定義する．これが，物体のエネルギー E_0 の関数として，熱力学極限でどのように表されるかを調べてみよう．

（1） E_0 の値を固定する．その上で，単位体積当りの自由粒子の粒子数密度 $\rho = N/V$ と総エネルギー密度 $u = E/V$ は一定に保ちながら，$V \to \infty$ の極限をとる．このとき，$q_N(E_0)$ はどのような関数に収束するであろうか．ただし，次の公式

$$\lim_{n \to \infty} \left(1 + \frac{x}{n}\right)^n = e^x \tag{1.127}$$

を用いよ．

（2） 上で求めた極限が，ボルツマン因子 $e^{-E_0/k_\mathrm{B}T}$ に等しくなるのは，ρ, u, T の間にどのような関係が成り立つときか．

[5]* n 個の離散的な状態 $\Omega = \{\omega_1, \cdots, \omega_n\}$ に対する確率分布 $p_j = \mathbb{P}(\omega_j)$，$1 \leq j \leq n$ を考える．ハミルトニアンを $\mathscr{H}(\omega)$ として，Ω における最大値と最小値をそれぞれ $E_\mathrm{max} = \max_{\omega \in \Omega} \mathscr{H}(\omega)$，$E_\mathrm{min} = \min_{\omega \in \Omega} \mathscr{H}(\omega)$ とする．ハミルトニアンの平均値 (1.46) がある一定値 U であるような確率分布の集合を

$$\mathscr{P}(U) = \{\mathbb{P} : \tilde{U}(\mathbb{P}) = U\} \tag{1.128}$$

と書くことにする.

(1) $p_j^{(T)} = \mathbb{P}^{(T)}(\omega_j), 1 \leq j \leq n$ を絶対温度 T のカノニカル分布 (1.50) とする. $E_{\min} < U < E_{\max}$ である任意の U に対して, $\mathbb{P}^{(T_U)} \in \mathscr{P}(U)$ となるように絶対温度 $T_U > 0$ が一意的に定められることを証明せよ.

(2) $E_{\min} < U < E_{\max}$ のとき, 集合 $\mathscr{P}(U)$ の中でエントロピー関数 (1.30) を最大にする確率分布は, 問(1)で定めた絶対温度 T_U におけるカノニカル分布 $\mathbb{P}^{(T_U)}$ であること, つまり

$$\tilde{S}(\mathbb{P}^{(T_U)}) = \max_{\mathbb{P} \in \mathscr{P}(U)} \tilde{S}(\mathbb{P}) \tag{1.129}$$

が成り立つことを証明せよ.

[6]* グランドカノニカル分布の分布関数 $\mathbb{P}^{(T,\mu)}(\omega)$ は (1.108) で与えられているが, 粒子数が N 個である状態 $\omega \in \Omega_N$ すべてに対して和をとったものを

$$\mathrm{P}^{(T,\mu)}(N) = \sum_{\omega \in \Omega_N} \mathbb{P}^{(T,\mu)}(\omega) \tag{1.130}$$

と書くことにする.

(1) 大分配関数 $\Xi(T,\mu)$ と粒子数 N のときのカノニカル分布の分配関数 $Z_N(T)$ を用いて

$$\mathrm{P}^{(T,\mu)}(N) = \frac{e^{\mu N/k_\mathrm{B} T} Z_N(T)}{\Xi(T,\mu)} \tag{1.131}$$

と表せることを導け.

(2) 粒子数 N の関数 $Q(N)$ のグランドカノニカル分布における平均値は, 上で定義した $\mathrm{P}^{(T,\mu)}(N)$ を用いて

$$\langle Q(N) \rangle^{(T,\mu)} = \sum_{N=0}^{\infty} Q(N)\, \mathrm{P}^{(T,\mu)}(N) \tag{1.132}$$

で与えられる. 例えば, 平均粒子数 $\mathscr{N}$ は

$$\mathscr{N} = \langle N \rangle^{(T,\mu)} = \sum_{N=0}^{\infty} N\, \mathrm{P}^{(T,\mu)}(N) \tag{1.133}$$

である. この平均粒子数 $\mathscr{N}$ を化学ポテンシャル μ で微分した量は, グランドカノニカル分布における粒子数の分散 $\langle (N - \mathscr{N})^2 \rangle^{(T,\mu)}$ に比例することを示せ.

1. 統計力学の基礎

（3） 粒子数密度 ρ の逆数は1粒子当りの占める体積であり，**比容積**，あるいは**比容**とよばれる．これを $v = 1/\rho$ と書くと，**等温圧縮率** κ は

$$\kappa = -\frac{1}{v}\frac{\partial v}{\partial p} \tag{1.134}$$

で定義される．ただし，圧力 p による偏微分は温度 $T=$ 一定 で行なう．このとき，次の等式が成り立つことを導け．

$$\kappa = \frac{v}{k_B T}\frac{\langle (N-\mathcal{N})^2 \rangle^{(T,\mu)}}{\mathcal{N}} \tag{1.135}$$

2 いろいろな物理系への応用

　第1章では，状態密度関数や分配関数といった統計力学において中心的な役割を果たす関数，平均値や分散といった統計量，さらには熱力学極限という操作についてなど，実に多くのことを述べた．すぐに，これらをすべて理解することは難しいかもしれない．そこで，本章では，物理系への統計力学の応用例を具体的に示すことにした．実際にどのように使われるのかを見ることによって，まずは，統計力学に慣れ親しんでもらいたいからである．

　本章の本文中で扱う題材は，理想気体，2準位系，および振動子系の3つに絞った．その上で，第1章で述べた3つの標準的な方法を順次適用することによって，この3つの系に関する典型的な問題を，繰り返し解いてみることにする．他方，章末には，その他のいろいろな系への応用例を，演習問題として与えておいた．それらに対しても，本文中で行なったのと同様に，多角的な検討を試みてほしい．それにより，第1章で述べた統計力学の基礎に対する理解が深まり，応用力がしっかりと身に付くことであろう．

§2.1　理想気体

　圧力 p，体積 V，粒子数 N，絶対温度 T の間に

$$pV = Nk_{\mathrm{B}}T \tag{2.1}$$

の関係が成り立つ気体を**理想気体**という．ただし，k_{B} はボルツマン定数 (1.29) である．これは，圧力と体積とが反比例し，その積が絶対温度に比例するという，**ボイル-シャルルの法則**が厳密に成り立つ気体ということで，

希薄気体を理想化したモデル系である．第1章で述べた統計力学の3つの方法であるミクロカノニカル分布の方法，カノニカル分布の方法，およびグランドカノニカル分布の方法を，それぞれこの系に適用してみよう．

2.1.1 ミクロカノニカル分布とエントロピー

気体分子 N 個が体積 V の容器の中に閉じ込められているものとする．気体分子は ある1種類の単原子分子であり，質量 m とする．

気体が入っている容器について

体積 V の容器を Λ という記号で表すことにする．これは3次元空間の中のある閉じた有限な領域である．いま，ある点 $\boldsymbol{r}=(x,y,z)$ がこの容器 Λ の中の点であったとする．このことは，点 $\boldsymbol{r}$ が集合 Λ に含まれている（集合 Λ の要素である）ということなので，$\boldsymbol{r}\in\Lambda$ と書き表せることになる．集合 Λ はこのような点 $\boldsymbol{r}$ を無限個集めたものであり，この集合全体の3次元空間中での体積を $|\Lambda|$ と書くことにすると，それは

$$|\Lambda| = \int_\Lambda d\boldsymbol{r} = \iiint_\Lambda dx\,dy\,dz \tag{2.2}$$

という3重積分で与えられる．この積分の値が容器 Λ の体積 V である．

このような集合としての書き方は抽象的ではあるが，容器の形状を特定しなくても書き表せるという利点がある．逆に，容器の形状を特定すれば，もっと具体的に書き表すことができるようになる．

いま，容器 Λ を3辺の長さがそれぞれ L_x, L_y, L_z の直方体であると仮定しよう．この直方体の容器の1つの頂点を原点として，3つの辺に沿ってそれぞれ x 軸，y 軸，z 軸をとったデカルト座標系を用いることにする．これにより，Λ は次の領域に特定されたことになる．

$$\Lambda = \{\boldsymbol{r}=(x,y,z) : 0\le x\le L_x,\ 0\le y\le L_y,\ 0\le z\le L_z\} \tag{2.3}$$

このとき，(2.2) の積分は具体的に

§2.1 理想気体　63

$$\int_0^{L_x} dx \int_0^{L_y} dy \int_0^{L_z} dz = L_x L_y L_z$$

となる．これは確かに，直方体の体積 $V = L_x L_y L_z$ を与える．

まずは N 個の粒子は互いに区別できるものとして，番号 $j = 1, 2, \cdots, N$ を付けることにする．

j 番目の粒子の位置を $\boldsymbol{q}_j = (q_{jx}, q_{jy}, q_{jz})$ と書く．この粒子が容器 Λ の中にあることを $\boldsymbol{q}_j \in \Lambda$ と書くのであった．さて，$j \neq k$ として，j 番目の粒子と k 番目の粒子の2つの位置を同時に考えることにしよう．この2粒子の位置は，両者の位置ベクトルを並べた $(\boldsymbol{q}_j, \boldsymbol{q}_k)$ で表すことができる．これは $(q_{jx}, q_{jy}, q_{jz}, q_{kx}, q_{ky}, q_{kz})$ ということなので，6成分のベクトルと見なすことができる．そして，この2粒子とも容器 Λ の中に入っているということ（つまり，$\boldsymbol{q}_j \in \Lambda$ かつ $\boldsymbol{q}_k \in \Lambda$ であること）は，この6成分ベクトル $(\boldsymbol{q}_j, \boldsymbol{q}_k)$ で表される点が6次元空間のうちの $\Lambda \times \Lambda = \Lambda^2$ という領域の中に入っているということである．そこで，これを $(\boldsymbol{q}_j, \boldsymbol{q}_k) \in \Lambda^2$ と書くことにする．

位相空間と状態空間

同様にして考えると，N 個の粒子の位置 $\boldsymbol{q}_j, 1 \leq j \leq N$ をすべて指定することは，$3N$ 次元の空間の中の1点 $(\boldsymbol{q}_1, \boldsymbol{q}_2, \cdots, \boldsymbol{q}_N)$ を指定することになる．この $3N$ 成分ベクトルを以下では簡単に

$$\mathbf{q} = (\boldsymbol{q}_1, \boldsymbol{q}_2, \cdots, \boldsymbol{q}_N) \tag{2.4}$$

と書くことにする．そして，N 粒子がすべて容器 Λ に入っていることを $\mathbf{q} \in \Lambda^N$ と書くことにする．

古典力学（ニュートン力学）では，粒子の各瞬間での状態は，そのときの位置だけでなく運動量も指定しなければ決まらない．j 番目の粒子の運動量を $\boldsymbol{p}_j = (p_{jx}, p_{jy}, p_{jz})$ と書くことにする．運動量については制限はない．つまり，$-\infty < p_{jx}, p_{jy}, p_{jz} < \infty$ である．位置と同様に，N 粒子の運動量をすべて指定した $3N$ 成分ベクトルを

$$\mathbf{p} = (\boldsymbol{p}_1, \boldsymbol{p}_2, \cdots, \boldsymbol{p}_N) \tag{2.5}$$

と書くことにする.

N 粒子から成る気体のミクロな状態 ω は，この **p** と **q** の対

$$(\mathbf{p}, \mathbf{q}) = (\mathbf{p}_1, \mathbf{p}_2, \cdots, \mathbf{p}_N, \mathbf{q}_1, \mathbf{q}_2, \cdots, \mathbf{q}_N) \tag{2.6}$$

で指定されることになる．これは，$6N$ 次元空間の 1 点を表す．この $6N$ 次元空間を，力学では**位相空間**とよぶ．我々がここで考える状態空間 Ω_N は，N 粒子が容器の中に閉じ込められているという条件 $\mathbf{q} \in \Lambda^N$ があるので，この位相空間の一部であり，条件を記して

$$\Omega_N = \{(\mathbf{p}, \mathbf{q}) : \mathbf{q} \in \Lambda^N\} \tag{2.7}$$

と書くことができる．

ハミルトニアンと状態数

N 粒子系のハミルトニアンを

$$\mathscr{H}(\mathbf{p}) = \sum_{j=1}^{N} \frac{\mathbf{p}_j^2}{2m} \tag{2.8}$$

で与える．これは各粒子の運動エネルギー $\mathbf{p}_j^2/2m$ の総和である．粒子間の相互作用を表すポテンシャルエネルギーの項はなく，よって，ハミルトニアンは N 粒子の運動量 (2.5) だけの関数 $\mathscr{H} = \mathscr{H}(\mathbf{p})$ ということになる．

E を正の定数として，エネルギーが E 以下である状態全体の集合

$$\{(\mathbf{p}, \mathbf{q}) \in \Omega_N : \mathscr{H}(\mathbf{p}) \leq E\} \tag{2.9}$$

を考えることにする．この集合は，$6N$ 次元の位相空間の中で $\mathbf{q} \in \Lambda^N$ という条件とともに，$\mathscr{H}(\mathbf{p}) \leq E$ という条件も満たすものである．後者は (2.8) より

$$\sqrt{\sum_{j=1}^{N} \mathbf{p}_j^2} \leq \sqrt{2mE}$$

という不等式で表される条件なので，この集合も $6N$ 次元の位相空間の中のある領域を成すことになる．その要素である状態は連続無限個存在するので，(1.18) で定義した状態数 $W_N(E)$ は，$6N$ 次元位相空間内における (2.9) という部分領域の体積を表すものと考えて，

$$W_N(E) = |\{(\mathbf{p}, \mathbf{q}) : \mathcal{H}(\mathbf{p}) \leq E, \mathbf{q} \in \Lambda^N\}|$$
$$= \int_{\mathcal{H}(\mathbf{p}) \leq E} d\mathbf{p} \int_{\Lambda^N} d\mathbf{q} \tag{2.10}$$

と書くことにする．

　これは具体的には $6N$ 重積分を表すものである．それを示すために，再び容器の形状を直方体 (2.3) に特定することにしよう．また，条件 $\mathscr{C}$ に対して

$$\mathbf{1}(\mathscr{C}) = \begin{cases} 1 & (条件 \mathscr{C} が満たされるとき) \\ 0 & (それ以外のとき) \end{cases} \tag{2.11}$$

という記号を用いて，これを条件 $\mathscr{C}$ の**指示関数**とよぶことにする．すると

$$W_N(E) = \int_{-\infty}^{\infty} dp_{1x} \int_{-\infty}^{\infty} dp_{1y} \cdots \int_{-\infty}^{\infty} dp_{Nz} \, \mathbf{1}\left(\sqrt{\sum_{j=1}^{N} \mathbf{p}_j^2} \leq \sqrt{2mE}\right)$$
$$\times \int_0^{L_x} dq_{1x} \int_0^{L_y} dq_{1y} \int_0^{L_z} dq_{1z} \cdots \int_0^{L_x} dq_{Nx} \int_0^{L_y} dq_{Ny} \int_0^{L_z} dq_{Nz}$$

となる．このうち，位置 $\mathbf{q}$ に関する $3N$ 重積分の値は $(L_x L_y L_z)^N = V^N$ である．また，運動量 $\mathbf{p}$ に関する $3N$ 重積分の値は，半径 $\sqrt{2mE}$ の $3N$ 次元球の体積に等しいので，《数学公式 1》の (1.21) で与えられる係数 c_{3N} を用いて，$c_{3N}(2mE)^{3N/2}$ と表される．以上より，

$$W_N(E) = c_{3N} V^N (2mE)^{3N/2} \tag{2.12}$$

と求められる．

状態数に対する再考

　ところが，この積分値を状態数とよぶことを疑問に思う人も多いことだろう．というのは，(2.12) は (長さ) × (運動量) の単位 [m] × [kg·m·s^{-1}] = [J·s] の $3N$ 乗の単位 [(J·s)^{3N}] をもっているからである．気体分子から成る系のミクロな状態 $(\mathbf{p}, \mathbf{q})$ は連続変数であり，その連続関数であるハミルトニアン $\mathcal{H}(\mathbf{p})$ の値が，あるエネルギー値 E 以下である状態は無限個あり，数えることができない．そこで状態数として，個数の代わりに位相空間中の体積を考えることにしたのであるが，それだけでは不備なのである．

連続的な状態を離散的な状態として捉え直すためには，何らかの別の考察が必要である．ここでは，量子力学的な考察を援用することにする．量子力学では**ハイゼンベルクの不確定性原理**により，位置と運動量とを同時に定めることはできない．両者を最も正確に定めたとしても，各自由度ごとに

$$\Delta p_{js}\, \Delta q_{js} \sim h, \quad 1 \leq j \leq N, \quad s = x, y, z \quad (2.13)$$

の不確定性が存在するのである．ここで h はプランク定数 (1.3) であり，[J·s] の単位をもつ．よって，$3N$ 次元の位相空間の各点 (**p**, **q**) ごとに1つ1つ別のミクロな状態を指定することは，原理的に不可能であるということになる．そこで我々は，位相空間には体積 $h^{3N}[(J·s)^{3N}]$ をもつ「状態の最小単位」が存在して，この微小領域ごとに1つずつ状態があると考えることにする．

こう考えると，(2.10) は

$$W_N(E) = \frac{1}{h^{3N}} \int d\mathbf{p}\, \mathbf{1}(\mathscr{H}(\mathbf{p}) \leq E) \int_{\Lambda^N} d\mathbf{q} \quad (2.14)$$

のように変更されて，無次元量となる．その結果，(2.12) も変更されて，h^{3N} を単位として数えた状態の個数

$$W_N(E) = \frac{c_{3N}}{h^{3N}} V^N (2mE)^{3N/2} \quad (2.15)$$

となる．これならば，状態数とよんでも違和感はないだろう．この式を E で微分することにより，状態密度が

$$\begin{aligned} D_N(E) &= \frac{d}{dE} W_N(E) \\ &= \frac{3N}{2} \frac{c_{3N}}{h^{3N}} V^N (2m)^{3N/2} E^{3N/2 - 1} \end{aligned} \quad (2.16)$$

のように求められる．

したがって，粒子数密度を

$$\rho = \frac{N}{V} \quad (2.17)$$

として，(2.16) で $N = \rho V$ とおいてボルツマンの式 (1.37) に代入すると，エントロピーが

$$S(E, V) = k_B \log \left\{ \frac{3\rho V}{2} \frac{c_{3\rho V}}{h^{3\rho V}} V^{\rho V} (2m)^{3\rho V/2} E^{3\rho V/2 - 1} \right\}$$

$$= k_B \Big[\rho V \Big\{ \log V + \frac{3}{2} \log E + \log \frac{(2m)^{3/2}}{h^3} \Big\}$$

$$+ \log c_{3\rho V} + \log \frac{3\rho V}{2E} \Big] \tag{2.18}$$

と求められることになる．

2.1.2 スターリングの公式と熱力学極限

上で求めた結果 (2.18) には，熱力学で議論すべき普遍的な表式としては不必要な項も混ざっている．それは，気体をある体積 V の容器 Λ の中に閉じ込めておくという設定が，特殊なものだったからである．

特殊な設定に依存する部分を取り除くには，体積 $V \to \infty$ の極限を考えればよい．ただし，粒子数密度 (2.17) は一定に保つことにしたいので，この極限では粒子数も $N = \rho V \to \infty$ と無限個にしなければならない．こうすると当然，総エネルギー E の値も無限大になるわけであるが，単位体積当りのエネルギーの値は

$$\lim_{V \to \infty} \frac{E}{V} = u \tag{2.19}$$

というように，ある有限な値 u に収束するようにする．この u を**内部エネルギー密度**とよぶ．

ρ と u を一定に保ちつつ，$V \to \infty$ の極限をとる操作を**熱力学極限**という．(2.18) には，$3\rho V$ 次元の半径 1 の球の体積を表す項 $c_{3\rho V}$ がある．《数学公式 1》の (1.21) の 2 つの式のうち，上の表式の方が簡単である．そちらの方を用いたいので，$3N = 3\rho V$ は偶数と仮定することにしよう．すると

2. いろいろな物理系への応用

$$c_{3\rho V} = \frac{\pi^{3\rho V/2}}{(3\rho V/2)!} \tag{2.20}$$

であるが，これが $V \to \infty$ でどのように振舞うのかを見るには，次の漸近公式を用いるのが便利である．

《数学公式 2》

$$n \to \infty \text{ のとき, } n! \sim n^n e^{-n} \tag{2.21}$$

である．これを**スターリングの公式**という．†

すると，

$$\log c_{3\rho V} \sim \log \left\{ \frac{\pi^{3\rho V/2}}{(3\rho V/2)^{3\rho V/2} e^{-3\rho V/2}} \right\}$$

$$= \rho V \left\{ -\frac{3}{2} \log V - \frac{3}{2} \log \rho + \log \left(\frac{2\pi}{3}\right)^{3/2} + \frac{3}{2} \right\} \tag{2.22}$$

となる．($3N = 3\rho V$ が奇数のときは，(1.21) の下の方の表式を用いなければならない．一般に d が奇数のときは，$d!! = (d+1)!/[2^{(d+1)/2}\{(d+1)/2\}!]$ であることに注意すれば，スターリングの公式 (2.21) を用いることにより，(2.22) と全く同じ結果が得られる．)

〈注 2.1〉 ρV は粒子数 N なので無次元量である．しかし，粒子数密度 ρ も体積 V も単位をもつので，それぞれ，例えば $\rho_0 = 1$ [m^{-3}], $V_0 = 1$ [m^3] というように，適当な量 ρ_0, V_0 をユニットとして測ることにして，(2.22) は

$$\rho V \left\{ -\frac{3}{2} \log \frac{V}{V_0} - \frac{3}{2} \log \frac{\rho}{\rho_0} - \frac{3}{2} \log (\rho_0 V_0) + \log \left(\frac{2\pi}{3}\right)^{3/2} + \frac{3}{2} \right\}$$

というように書くべきである．関数 log の中身は無次元化しておかなければいけないからである．しかし，表記が煩わしくなるので，以下では，このような無次元化の操作を記述することは省略することにする．

(2.22) の結果を用いると，(2.18) から次式が導かれる．

---

† 《数学公式》については付録 A.1 を参照せよ．

$$\lim_{V\to\infty} \frac{S(E,V)}{V}$$

$$= \lim_{V\to\infty} k_\mathrm{B} \rho \Big[\log V + \frac{3}{2}\log\frac{E}{V} - \frac{3}{2}\log\rho$$
$$+ \log\left\{\frac{1}{h^3}\left(\frac{4m\pi}{3}\right)^{3/2}\right\} + \frac{3}{2} + \frac{1}{V}\log\frac{3\rho V}{2E}\Big]$$
$$= k_\mathrm{B}\rho \lim_{V\to\infty}\log V + k_\mathrm{B}\rho\Big[\frac{3}{2}\log u - \frac{3}{2}\log\rho + \log\left\{\frac{1}{h^3}\left(\frac{4m\pi}{3}\right)^{3/2}\right\} + \frac{3}{2}\Big] \tag{2.23}$$

この極限が有限値に収束すれば，エントロピー $S(E,V)$ は「体積 V が十分に大きいときには V に比例する」という性質をもつことが示されることになる．これを**示量性**という．またこのとき，体積には依存しない（示量性に対して，これを**示強性**という）熱力学関数として，**エントロピー密度**

$$s = \lim_{V\to\infty}\frac{S(E,V)}{V} \tag{2.24}$$

が定義されることになる．しかしながら，(2.23) の右辺には $\lim_{V\to\infty}\log V$ に比例する項があり，発散してしまう．これは，**ギブスのパラドックス**とよばれる困難である．

ギブスのパラドックスの解消方法

この困難を解消するには，気体分子の系のミクロな状態の数え方の根本を考え直さなければならない．本節では容器の中に，ある1種類の気体分子が N 個あるものとして，その粒子に $j=1,2,\cdots,N$ という番号付けをして計算をしてきた．しかし，気体分子の種類を例えば単原子分子のアルゴン（Ar）というように1つに定めると，N 個の分子は互いに区別できないものなのである．これは，原子や分子といったミクロな実体は，ニュートン力学で想定するような粒子とは異なった，量子力学的なものであるという原理的な事実に由来する性質である．ところが (2.14) を計算したときには，粒子は互いに区別できるものとして，番号付けをして積分をしてしまった．

そのため，単に粒子の番号付けの仕方が違うだけで，本来は同じ状態であるものを，別の状態として足し合わせてしまったことになる．このような重複計算をしてしまったことが，上述の発散の困難の原因なのである．

したがって，ミクロな状態の数え方を修正して余分な重複をなくせば，ギブスのパラドックスを解消することができるはずである．まず，$N=2$ の場合である

$$W_2(E) = \frac{1}{h^6} \int d\boldsymbol{p}_1 \int d\boldsymbol{p}_2 \, \mathbf{1}(\mathscr{H}((\boldsymbol{p}_1, \boldsymbol{p}_2)) \leq E) \int_\Lambda d\boldsymbol{q}_1 \int_\Lambda d\boldsymbol{q}_2 \tag{2.25}$$

を考えてみよう．

いま $(\boldsymbol{p}, \boldsymbol{q}) \neq (\boldsymbol{p}', \boldsymbol{q}')$ で，$(\boldsymbol{p}, \boldsymbol{q})$ も $(\boldsymbol{p}', \boldsymbol{q}')$ も (2.25) の積分の条件を満たしている，つまり $\mathscr{H}(\boldsymbol{p}, \boldsymbol{p}') \leq E$ かつ，$\boldsymbol{q}, \boldsymbol{q}' \in \Lambda$ であるとする．(2.25) の積分では，1番目の粒子の1粒子状態が $(\boldsymbol{p}_1, \boldsymbol{q}_1) = (\boldsymbol{p}, \boldsymbol{q})$ であり，2番目の粒子の1粒子状態が $(\boldsymbol{p}_2, \boldsymbol{q}_2) = (\boldsymbol{p}', \boldsymbol{q}')$ であるような2粒子状態 $(\boldsymbol{p}, \boldsymbol{p}', \boldsymbol{q}, \boldsymbol{q}')$ と，1番目の粒子の1粒子状態が $(\boldsymbol{p}_1, \boldsymbol{q}_1) = (\boldsymbol{p}', \boldsymbol{q}')$ であり，2番目の粒子の1粒子状態が $(\boldsymbol{p}_2, \boldsymbol{q}_2) = (\boldsymbol{p}, \boldsymbol{q})$ であるような2粒子状態 $(\boldsymbol{p}', \boldsymbol{p}, \boldsymbol{q}', \boldsymbol{q})$ を，別のミクロな状態と見なして足し合わせてしまっている．

ところが，この2つの2粒子状態は，$(\boldsymbol{p}, \boldsymbol{q})$ という1粒子状態と $(\boldsymbol{p}', \boldsymbol{q}')$ という別の1粒子状態にそれぞれ粒子が1つずつあるという，1つの2粒子状態 $\{(\boldsymbol{p}, \boldsymbol{q}), (\boldsymbol{p}', \boldsymbol{q}')\}$ と考えるべきなのである．2つの粒子が区別できるものとして考えると，この1つの2粒子状態を2重に数えてしまうことになる．そこで，この重複をなくすには，(2.25) を2で割ればよいのである．

$N=3$ の場合を示した図 2.1 も参照してもらいたい．このときの重複度は $3!=6$ である．よって，$N=3$ のときは $W_3(E)$ を $3!$ で割っておけばよい．

一般に (2.14) の積分は，各 N 粒子状態を，それぞれ N 粒子の置換の数である $N!$ 回ずつ重複して足し合わせてしまっていることになる．よって，区別することのできない同種粒子系に対しては，(2.14) を $N!$ で割って

§2.1 理想気体　71

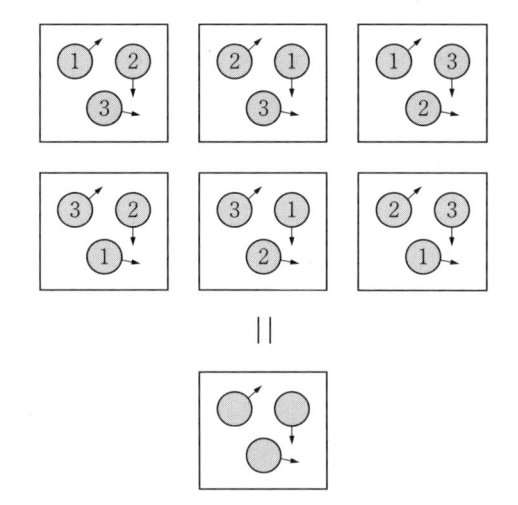

図 2.1　3粒子状態は3つの粒子の位置と運動量 $(\bm{p}_1,\bm{q}_1),(\bm{p}_2,\bm{q}_2),(\bm{p}_3,\bm{q}_3)$ で指定される．3粒子が区別できるとすると，図の上部に描いた $3!=6$ 個の状態は互いに別のものと見なされるが，同種粒子系では粒子は区別できないので，これらはすべて同じ1つの状態であるとして数えなければならない．

$$W_N(E) = \frac{1}{N!\,h^{3N}} \int d\bm{p}\, \bm{1}(\mathscr{H}(\bm{p}) \le E) \int_{\Lambda^N} d\bm{q} \tag{2.26}$$

とすればよいのである．これにより，理想気体の状態密度 (2.16) は

$$D_N(E) = \frac{3N}{2} \frac{c_{3N}}{N!\,h^{3N}} V^N (2m)^{3N/2} E^{3N/2-1} \tag{2.27}$$

と修正される．

$\rho = N/V = $ 一定 として $V \to \infty$ とすると，《数学公式2》のスターリングの公式 (2.21) より

$$N! = (\rho V)! \sim (\rho V)^{\rho V} e^{-\rho V} \tag{2.28}$$

であるから，ギブスのパラドックスを解消するには，(2.18) のエントロピーの式から，(2.28) の対数にボルツマン定数を掛けて得られる $k_{\mathrm{B}} \rho V (\log V + \log \rho - 1)$ を差し引けばよいことになる．これによって，

$\log V$ に比例する発散項はなくなり，(2.23) はエントロピー密度

$$s = k_\mathrm{B} \rho \Big(\frac{3}{2} \log u - \frac{5}{2} \log \rho + \frac{5}{2} + \hat{c}_1 \Big) \qquad (2.29)$$

を与えることになる．ただしここで，

$$\hat{c}_1 = \log \Big\{ \frac{1}{h^3} \Big(\frac{4\pi m}{3} \Big)^{3/2} \Big\} \qquad (2.30)$$

である．項 $\hat{c}_1$ は粒子の質量 m や h に依存しているが，u と ρ にはよらないので，以下では，単なる定数として扱うことにする．すると，エントロピー密度 s は粒子数密度 ρ とエネルギー密度 u という示強性変数のみの関数

$$\begin{aligned} s(u, \rho) &= k_\mathrm{B} \rho \Big(\frac{3}{2} \log u - \frac{5}{2} \log \rho + \frac{5}{2} + \hat{c}_1 \Big) \\ &= k_\mathrm{B} \rho \Big(\log \frac{u^{3/2}}{\rho^{5/2}} + \frac{5}{2} + \hat{c}_1 \Big) \qquad (2.31) \end{aligned}$$

ということになり，明らかに示強性熱力学関数であることになる．

状態方程式と内部エネルギー密度の導出

さて，上で得られた結果から状態方程式を導出するには，(1.44) を用いればよい．その準備として，(2.31) において次のおき換えをしておこう．

$$s = \frac{S}{V}, \qquad \rho = \frac{N}{V}, \qquad u = \frac{E}{V} \qquad (2.32)$$

この等式は，いずれも $V, N, E \to \infty$ という熱力学極限で成り立つものと考えるべきであるが，(1.43) や (1.44) を用いて計算をするときには，こうしておくと便利である．† すると，

$$S(E, V) = k_\mathrm{B} N \Big(\frac{3}{2} \log E + \log V - \frac{5}{2} \log N + \frac{5}{2} + \hat{c}_1 \Big) \qquad (2.33)$$

という表式が得られるので，(1.44) より

$$\frac{p}{T} = k_\mathrm{B} N \frac{d}{dV} \log V = \frac{k_\mathrm{B} N}{V} \qquad (2.34)$$

が得られる．これは理想気体の状態方程式 (2.1) に他ならない．

---

† 付録 A.2 を参照せよ．

(2.32) より再び ρ を用いると，これは
$$p = \rho k_B T \qquad (2.35)$$
というように，示強性変数だけで表せる．

[**例題 2.1**] (1.43) を用いることにより，単原子分子理想気体の内部エネルギー密度 u を求めよ．

[**解**] (2.33) を (1.43) に代入すると
$$\frac{1}{T} = k_B N \frac{3}{2} \frac{d}{dE} \log E = \frac{3 k_B N}{2E}$$
より，
$$E = \frac{3}{2} N k_B T \qquad (2.36)$$
が得られる．両辺を V で割って (2.32) を用いると，
$$u = \frac{3}{2} \rho k_B T \qquad (2.37)$$
が得られる．

上の計算でボルツマンの式 (1.37) を用いるときに，まずエネルギーが E 以下の状態数 (2.26) を計算してから，それを E で微分して状態密度 (2.27) を求めて代入した．しかし実際には，ボルツマンの式の状態密度のところに状態数 $W_{\rho V}(E)$ を代入してしまい，その後の計算をしたとしても，得られるエントロピー密度の式は (2.31) と全く同じである．このことは，他の多くの物理系でも成り立つ事実である．つまり，ボルツマンの式を
$$S(E, V) = k_B \log W_{\rho V}(E) \qquad (2.38)$$
としてもよいのである．

2.1.3　カノニカル分布と自由エネルギー密度

§1.3 で説明したカノニカル分布の方法で，中心的な役割を果たすのは

(1.70) である．この式によって，**分配関数** $Z_N(T)$ から**ヘルムホルツの自由エネルギー** $F(T,V)$ を求めることができるからである．ヘルムホルツの自由エネルギーが求まれば，後は，熱力学関係式 (1.69) に由来する (1.71) や (1.72) といった公式に従えば，**エントロピー** S，**内部エネルギー** U，**圧力** p，**熱容量** C_V といった熱力学関数や熱力学量を自在に導くことができる．

それでは，分配関数 $Z_N(T)$ はどのようにして求めることができるのかというと，それは，(1.51) あるいは (1.66) にあるように，**ボルツマン因子** $e^{-\mathscr{H}(\omega)/k_B T}$ の和あるいは積分を計算すればよいのである．

原子や分子といったミクロな粒子 1 つ 1 つの，例えば質量が m であるといった情報や，それらの間の相互作用の仕方といった詳細は，すべて**ハミルトニアン** $\mathscr{H}(\omega)$ に書き込まれている．しかし，多粒子系のミクロな状態 ω が，各々どれだけの重みをもってマクロな状態に寄与するのかは，ハミルトニアンだけでは決められない．熱平衡状態を指定する絶対温度 T との兼ね合いが問題になるからである．温度 T が低ければエネルギーが低い（ハミルトニアン $\mathscr{H}(\omega)$ の値が小さい）状態 ω が主であり，エネルギーが高い状態の寄与は少ない．しかし高温になるに従って，高いエネルギー状態も熱平衡状態に寄与するようになる．そして，$T \to \infty$ の極限ではすべてのエネルギー状態の一様分布になる．この温度との兼ね合いを正確に表現するのが，ボルツマン因子 $e^{-\mathscr{H}(\omega)/k_B T}$ なのである．

ミクロとマクロを結ぶ微積分

図 2.2 を参照してもらいたい．分配関数の計算は，ミクロな状態を集積してマクロな熱平衡状態を導く作業プロセスなので，**和**や**積分**の計算になる．(1.70) により分配関数から求められた自由エネルギーは，ミクロな情報をすべて内在したものになっている．熱力学関係式はこの自由エネルギーから，熱平衡状態の性質を記述するのに必要な情報を導き出す作業プロセスを表すが，これは**微分**の計算である．すなわち，自由エネルギーから熱力学関数や熱力学量を導く作業は，和や積分計算によって圧縮した情報を，微分計算に

§2.1 理想気体　75

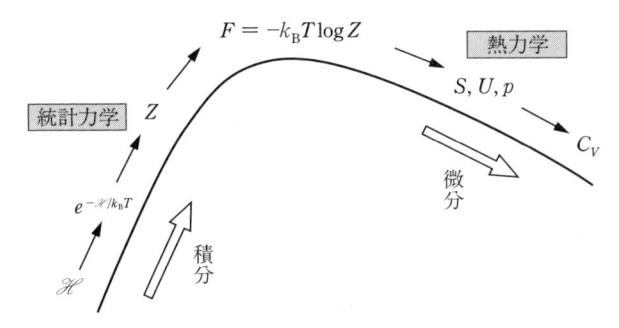

図 2.2 統計力学はミクロからマクロへの山登り．ミクロな状態を積分することによって足し合わせて，分配関数 Z を計算する．山の頂上には等式 $F = -k_\mathrm{B} T \log Z$ がある．熱力学はなだらかな山下り．自由エネルギー F を微分していくと，いろいろな熱力学量が導かれる．

よって解凍していくようなものである．

　ここで注意すべきことは，積分の作業プロセスはミクロな状態を記述する $\boldsymbol{p}_j$ や $\boldsymbol{q}_j$ といった変数についての積分なので，粒子数 N に比例する膨大なオーダーの**多重積分**（あるいは**多重和**）を計算しなければならないということである．それに対して，微分の作業プロセスは，温度 T や体積 V といったマクロな変数での微分計算であり，1 回か 2 回微分すれば十分なのである．そもそも一般に，ある実関数が与えられたときに，それを微分することは簡単でも積分することは難しい．分配関数 $Z_N(T)$ を正確に計算して自由エネルギーを導くことも，一般にはとても大変な作業になるはずである．

　しかし，**理想気体**に関しては，この作業がとても簡単に実行できる．そのことを，以下で詳しく見てみよう．[†]

[†] 次の 2.1.4 項で詳しく解説するように，粒子（あるいはスピンや振動子といった素子）の間の相互作用がない，いわゆる**自由粒子系**では，一般に分配関数などを簡単に計算することができる．本章で扱う物理系は皆，この例になっている．他方，粒子（素子）の間に相互作用がある場合でも，それらが 1 次元的に並んでいて，各粒子（素子）がそれぞれ隣同士としか直接的には相互作用しないような場合には，一般に分配関数などを容易に計算することができる．このような，いわゆる **1 次元系**の問題も，章末の演習問題としていくつか与えておいた．ぜひ，それらにもチャレンジしてもらいたい．

分配関数の計算

N 粒子から成る気体のミクロな状態は (2.6) で与えられ，ハミルトニアンは (2.8) である．よって，分配関数はボルツマン因子 $e^{-\mathscr{H}(\mathbf{p})/k_BT}$ を $6N$ 次元の状態空間 Ω_N 全体で積分すればよい．ただし前節で考察したように，ミクロな状態の数は h^{3N} をユニットとして勘定することにして，また同種粒子は区別できないので，積分値を $N!$ で割っておいて余分な重複をしないようにする．つまり，

$$Z_N(T) = \frac{1}{N!\,h^{3N}} \int d\mathbf{p} \int_{\Lambda^N} d\mathbf{q}\, e^{-\mathscr{H}(\mathbf{p})/k_BT} \tag{2.39}$$

という $6N$ 重積分を実行すればよいことになる．ここで，位置 $\mathbf{q}$ についての積分では N 粒子がすべて容器 Λ の中に入っているという制限があるので，積分記号の下に Λ^N と書いておいた．他方，実数全体（つまり $\{x: -\infty < x < \infty\}$）を $\mathbf{R}$ と書いて，運動量 $\mathbf{p}$ についての積分は $\mathbf{R}^N$ での積分と記してもよいが，特に範囲には制限なしということで，上のように積分記号の下には何も書かないことにする．積分区間を書かないが，不定積分ではなく**定積分**である．

理想気体は粒子間の相互作用ポテンシャルエネルギーを無視したモデル系であり，ハミルトニアンは各粒子の運動エネルギーの和なので，位置 $\mathbf{q}$ にはよらない．したがって，(2.39) の被積分関数であるボルツマン因子も $\mathbf{q}$ にはよらない．よって，$\mathbf{q}$ の積分は前項と同様に

$$\int_{\Lambda^N} d\mathbf{q} = \left(\int_{\Lambda} d\boldsymbol{q}\right)^N$$
$$= V^N$$

となる．ここで V は，気体が入っている容器 Λ の体積 $V = |\Lambda|$ である．さて，問題は運動量 $\mathbf{p}$ についての積分である．これは $3N$ 重積分であり，(2.39) の内，その部分だけを

$$I = \int_{-\infty}^{\infty} dp_{1x} \int_{-\infty}^{\infty} dp_{1y} \int_{-\infty}^{\infty} dp_{1z} \times \cdots$$
$$\times \int_{-\infty}^{\infty} dp_{Nx} \int_{-\infty}^{\infty} dp_{Ny} \int_{-\infty}^{\infty} dp_{Nz} \, e^{-\mathscr{H}(\mathbf{p})/k_B T}$$
(2.40)

というように抜き出して考えることにしよう.

こんな長々とした $3N$ 重積分など,計算できそうに思えないが,実は簡単にできるのである.それは,ハミルトニアン (2.8) が同じ形をした項を単に $3N$ 個足した

$$\mathscr{H}(\mathbf{p}) = \sum_{j=1}^{N} \sum_{s=x,y,z} \frac{p_{js}^2}{2m}$$

という形のためである.このことと,指数関数の基本的な性質

$$e^{a+b} = e^a e^b$$

すなわち,「和の指数関数は指数関数の積である」という性質から,(2.40) の被積分関数であるボルツマン因子は

$$e^{-\mathscr{H}(\mathbf{p})/k_B T} = \exp\left(-\sum_{j=1}^{N} \sum_{s=x,y,z} \frac{p_{js}^2}{2m k_B T}\right)$$
$$= e^{-p_{1x}^2/2m k_B T} e^{-p_{1y}^2/2m k_B T} e^{-p_{1z}^2/2m k_B T} \times \cdots$$
$$\times e^{-p_{Nx}^2/2m k_B T} e^{-p_{Ny}^2/2m k_B T} e^{-p_{Nz}^2/2m k_B T}$$
(2.41)

というように,$3N$ 個の指数関数 $e^{-p_{js}^2/2mk_B T}$, $1 \leq j \leq N$, $s = x, y, z$ の積に等しいことになる.これを (2.40) に代入すると,

$$I = \int_{-\infty}^{\infty} dp_{1x} \, e^{-p_{1x}^2/2m k_B T} \int_{-\infty}^{\infty} dp_{1y} \, e^{-p_{1y}^2/2m k_B T} \int_{-\infty}^{\infty} dp_{1z} \, e^{-p_{1z}^2/2m k_B T} \times \cdots$$
$$\times \int_{-\infty}^{\infty} dp_{Nx} \, e^{-p_{Nx}^2/2m k_B T} \int_{-\infty}^{\infty} dp_{Ny} \, e^{-p_{Ny}^2/2m k_B T} \int_{-\infty}^{\infty} dp_{Nz} \, e^{-p_{Nz}^2/2m k_B T}$$

となる.つまり,$3N$ 重積分が,普通の 1 変数の積分を $3N$ 個掛け合せたものに等しいことになるのである.

便利な積の記号

一般に，$a_1, a_2, \cdots, a_n$ という n 個の量の積を

$$a_1 a_2 a_3 \times \cdots \times a_n = \prod_{j=1, 2, \cdots, n} a_j = \prod_{j=1}^{n} a_j$$

と書く．以上述べたことを，この**積の記号** $\prod_j$ を用いて整理しておこう．まず (2.39) の積分記号は，被積分関数を $(\cdots)$ と略記すると

$$\int d\mathbf{p}(\cdots) = \prod_{j=1}^{N} \prod_{s=x, y, z} \int_{-\infty}^{\infty} dp_{js}(\cdots)$$

$$\int_{\Lambda^N} d\mathbf{q}(\cdots) = \prod_{j=1}^{N} \prod_{s=x, y, z} \int_{0}^{L} dq_{js}(\cdots)$$

と表せることになる．ただしここでは，気体の入っている容器 Λ は 1 辺の長さが L の立方体であるとした（体積 $L^3 = V$ である）．また，ボルツマン因子 (2.41) は，この積の記号を用いれば

$$e^{-\mathcal{H}(\mathbf{p})/k_B T} = \prod_{j=1}^{N} \prod_{s=x, y, z} e^{-p_{js}^2/2mk_B T} \tag{2.42}$$

のようにすっきりと書ける．以上より，分配関数 (2.39) は

$$Z_N(T) = \frac{1}{N!} \prod_{j=1}^{N} \prod_{s=x, y, z} \left(\frac{1}{h} \int_{-\infty}^{\infty} dp_{js} \int_{0}^{L} dq_{js} \; e^{-p_{js}^2/2mk_B T} \right) \tag{2.43}$$

と表されることになる．

この式は

$$\frac{1}{h} \int_{-\infty}^{\infty} dp_{js} \int_{0}^{L} dq_{js} \; e^{-p_{js}^2/2mk_B T} \tag{2.44}$$

という積分を $j = 1, 2, \cdots, N$, $s = x, y, z$ に対して計算して，それらをすべて掛け合せたものを $N!$ で割ったものである．ところが，積分 (2.44) は定積分なので，その値は j や s の値に関係しない（$mk_B T$ と h のみの関数である）．したがって，j や s といった添字は除いて，単に

$$\frac{1}{h} \int_{-\infty}^{\infty} dp \int_{0}^{L} dq \; e^{-p^2/2mk_B T}$$

と書いてよい．すると，分配関数 (2.43) は

§ 2.1 理想気体　79

$$Z_N(T) = \frac{1}{N!}\left(\frac{1}{h}\int_{-\infty}^{\infty}dp\int_0^L dq\ e^{-p^2/2mk_BT}\right)^{3N}$$

$$= \frac{1}{N!}\left(\frac{L}{h}\int_{-\infty}^{\infty}e^{-p^2/2mk_BT}dp\right)^{3N} \qquad (2.45)$$

となる．ここで $\int_0^L dq = L$ を用いた．結局，分配関数を求めるためには，p に関する1変数積分を実行して，それを $3N$ 乗すればよいことがわかった．

[**例題 2.2**]　(2.45) の中の p の積分を実行して，理想気体の分配関数 $Z_N(T)$ を求めよ．

[**解**]　計算したい p の積分は，**ガウス積分**

$$\int_{-\infty}^{\infty}e^{-ax^2}dx = \sqrt{\frac{\pi}{a}} \qquad (a > 0) \qquad (2.46)$$

で $a = 1/2mk_BT$ としたものに他ならない．よって，分配関数は直ちに

$$Z_N(T) = \frac{1}{N!}\left(\frac{L}{h}\sqrt{2\pi mk_BT}\right)^{3N}$$

$$= \frac{V^N}{N!\,h^{3N}}(2\pi mk_BT)^{3N/2} \qquad (2.47)$$

と求められる．ただし，$V = L^3$ は理想気体が入っている容器の体積である．

ヘルムホルツの自由エネルギー密度

(2.47) で与えられた分配関数の式で $N = \rho V$ として (1.70) に代入すると，ヘルムホルツの自由エネルギーが

$$F(T, V) = -k_BT\log\left\{\frac{V^{\rho V}}{(\rho V)!\,h^{3\rho V}}(2\pi mk_BT)^{3\rho V/2}\right\}$$

$$\sim -k_BT\log\left\{\frac{V^{\rho V}}{(\rho V)^{\rho V}e^{-\rho V}h^{3\rho V}}(2\pi mk_BT)^{3\rho V/2}\right\}$$

$$= -k_BT\rho V\left(\frac{3}{2}\log T - \log\rho + 1 + \tilde{c}_2\right) \qquad (2.48)$$

というように求められる．ここで，$\tilde{c}_2$ は (2.30) で与えられた $\tilde{c}_1$ を用いて

$$\tilde{c}_2 = \tilde{c}_1 + \log\left(\frac{3k_B}{2}\right)^{3/2} = \log\frac{(2\pi mk_B)^{3/2}}{h^3} \qquad (2.49)$$

で与えられる．ただし，V は十分大きいとして，計算の途中で《数学公式 2》のスターリングの公式 (2.21) を適用した．(具体的には (2.28) を用いた.) 上式の $\hat{c}_2$ は T や p という熱力学量にはよらないので，これも $\hat{c}_1$ と同様に定数として扱ってよい．この結果から，T と ρ の関数として示強性の熱力学関数

$$f(T,\rho) \equiv \lim_{V\to\infty} \frac{F(T,V)}{V}$$
$$= -k_\mathrm{B}T\rho\left(\frac{3}{2}\log T - \log\rho + 1 + \hat{c}_2\right)$$
$$= -k_\mathrm{B}T\rho\left(\log\frac{T^{3/2}}{\rho} + 1 + \hat{c}_2\right) \quad (2.50)$$

が導かれる．これを**ヘルムホルツの自由エネルギー密度**とよぶ．

熱力学関数の導出

さて，得られた結果を (1.71) と (1.72) に適用してみよう．そのための準備として，

$$f = \frac{F}{V}, \qquad \rho = \frac{N}{V} \quad (2.51)$$

の関係を用いて，示量性の量を用いた式

$$F = -Nk_\mathrm{B}T\left(\frac{3}{2}\log T + \log V - \log N + 1 + \hat{c}_2\right) \quad (2.52)$$

に書き直しておく．† これを (1.71) に代入すると

$$S = -\frac{\partial F}{\partial T}$$
$$= Nk_\mathrm{B}\left(\frac{3}{2}\log T + \log V - \log N + 1 + \hat{c}_2\right) + \frac{3}{2}Nk_\mathrm{B} \quad (2.53)$$

が得られる．この最右辺の第 1 項は，(2.52) を $-T$ で割ったものなので，この式は $S = -F/T + 3Nk_\mathrm{B}/2$，つまり

$$F = \frac{3}{2}Nk_\mathrm{B}T - TS$$

---

† 付録 A.2 を参照せよ．

という関係式を与える．

これを，ヘルムホルツの自由エネルギーの熱力学における定義式 $F = U - TS$ と見比べると，内部エネルギー U が

$$U = \frac{3}{2} N k_\mathrm{B} T \tag{2.54}$$

であることがわかる．これから，内部エネルギー密度が

$$u = \lim_{V \to \infty} \frac{U}{V} = \frac{3}{2} \rho k_\mathrm{B} T \tag{2.55}$$

と定まる．これは，前節でミクロカノニカル分布の方法によって導いた結果 (2.37) と同じである．

エントロピーは U と V の関数として表したいので，(2.54) を T について解いて

$$T = \frac{2U}{3 N k_\mathrm{B}}$$

として，これを (2.53) に代入すると

$$S = N k_\mathrm{B} \left(\frac{3}{2} \log U + \log V - \frac{5}{2} \log N + \frac{5}{2} + \tilde{c}_1 \right) \tag{2.56}$$

となる．これからエントロピー密度を計算すると

$$\begin{aligned}
s(u, \rho) &= \lim_{V \to \infty} \frac{1}{V} N k_\mathrm{B} \left(\frac{3}{2} \log U + \log V - \frac{5}{2} \log N + \frac{5}{2} + \tilde{c}_1 \right) \\
&= \lim_{V \to \infty} k_\mathrm{B} \rho \left\{ \frac{3}{2} \log (uV) + \log V - \frac{5}{2} \log (\rho V) + \frac{5}{2} + \tilde{c}_1 \right\} \\
&= k_\mathrm{B} \rho \left(\frac{3}{2} \log u - \frac{5}{2} \log \rho + \frac{5}{2} + \tilde{c}_1 \right) \\
&= k_\mathrm{B} \rho \left(\log \frac{u^{3/2}}{\rho^{5/2}} + \frac{5}{2} + \tilde{c}_1 \right)
\end{aligned} \tag{2.57}$$

となる．これも，ミクロカノニカル分布の方法で導いた結果 (2.31) と完全に一致する．

[**例題 2.3**] ヘルムホルツの自由エネルギーから圧力を求める式 (1.72) を用いることにより，理想気体の状態方程式を導け．

[解] (2.52) を (1.72) に代入すると

$$\begin{aligned} p &= \frac{\partial}{\partial V} N k_B T \left(\frac{3}{2} \log T + \log V - \log N \right) \\ &= N k_B T \frac{d}{dV} \log V \\ &= \frac{N k_B T}{V} \end{aligned}$$

なので $pV = Nk_BT$, すなわち $p = \rho k_B T$ が得られる.

2.1.4 自由粒子系のカノニカル集団

ここで, N 個の同種粒子から成る気体の熱平衡状態を表すカノニカル集団について, 少し一般的に考えてみることにする. その中で, 上で扱った理想気体にはどのような特殊性があったのかを明らかにしてみたい.

気体は容器 Λ の中にあり, 絶対温度 T の熱平衡状態にあるものとする. (2.7) で与えられる状態空間 Ω_N の各点 (**p**, **q**) に対して, **確率密度関数**

$$\mathbb{P}^{(T)}(\mathbf{p}, \mathbf{q}) = \frac{e^{-\mathscr{H}(\mathbf{p}, \mathbf{q})/k_B T}}{N! \, h^{3N} Z_N(T)} \tag{2.58}$$

を与える. ただし, 分配関数は

$$\begin{aligned} Z_N(T) &= \frac{1}{N!\, h^{3N}} \int_{\Omega_N} d\mathbf{p}\, d\mathbf{q}\, e^{-\mathscr{H}(\mathbf{p}, \mathbf{q})/k_B T} \\ &= \frac{1}{N!\, h^{3N}} \int d\mathbf{p} \int_{\Lambda^N} d\mathbf{q}\, e^{-\mathscr{H}(\mathbf{p}, \mathbf{q})/k_B T} \end{aligned} \tag{2.59}$$

で与えられる. また, 状態 (**p**, **q**) の関数 $Q(\mathbf{p}, \mathbf{q})$ の熱平衡状態での平均値は, このカノニカル分布集団での平均値

$$\begin{aligned} \langle Q(\mathbf{p}, \mathbf{q}) \rangle^{(T)} &= \int d\mathbf{p} \int_{\Lambda^N} d\mathbf{q}\, Q(\mathbf{p}, \mathbf{q})\, \mathbb{P}^{(T)}(\mathbf{p}, \mathbf{q}) \\ &= \frac{\int d\mathbf{p} \int_{\Lambda^N} d\mathbf{q}\, Q(\mathbf{p}, \mathbf{q})\, e^{-\mathscr{H}(\mathbf{p}, \mathbf{q})/k_B T}}{\int d\mathbf{p} \int_{\Lambda^N} d\mathbf{q}\, e^{-\mathscr{H}(\mathbf{p}, \mathbf{q})/k_B T}} \end{aligned} \tag{2.60}$$

で与えられる．

1粒子当りのハミルトニアン・分配関数・分布関数

特に，N 粒子系のハミルトニアン $\mathscr{H}(\mathbf{p}, \mathbf{q})$ が，1粒子のハミルトニアン $\mathscr{H}_1(\mathbf{p}_j, \mathbf{q}_j)$ の N 個の和

$$\mathscr{H}(\mathbf{p}, \mathbf{q}) = \sum_{j=1}^{N} \mathscr{H}_1(\mathbf{p}_j, \mathbf{q}_j) \tag{2.61}$$

で与えられる場合を考えよう．(2.8) で与えられる理想気体のハミルトニアンは，$\mathscr{H}_1(\mathbf{p}, \mathbf{q}) = \mathscr{H}_1(\mathbf{p}) = \mathbf{p}^2/2m$ として，まさにこの条件を満たすものである．すると (2.42) と同様に，ボルツマン因子が各粒子に対するボルツマン因子の積

$$e^{-\mathscr{H}(\mathbf{p}, \mathbf{q})/k_\mathrm{B} T} = \prod_{j=1}^{N} e^{-\mathscr{H}_1(\mathbf{p}_j, \mathbf{q}_j)/k_\mathrm{B} T}$$

に分解できることから，**1粒子当りの分配関数**を

$$Z_1(T) = \frac{1}{h^3} \int d\mathbf{p} \int_\Lambda d\mathbf{q}\ e^{-\mathscr{H}_1(\mathbf{p}, \mathbf{q})/k_\mathrm{B} T} \tag{2.62}$$

で定義すると，N 粒子分配関数は

$$Z_N(T) = \frac{1}{N!} Z_1(T)^N \tag{2.63}$$

で与えられることが導ける．

理想気体の場合の1粒子当りの分配関数は，(2.62) の積分を具体的に計算した結果，

$$Z_1(T) = |\Lambda| \left(\frac{2\pi m k_\mathrm{B} T}{h^2} \right)^{3/2} \tag{2.64}$$

で与えられることを，[例題 2.2] の [解] の中で見た．また，ハミルトニアンが (2.61) のように和の形であるとき，確率密度関数 (2.58) は

$$\mathbb{P}^{(T)}(\mathbf{p}, \mathbf{q}) = \prod_{j=1}^{N} \mathbb{P}_1^{(T)}(\mathbf{p}_j, \mathbf{q}_j) \tag{2.65}$$

という積の形になる．ただしここで，

84   2. いろいろな物理系への応用

$$\mathbb{P}_1^{(T)}(\boldsymbol{p},\boldsymbol{q}) = \frac{e^{-\mathscr{H}_1(\boldsymbol{p},\boldsymbol{q})/k_\mathrm{B}T}}{h^3\, Z_1(T)} \tag{2.66}$$

である．

ハミルトニアン $\mathscr{H}(\mathbf{p},\mathbf{q})$ が (2.61) のように与えられるということは，各粒子が，他の粒子の運動とは無関係に運動していることを意味している．異なる粒子間の相互作用を表すポテンシャルエネルギーの項が，全くないからである．このような系を**自由粒子系**という．統計力学では粒子系のミクロな状態の統計集団を考え，そこでは，各粒子の状態を表す変数 $(\boldsymbol{p}_j, \boldsymbol{q}_j)$ は確率変数である．自由粒子系においては，異なる粒子 $j \neq k$ に対して $(\boldsymbol{p}_j, \boldsymbol{q}_j)$ と $(\boldsymbol{p}_k, \boldsymbol{q}_k)$ とは**独立な確率変数**ということになる．よって，それらの分布関数は，(2.65) のように，**1粒子分布関数**(2.66) の**積**で与えられるのである．

1粒子関数の和の平均

ハミルトニアン (2.61) と同様に，

$$Q(\mathbf{p},\mathbf{q}) = \sum_{j=1}^{N} Q_1(\boldsymbol{p}_j, \boldsymbol{q}_j) \tag{2.67}$$

というように，1粒子関数の**和**で与えられる関数を考えることにしよう．このような関数のカノニカル分布における平均値も，当然，

$$\langle Q(\mathbf{p},\mathbf{q})\rangle^{(T)} = \sum_{j=1}^{N} \langle Q_1(\boldsymbol{p}_j, \boldsymbol{q}_j)\rangle^{(T)} \tag{2.68}$$

というように N 個の項の和で与えられるが，この各項はどれも等しい．なぜならば，任意の $j = 1, 2, \cdots, N$ に対して

$\langle Q_1(\boldsymbol{p}_j, \boldsymbol{q}_j)\rangle^{(T)}$

$$= \prod_{k=1}^{N} \int d\boldsymbol{p}_k \int_\Lambda d\boldsymbol{q}_k\; Q_1(\boldsymbol{p}_j, \boldsymbol{q}_j) \prod_{k=1}^{N} \mathbb{P}_1^{(T)}(\boldsymbol{p}_k, \boldsymbol{q}_k)$$

$$= \prod_{k:k\neq j} \left\{ \int d\boldsymbol{p}_k \int_\Lambda d\boldsymbol{q}_k\; \mathbb{P}_1^{(T)}(\boldsymbol{p}_k, \boldsymbol{q}_k)\right\} \int d\boldsymbol{p}_j \int_\Lambda d\boldsymbol{q}_j\; Q_1(\boldsymbol{p}_j, \boldsymbol{q}_j)\; \mathbb{P}_1^{(T)}(\boldsymbol{p}_j, \boldsymbol{q}_j)$$

であるが，(2.62) と (2.66) を見ればわかるように

$$\int d\boldsymbol{p}_k \int_\Lambda d\boldsymbol{q}_k\; \mathbb{P}_1^{(T)}(\boldsymbol{p}_k, \boldsymbol{q}_k) = 1 \qquad (1 \leq k \leq N)$$

§2.1 理想気体

つまり，1粒子分布関数はそれぞれ規格化されており，また

$$\int d\boldsymbol{p}_j \int_\Lambda d\boldsymbol{q}_j \ Q_1(\boldsymbol{p}_j, \boldsymbol{q}_j) \ \mathbb{P}_1^{(T)}(\boldsymbol{p}_j, \boldsymbol{q}_j) \tag{2.69}$$

は定積分であるから，j の値にはよらないからである．(2.69) は 1 粒子分布関数 (2.66) による 1 粒子関数 Q_1 の平均を表しているので，これを

$$\begin{aligned}\langle Q_1(\boldsymbol{p}, \boldsymbol{q})\rangle_1^{(T)} &= \int d\boldsymbol{p} \int_\Lambda d\boldsymbol{q} \ Q_1(\boldsymbol{p}, \boldsymbol{q}) \ \mathbb{P}_1^{(T)}(\boldsymbol{p}, \boldsymbol{q}) \\ &= \frac{\int d\boldsymbol{p} \int_\Lambda d\boldsymbol{q} \ Q_1(\boldsymbol{p}, \boldsymbol{q}) \ e^{-\mathscr{H}_1(\boldsymbol{p},\boldsymbol{q})/k_\mathrm{B}T}}{\int d\boldsymbol{p} \int_\Lambda d\boldsymbol{q} \ e^{-\mathscr{H}_1(\boldsymbol{p},\boldsymbol{q})/k_\mathrm{B}T}}\end{aligned} \tag{2.70}$$

と書くことにする．すると (2.68) は

$$\langle Q(\boldsymbol{p}, \boldsymbol{q})\rangle^{(T)} = N \langle Q_1(\boldsymbol{p}, \boldsymbol{q})\rangle_1^{(T)} \tag{2.71}$$

となる．

特に関数 Q としてハミルトニアン $\mathscr{H}$ を考えると，系の内部エネルギーは

$$U = \langle \mathscr{H}(\boldsymbol{p}, \boldsymbol{q})\rangle^{(T)} = N \langle \mathscr{H}_1(\boldsymbol{p}, \boldsymbol{q})\rangle_1^{(T)} \tag{2.72}$$

で与えられることになる．$\langle \mathscr{H}_1(\boldsymbol{p}, \boldsymbol{q})\rangle_1^{(T)}$ は 1 粒子当りの内部エネルギーである．

運動量だけの関数と位置だけの関数の平均

いま，1粒子ハミルトニアン $\mathscr{H}_1(\boldsymbol{p}, \boldsymbol{q})$ が，運動量 $\boldsymbol{p}$ だけの関数 $\mathscr{T}_1(\boldsymbol{p})$ と位置 $\boldsymbol{q}$ だけの関数 $\mathscr{V}_1(\boldsymbol{q})$ の 2 つの部分に

$$\mathscr{H}_1(\boldsymbol{p}, \boldsymbol{q}) = \mathscr{T}_1(\boldsymbol{p}) + \mathscr{V}_1(\boldsymbol{q}) \tag{2.73}$$

のように分けられるものとすると，$\langle \mathscr{H}_1(\boldsymbol{p}, \boldsymbol{q})\rangle_1^{(T)}$ は次の 2 つの平均の和で与えられることになる．

$$\langle \mathscr{T}_1(\boldsymbol{p})\rangle_p^{(T)} = \frac{\int d\boldsymbol{p} \ \mathscr{T}_1(\boldsymbol{p}) \ e^{-\mathscr{T}_1(\boldsymbol{p})/k_\mathrm{B}T}}{\int d\boldsymbol{p} \ e^{-\mathscr{T}_1(\boldsymbol{p})/k_\mathrm{B}T}} \tag{2.74}$$

$$\langle \mathscr{V}_1(\boldsymbol{q}) \rangle_{\boldsymbol{q}}^{(T)} = \frac{\int_\Lambda d\boldsymbol{q}\, \mathscr{V}_1(\boldsymbol{q}) e^{-\mathscr{V}_1(\boldsymbol{q})/k_B T}}{\int_\Lambda d\boldsymbol{q}\, e^{-\mathscr{V}_1(\boldsymbol{q})/k_B T}} \tag{2.75}$$

エネルギー等分配の法則

さて，ここで再び，理想気体の場合を考えてみよう．理想気体の1粒子ハミルトニアンは

$$\mathscr{H}_1(\boldsymbol{p}) = \frac{\boldsymbol{p}^2}{2m} \tag{2.76}$$

なので，(2.73) で $\mathscr{V}_1$ がゼロである場合である．よって，1粒子当りの内部エネルギーは (2.74) より

$$\langle \mathscr{H}_1(\boldsymbol{p}) \rangle_1^{(T)} = \frac{\int d\boldsymbol{p}\, \frac{\boldsymbol{p}^2}{2m} e^{-\boldsymbol{p}^2/2mk_B T}}{\int d\boldsymbol{p}\, e^{-\boldsymbol{p}^2/2mk_B T}} \tag{2.77}$$

で与えられることになる．ところが，1粒子当りの運動エネルギーである (2.76) は，さらに

$$\frac{\boldsymbol{p}^2}{2m} = \frac{p_x^2}{2m} + \frac{p_y^2}{2m} + \frac{p_z^2}{2m}$$

というように3つの項に分けられるので

$$\langle \mathscr{H}_1(\boldsymbol{p}) \rangle_1^{(T)} = \left\langle \frac{p_x^2}{2m} \right\rangle_{1x}^{(T)} + \left\langle \frac{p_y^2}{2m} \right\rangle_{1y}^{(T)} + \left\langle \frac{p_z^2}{2m} \right\rangle_{1z}^{(T)} \tag{2.78}$$

となる．ここで $s = x, y, z$ に対して

$$\left\langle \frac{p_s^2}{2m} \right\rangle_{1s}^{(T)} = \frac{\int_{-\infty}^{\infty} \frac{p_s^2}{2m} e^{-p_s^2/2mk_B T}\, dp_s}{\int_{-\infty}^{\infty} e^{-p_s^2/2mk_B T}\, dp_s} \tag{2.79}$$

である．

[**例題 2.4**] 1粒子1成分当りの運動エネルギーの平均値 (2.79) を求めよ．

[**解**] ガウス積分の公式 (2.46) で $a = 1/2mk_B T$ とすると，(2.79) の分母の積分は

§2.1 理想気体　87

$$\int_{-\infty}^{\infty} e^{-p_s^2/2mk_BT}\, dp_s = \sqrt{2\pi m k_B T} \tag{2.80}$$

と求められる．ガウス積分の公式 (2.46) を a の関数についての等式と見なして，両辺を a で微分すると，

$$\frac{d}{da}\int_{-\infty}^{\infty} e^{-ax^2}\, dx = \frac{d}{da}\sqrt{\frac{\pi}{a}}$$

という等式が得られる．

この左辺で積分と微分の順番を入れ替えて，まず微分 $de^{-ax^2}/da = -x^2 e^{-ax^2}$ を行なう．右辺の微分も計算して，両辺に -1 を掛けると，

$$\int_{-\infty}^{\infty} x^2 e^{-ax^2}\, dx = \frac{\sqrt{\pi}}{2} a^{-3/2} \tag{2.81}$$

という等式が得られる．これを利用すると (2.79) の分子は

$$\int_{-\infty}^{\infty} \frac{p_s^2}{2m} e^{-p_s^2/2mk_BT}\, dp_s = \frac{k_B T}{2}\sqrt{2\pi m k_B T} \tag{2.82}$$

と求められる．よって，

$$\left\langle \frac{p_s^2}{2m} \right\rangle_{1s}^{(T)} = \frac{k_B T}{2} \tag{2.83}$$

という結果が得られる．

以上より，(2.78) は

$$\langle \mathscr{H}_1(\boldsymbol{p}) \rangle_1^{(T)} = \frac{k_B T}{2} \times 3 = \frac{3}{2} k_B T$$

となるから，N 粒子から成る理想気体の内部エネルギーは，これを N 倍した

$$U = \frac{3}{2} N k_B T \tag{2.84}$$

となり，これは (2.54) と等しい．絶対温度 T の熱平衡状態では，N 粒子の運動量の各成分 p_{js}, $j = 1, 2, \cdots, N$, $s = x, y, z$ ごとに，$k_B T/2$ ずつ熱エネルギーが等分配されるのである．これを**エネルギー等分配の法則**という．

ハミルトニアンの分散と熱容量・比熱

1.3.6 項で導いた関係式を用いて，理想気体の熱容量を求めてみよう．

88   2. いろいろな物理系への応用

[**例題 2.5**] 理想気体に対して，絶対温度 T のカノニカル分布におけるハミルトニアンの分散 (1.82) を計算せよ．

[**解**] ハミルトニアンが $\mathscr{H}(\mathbf{p}) = \sum_{j=1}^{N} \mathscr{H}_1(\mathbf{p}_j)$ というように1粒子ハミルトニアンの和で表されるので，

$$\mathscr{H}(\mathbf{p})^2 = \sum_{j=1}^{N} \mathscr{H}_1(\mathbf{p}_j) \times \sum_{k=1}^{N} \mathscr{H}_1(\mathbf{p}_k)$$

$$= \sum_{j=1}^{N} \mathscr{H}_1(\mathbf{p}_j)^2 + \sum_{1 \leq j \leq N} \sum_{1 \leq k \leq N: k \neq j} \mathscr{H}_1(\mathbf{p}_j) \mathscr{H}_1(\mathbf{p}_k)$$

となり，

$$\langle \mathscr{H}(\mathbf{p})^2 \rangle^{(T)} = \sum_{j=1}^{N} \langle \mathscr{H}_1(\mathbf{p}_j)^2 \rangle_1^{(T)} + \sum_{1 \leq j \leq N} \sum_{1 \leq k \leq N: k \neq j} \langle \mathscr{H}_1(\mathbf{p}_j) \rangle_1^{(T)} \langle \mathscr{H}_1(\mathbf{p}_k) \rangle_1^{(T)}$$

である．ここで，$\mathbf{p}_j$ と $\mathbf{p}_k$ は $j \neq k$ のとき独立であり，$\mathscr{H}_1$ は1粒子関数なので

$$\langle \mathscr{H}_1(\mathbf{p}_j) \mathscr{H}_1(\mathbf{p}_k) \rangle^{(T)} = \langle \mathscr{H}_1(\mathbf{p}_j) \rangle_1^{(T)} \langle \mathscr{H}_1(\mathbf{p}_k) \rangle_1^{(T)}$$

が成り立つことを用いた．また，

$$\left(\langle \mathscr{H}(\mathbf{p}) \rangle^{(T)} \right)^2 = \left(\sum_{j=1}^{N} \langle \mathscr{H}_1(\mathbf{p}_j) \rangle_1^{(T)} \right)^2$$

$$= \sum_{j=1}^{N} \left(\langle \mathscr{H}_1(\mathbf{p}_j) \rangle_1^{(T)} \right)^2 + \sum_{1 \leq j \leq N} \sum_{1 \leq k \leq N: k \neq j} \langle \mathscr{H}_1(\mathbf{p}_j) \rangle_1^{(T)} \langle \mathscr{H}_1(\mathbf{p}_k) \rangle_1^{(T)}$$

であるから，

$$\left(\sigma_{\mathscr{H}}^{(T)} \right)^2 = \langle \mathscr{H}(\mathbf{p})^2 \rangle^{(T)} - \left(\langle \mathscr{H}(\mathbf{p}) \rangle^{(T)} \right)^2$$

$$= \sum_{j=1}^{N} \left\{ \langle \mathscr{H}_1(\mathbf{p}_j)^2 \rangle_1^{(T)} - \left(\langle \mathscr{H}_1(\mathbf{p}_j) \rangle_1^{(T)} \right)^2 \right\}$$

$$= N \left\{ \langle \mathscr{H}_1(\mathbf{p})^2 \rangle_1^{(T)} - \left(\langle \mathscr{H}_1(\mathbf{p}) \rangle_1^{(T)} \right)^2 \right\} \qquad (2.85)$$

となる．また，

$$\mathscr{H}_1(\mathbf{p})^2 = \sum_{s=x,y,z} \frac{p_s^2}{2m} \times \sum_{s'=x,y,z} \frac{p_{s'}^2}{2m}$$

$$= \sum_{s=x,y,z} \frac{p_s^4}{(2m)^2} + \sum_{s=x,y,z} \sum_{s'=x,y,z: s' \neq s} \frac{p_s^2 p_{s'}^2}{(2m)^2}$$

であるから，

$$\langle \mathscr{H}_1(\mathbf{p})^2 \rangle_1^{(T)} - \left(\langle \mathscr{H}_1(\mathbf{p}) \rangle_1^{(T)} \right)^2 = \sum_{s=x,y,z} \left\{ \left\langle \frac{p_s^4}{(2m)^2} \right\rangle_{1s}^{(T)} - \left(\left\langle \frac{p_s^2}{2m} \right\rangle_{1s}^{(T)} \right)^2 \right\} \qquad (2.86)$$

である．ゆえに

$$\left(\sigma_{\mathscr{H}}^{(T)}\right)^2 = 3N\left\{\left\langle \frac{p_s^4}{(2m)^2}\right\rangle_{1s}^{(T)} - \left(\left\langle \frac{p_s^2}{2m}\right\rangle_{1s}^{(T)}\right)^2\right\}$$

$$= 3N\left\{\left\langle \frac{p_s^4}{(2m)^2}\right\rangle_{1s}^{(T)} - \left(\frac{k_BT}{2}\right)^2\right\} \tag{2.87}$$

となる．等式 (2.81) の両辺を再度 a で微分すると

$$\int_{-\infty}^{\infty} x^4 e^{-ax^2} dx = \frac{3}{4}\sqrt{\pi}\, a^{-5/2}$$

という積分公式が得られる．これを用いると

$$\int_{-\infty}^{\infty} \frac{p_s^4}{(2m)^2} e^{-p_s^2/2mk_BT}\, dp_s = \frac{3}{4}(k_BT)^2\sqrt{2\pi m k_BT} \tag{2.88}$$

であることがわかるので，

$$\left\langle \frac{p_s^4}{(2m)^2}\right\rangle_{1s}^{(T)} = \frac{3}{4}(k_BT)^2 \tag{2.89}$$

と定まる．これを (2.87) に代入すると，ハミルトニアンの分散が

$$\left(\sigma_{\mathscr{H}}^{(T)}\right)^2 = \frac{3}{2}N(k_BT)^2 \tag{2.90}$$

と求められる．

　ここで，[例題 2.2]，[例題 2.4]，[例題 2.5] で用いた 3 つの積分公式を，数学公式としてまとめて書いておくことにする．

《数学公式 3》 $a > 0$ のとき，次式が成り立つ．†

$$\int_{-\infty}^{\infty} e^{-ax^2}\, dx = \sqrt{\frac{\pi}{a}} = \sqrt{\pi}\, a^{-1/2} \tag{2.91}$$

$$\int_{-\infty}^{\infty} x^2 e^{-ax^2}\, dx = \frac{\sqrt{\pi}}{2}\, a^{-3/2} \tag{2.92}$$

$$\int_{-\infty}^{\infty} x^4 e^{-ax^2}\, dx = \frac{3\sqrt{\pi}}{4}\, a^{-5/2} \tag{2.93}$$

---

† 《数学公式》については付録 A.1 を参照せよ．

さて (2.90) を, [例題 1.7] で求めておいたハミルトニアンの分散と熱容量の関係式 (1.90) に代入すると, 理想気体の定積熱容量が

$$C_V = \frac{3}{2} N k_B \tag{2.94}$$

であることが導かれる. これは, 内部エネルギー (2.84) を T で直接微分して得られる定積熱容量の式

$$\begin{aligned} C_V &= \frac{\partial U}{\partial T} = \frac{d}{dT}\left(\frac{3}{2} N k_B T\right) \\ &= \frac{3}{2} N k_B \end{aligned}$$

と, 確かに等しい.

定積熱容量 C_V を粒子数 N で割ったものを, 1粒子当りの**定積比熱** c_V という. これは

$$\begin{aligned} c_V &= \frac{1}{k_B T^2} \left(\sigma_{\mathscr{H}_1}^{(T)}\right)^2 \\ &= \frac{1}{k_B T^2} \left\{ \langle \mathscr{H}_1^2 \rangle_1^{(T)} - \langle \mathscr{H}_1 \rangle_1^{(T)2} \right\} \end{aligned} \tag{2.95}$$

というように, 1粒子ハミルトニアンの分散に比例する. アボガドロ数を N_A とすると, **定積モル比熱**は $N_A c_V$ で与えられる. また, 粒子数密度を ρ とすると, $\bar{c}_V = \rho c_V$ は単位体積当りの定積比熱を与えることになる.

2.1.5 グランドカノニカル分布と化学ポテンシャル

理想気体が絶対温度 T, 化学ポテンシャル μ の平衡状態にあるものとする. この状態は, グランドカノニカル分布を用いると, どのように記述できるのであろうか.

まず, 粒子数 N も任意であるとした大きな状態空間

$$\Omega = \bigcup_{N=0}^{\infty} \Omega_N \tag{2.96}$$

を考える. ここで Ω_N は位相空間中の部分領域 (2.7) であり, 容器 Λ 内の

§2.1 理想気体 91

粒子数が N である状態全体を表す．Ω の中の 1 点 $(\mathbf{p},\mathbf{q})$ を選び，これが表す状態がもつ粒子数を $N(\mathbf{p},\mathbf{q})$ と書くと，この点 $(\mathbf{p},\mathbf{q})$ の表す状態のもつエネルギーの値は，$N = N(\mathbf{p},\mathbf{q})$ としたときのハミルトニアン (2.8) で与えられる．理想気体なので，これは $\mathbf{q}$ にはよらず $\mathbf{p}$ だけの関数であるが，以下ではなるべく一般的な表式を与えておきたいので，これを $\mathscr{H}(\mathbf{p},\mathbf{q})$ と書くことにする．

いままで議論してきたように，気体のミクロな状態の数え方には 2 つ注意すべきことがあった．まず，ハイゼンベルクの不確定性原理により，$6N(\mathbf{p},\mathbf{q})$ 次元の位相空間 $\Omega_{N(\mathbf{p},\mathbf{q})}$ 中の体積 $h^{3N(\mathbf{p},\mathbf{q})}$ の微小領域の中の点は区別できず，この微小領域全体で 1 つのミクロな状態を表すことができると考えることにするのであった．

次に，同種粒子は原理的に区別することはできないので，$\Omega_{N(\mathbf{p},\mathbf{q})}$ 中の各点 $(\mathbf{p},\mathbf{q})$ は，粒子の入れ替え（置換）をすることによって得られる $N(\mathbf{p},\mathbf{q})!$ 個の別の点と同一視しなければならなかった．

これらの配慮の末，状態空間 (2.96) 中の各点 $(\mathbf{p},\mathbf{q}) \in \Omega_{N(\mathbf{p},\mathbf{q})}$ に与えられる出現確率は

$$\begin{aligned}\mathbb{P}^{(T,\mu)}(\mathbf{p},\mathbf{q}) &= \frac{1}{N(\mathbf{p},\mathbf{q})!} \times \frac{1}{h^{3N(\mathbf{p},\mathbf{q})}} \times \frac{e^{-\{\mathscr{H}(\mathbf{p},\mathbf{q}) - \mu N(\mathbf{p},\mathbf{q})\}/k_B T}}{\varXi(T,\mu)} \\ &= \frac{e^{-\mathscr{H}(\mathbf{p},\mathbf{q})/kT}}{N(\mathbf{p},\mathbf{q})! \, h^{3N(\mathbf{p},\mathbf{q})}} \times \frac{\lambda^{N(\mathbf{p},\mathbf{q})}}{\varXi(T,\mu)}\end{aligned}$$

(2.97)

となる（(1.108) の表式と比較せよ）．ここで λ はフガシティ (1.116) である．また，$\varXi(T,\mu)$ は大分配関数であり，(2.59) で与えられたカノニカル分布の分配関数 $Z_N(T)$ を，λ^N の重みを付けて

$$\varXi(T,\mu) = \sum_{N=0}^{\infty} \lambda^N Z_N(T) \qquad (2.98)$$

というように足し合わせることによって得られる．(2.58) で与えられた N 粒子系のカノニカル分布関数 $\mathbb{P}^{(T)}(\mathbf{p}, \mathbf{q})$ を用いると，(2.97) は

$$\mathbb{P}^{(T,\mu)}(\mathbf{p}, \mathbf{q}) = \frac{\lambda^{N(\mathbf{p},\mathbf{q})} Z_{N(\mathbf{p},\mathbf{q})}(T)}{\varXi(T,\mu)} \mathbb{P}^{(T)}(\mathbf{p}, \mathbf{q}), \qquad (\mathbf{p}, \mathbf{q}) \in \Omega_{N(\mathbf{p},\mathbf{q})} \tag{2.99}$$

と書ける．

粒子数の平均値の計算

さて，このグランドカノニカル分布において，粒子数の平均値

$$\mathcal{N} = \langle N \rangle^{(T,\mu)} = \int_\Omega d\mathbf{p} \ d\mathbf{q} \ N(\mathbf{p}, \mathbf{q}) \ \mathbb{P}^{(T,\mu)}(\mathbf{p}, \mathbf{q}) \tag{2.100}$$

を計算してみよう．ただし，積分は大きな状態空間 (2.96) 全体に対して行なう．これは $N = 0, 1, 2, \cdots$ の各値に対して，部分状態空間 Ω_N で積分したものを，すべての粒子数 $N = 0, 1, 2, \cdots$ について足し合わせたものに他ならないので，

$$\langle N \rangle^{(T,\mu)} = \sum_{N=0}^{\infty} \int_{\Omega_N} d\mathbf{p} \ d\mathbf{q} \ N(\mathbf{p}, \mathbf{q}) \ \mathbb{P}^{(T,\mu)}(\mathbf{p}, \mathbf{q})$$

$$= \sum_{N=0}^{\infty} N \int_{\Omega_N} d\mathbf{p} \ d\mathbf{q} \ \mathbb{P}^{(T,\mu)}(\mathbf{p}, \mathbf{q})$$

である．これに (2.99) を代入すると，

$$\langle N \rangle^{(T,\mu)} = \frac{1}{\varXi(T,\mu)} \sum_{N=0}^{\infty} N \lambda^N \ Z_N(T) \int_{\Omega_N} d\mathbf{p} \ d\mathbf{q} \ \mathbb{P}^{(T)}(\mathbf{p}, \mathbf{q})$$

$$= \frac{\sum_{N=1}^{\infty} N \lambda^N \ Z_N(T)}{\varXi(T,\mu)} \tag{2.101}$$

となる．ただし，N 粒子カノニカル分布関数 $\mathbb{P}^{(T)}(\mathbf{p}, \mathbf{q})$ を状態空間 Ω_N 全体で積分したら 1 であること（つまり，規格化されているということ）を用いた．

さて，理想気体に対する $Z_N(T)$ は，(2.47) のようにすでに求めてあるので，これを (2.98) に代入すると，大分配関数は

$$\Xi(T,\mu) = \sum_{N=0}^{\infty} \frac{1}{N!} \left\{ \frac{\lambda V}{h^3} (2\pi m k_B T)^{3/2} \right\}^N \qquad (2.102)$$

という無限級数の和で与えられることになる．これはちょうど**指数関数**の**マクローリン展開**

$$e^x = \sum_{n=0}^{\infty} \frac{x^n}{n!} \qquad (2.103)$$

の形になっているので，

$$\Xi(T,\mu) = \exp\left\{ \frac{\lambda V}{h^3} (2\pi m k_B T)^{3/2} \right\}$$
$$= \exp\left\{ \frac{e^{\mu/k_B T} V}{h^3} (2\pi m k_B T)^{3/2} \right\} \qquad (2.104)$$

であることがわかる．これが (2.101) の分母である．

同様にして，(2.101) の分子は

$$\sum_{N=1}^{\infty} N \lambda^N Z_N(T) = \sum_{N=1}^{\infty} N \frac{1}{N!} \left\{ \frac{\lambda V}{h^3} (2\pi m k_B T)^{3/2} \right\}^N$$
$$= \sum_{N=1}^{\infty} \frac{1}{(N-1)!} \left\{ \frac{\lambda V}{h^3} (2\pi m k_B T)^{3/2} \right\}^N$$
$$= \frac{\lambda V}{h^3} (2\pi m k_B T)^{3/2} \times \sum_{N'=0}^{\infty} \frac{1}{N'!} \left\{ \frac{\lambda V}{h^3} (2\pi m k_B T)^{3/2} \right\}^{N'}$$
$$= \frac{\lambda V}{h^3} (2\pi m k_B T)^{3/2} \exp\left\{ \frac{\lambda V}{h^3} (2\pi m k_B T)^{3/2} \right\}$$

と計算できる．ただし，上の計算の途中で $N' = N - 1$ とおいた．

以上より，

$$\mathcal{N} = \langle N \rangle^{(T,\mu)}$$
$$= \frac{\lambda V}{h^3} (2\pi m k_B T)^{3/2} \qquad (2.105)$$

であることになる．この結果から直ちに，粒子数密度が

$$\rho = \frac{\mathcal{N}}{V} = \frac{\langle N \rangle^{(T,\mu)}}{V}$$
$$= \left(\frac{2\pi m k_B T}{h^2}\right)^{3/2} \lambda$$
$$= \left(\frac{2\pi m k_B T}{h^2}\right)^{3/2} e^{\mu/k_B T} \tag{2.106}$$

というように，フガシティ λ に比例する形で求められる．

状態方程式と熱力学関数の導出

(2.106) の結果と (2.104) を見比べると，
$$\varXi = e^{\rho V} \tag{2.107}$$
というきれいな関係式が得られる．これを (1.118) に代入すると，
$$p = \frac{k_B T}{V} \log \varXi(T,\mu) = \rho k_B T \tag{2.108}$$
が導かれる．これは理想気体の状態方程式に他ならない．

熱力学では，ギブスの自由エネルギーに対して (1.99) と (1.100) という 2 通りの表現があった．これらより，**ギブスの自由エネルギー密度**は
$$g \equiv \lim_{V \to \infty} \frac{G}{V}$$
$$= \rho \mu$$
$$= u - Ts + p \tag{2.109}$$
で与えられることになる．ただし，u と s はそれぞれエネルギー密度とエントロピー密度である．

理想気体のエネルギー密度は，[例題 2.1] で求めたように
$$u = \frac{3}{2} \rho k_B T \tag{2.110}$$
であった．これと (2.108) の結果を (2.109) に代入すると
$$s = k_B \rho \left(-\frac{\mu}{k_B T} + \frac{5}{2} \right) \tag{2.111}$$

となる．この (2.111) は，ミクロカノニカル分布の方法とカノニカル分布の方法で求めた結果 (2.31) と (2.57)（この両者は完全に一致していた）とは違った表式であり，化学ポテンシャル μ を用いて表されている．ところが (2.106) と (2.110) より

$$e^{\mu/k_{\mathrm{B}}T} = \frac{h^3}{(2\pi m k_{\mathrm{B}} T)^{3/2}} \rho = h^3 \left(\frac{3}{4\pi m}\right)^{3/2} \frac{\rho^{5/2}}{u^{3/2}}$$

なので，

$$\mu = -k_{\mathrm{B}} T \left[\log \frac{u^{3/2}}{\rho^{5/2}} + \log\left\{\frac{1}{h^3}\left(\frac{4\pi m}{3}\right)^{3/2}\right\}\right] \quad (2.112)$$

というように，化学ポテンシャル μ は T, u, ρ などを用いて表すことができる．これを (2.111) に代入すると，

$$s = k_{\mathrm{B}} \rho \left(\log \frac{u^{3/2}}{\rho^{5/2}} + \frac{5}{2} + \tilde{c}_1\right) \quad (2.113)$$

と書き直せることになる．ここで，$\tilde{c}_1$ は (2.30) で与えられるものである．よって (2.111) も，実は (2.31) および (2.57) と同じなのである．

グランドカノニカル分布の方法では，ミクロカノニカル分布やカノニカル分布の方法では登場しなかった化学ポテンシャル μ という量を導入する．しかし，粒子数密度を与える (2.106) を μ について解いて，その結果を μ を含んだ表式に代入することによって表式から μ を消去すれば，熱力学極限においては，ミクロカノニカル分布の方法やカノニカル分布の方法で求めたのと全く同じ結果が導かれるのである．

粒子の空間分布

理想気体を成す粒子は，容器の中でどのように分布しているのだろうか．

[**例題 2.6**] 粒子数密度 ρ の自由粒子系が，絶対温度 T の熱平衡状態にある．いま，図 2.3 に示したように，体積 v の部分領域 Δ を考えて，その中に含まれている粒子の個数を $N(\Delta)$ と記すことにする．$N(\Delta)$ の値が n である確率を p_n と書くと，これは

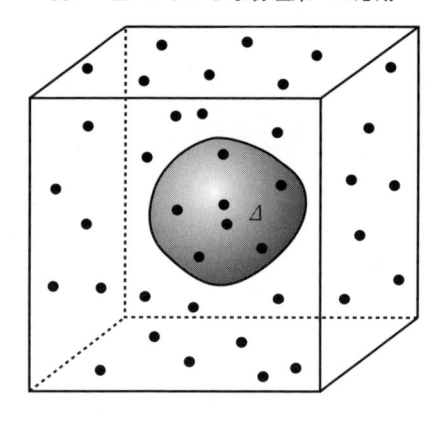

図2.3 部分領域 Δ の体積を $|\Delta|=v$ とする．この領域 Δ の中に含まれている粒子数を $N(\Delta)$ とする．粒子数密度は平均 ρ であるので，$N(\Delta)$ の平均値は ρv である．

$$p_n = \frac{(\rho v)^n}{n!} e^{-\rho v} \qquad (n=0,1,2,\cdots) \tag{2.114}$$

で与えられることを導け．

[解] 部分領域 Δ の中の粒子数 $N(\Delta)$ の平均値は

$$\langle N(\Delta) \rangle = \rho v \tag{2.115}$$

である．粒子数密度が ρ で，考えている部分領域 Δ の体積を $|\Delta|=v$ としたからである．粒子数 $N(\Delta)$ はこの平均値の周りに分布しているので，グランドカノニカル分布の方法で取り扱うことができる．(2.101) の計算からわかるように，絶対温度 T，フガシティ λ の平衡状態において粒子数が n 個である確率は

$$\begin{aligned} \mathrm{P}^{(T,\mu)}(n) &= \int_{\Omega_n} d\mathbf{p}\; d\mathbf{q}\; \mathbb{P}^{(T,\mu)}(\mathbf{p},\mathbf{q}) \\ &= \frac{\lambda^n Z_n(T)}{\Xi(T,\mu)} \end{aligned} \tag{2.116}$$

で与えられる．ここで $Z_n(T)$ は絶対温度 T の n 粒子カノニカル分布における分配関数であるが，自由粒子系なので，1粒子当りの分配関数 $Z_1(T)$ を用いて

$$Z_n(T) = \frac{Z_1(T)^n}{n!}$$

と書ける．自由粒子の質量を m とすると，(2.64) と同様に，体積 v の部分領域内の1粒子に対しては

$$Z_1(T) = v\left(\frac{2\pi m k_\mathrm{B} T}{h^2}\right)^{3/2}$$

§2.1 理想気体　97

である．これを (2.106) と見比べると
$$\lambda Z_1(T) = \rho v \tag{2.117}$$
という関係式が成り立つことがわかる．また，(2.107) と同様に
$$\Xi(T, \mu) = e^{\rho v}$$
が成り立つ．以上を (2.116) に代入すると，(2.114) が得られる．

(2.114) で確率が与えられる分布を，パラメーター ρv の**ポアソン分布**という．確率の和は $\sum_{n=0}^{\infty} p_n = 1$ と正しく規格化されており，平均値は確かに
$$\langle n \rangle = \sum_{n=0}^{\infty} n p_n = \rho v \tag{2.118}$$
となっていることを確かめることができる．特に，体積 v の領域 $\varDelta$ の中に1つも粒子が存在しない確率は，(2.114) で $n=0$ として得られる関数
$$p_0 = e^{-\rho v} \tag{2.119}$$
で与えられる．v を大きくすると，当然，この確率は小さくなるはずであるが，それはこのように，指数関数で表されるのである．

互いに共通部分をもたない m 個の有界な（体積が有限な）部分領域 $\varDelta_1, \varDelta_2, \cdots, \varDelta_m$ の体積がそれぞれ $v_1, v_2, \cdots, v_m$ であるとする．各部分領域 $\varDelta_k, 1 \leq k \leq m$ の中の粒子数を $N(\varDelta_k), 1 \leq k \leq m$ と書くと，$N(\varDelta_k)$ は互いに独立に分布するので，$N(\varDelta_k) = n_k, 1 \leq k \leq m$ である確率は (2.114) の積
$$\prod_{k=1}^{m} p_{n_k} = \prod_{k=1}^{m} \left\{ \frac{(\rho v_k)^{n_k}}{n_k!} e^{-\rho v_k} \right\}$$
で与えられることになる．

このようにして，任意の有界な領域に対して，その中の粒子数の分布が与えられることになる．これにより，理想気体粒子の空間的な位置分布が定められたことになる．この分布は，粒子数密度 ρ と，考えている領域の体積の積だけに依存している．ただしこの積は，(2.117) のように絶対温度 T とフガシティ λ とで決まっているのである．粒子の空間分布は，あくまで，領域

中に含まれる粒子数の分布として定まることに注意すべきである．ある特定の粒子，例えばj番目の粒子が，ある特定の領域Δ_kの中に含まれている確率がどうであるか，ということには答えられない．なぜなら，同種粒子は互いに区別することができないからである．

ミクロとマクロの橋渡し

　統計力学は，原子や分子の運動を記述する力学と，温度や圧力といった日常生活でも大切な量を記述する熱力学とをつなぐ学問である．ミクロ（微視的）な存在の個々の振舞いと，マクロ（巨視的）な現象との橋渡しをする，とてもユニークな理論である．

　ミクロな存在として，思い切って，原子や分子とは全く違ったものを想定してみると，大きな飛躍につながることがある．

　例えば，ミクロな存在を，我々個人や，商店，あるいは会社として，それらの日々の売り買いという経済活動を考えてみることにしよう．こういった個々のミクロな経済活動のデータを，統計力学の手法を応用して有効に集積することにより，業界全体や国，さらには世界規模の経済状況のマクロな動向を，予測することはできないだろうか．このような発想で，近年，「経済物理学」という新しい研究分野が生まれている．

　別の例としては，ミクロな存在を1台1台の自動車として，交通流の大域的な様子を議論することが考えられる．各ドライバーは，車道において前後の車と衝突することは避け，しかし，なるべく早く目的地に到達しようとして，車を運転している．ところが，多くの車が集中する都市部や，行楽シーズン，あるいは，帰省シーズンの高速道路では，しばしば大渋滞が発生してしまう．統計力学の手法を発展させて，車社会におけるマクロな現象である，渋滞発生のメカニズムを解明できないだろうか．もしも「渋滞学」なる理論ができたとすると，それを適用することによって人や物資の流れを円滑化し，もっと，環境にやさしい社会を実現することができるのではないだろうか．

　その他にも，神経単位であるニューロンをミクロな存在として，その集合体である脳全体のマクロな機能を理解しようとする試みや，銀河系1つ1つをミクロな存在として，宇宙における銀河集団の大規模構造の成り立ちを解明しようとする試

みなど，統計力学のアイデアを発展させた研究が，現在世界中で，盛んになされている．

統計力学の重要性は，自然科学においても，社会科学においても，今後，ますます高まっていくことであろう．

---

§2.2 2準位系

1つの原子の中には，一般に複数の電子が存在する．この電子系の**磁気モーメント**がμである場合，外から磁場Hをかけると系のエネルギーは

$$E = -\mu \cdot H \tag{2.120}$$

だけ変化する．これを**ゼーマン効果**という．

電気素量を$e = 1.602 \times 10^{-19}$ [C]，電子の質量を$m_e = 9.109 \times 10^{-31}$ [kg]，またプランク定数hを2πで割った値を$\hbar = h/2\pi = 1.054 \times 10^{-34}$ [J·s] としたとき

$$\mu_B = \frac{e\hbar}{2m_e} = 9.274 \times 10^{-24} \text{ [J·T}^{-1}\text{]} \tag{2.121}$$

を**ボーア磁子**とよぶ．1原子中の電子系の合成**スピン角運動量**を$\hbar S$，全軌道角運動量を$\hbar L$としたとき，磁気モーメントμは全角運動量$\hbar J = \hbar S + \hbar L$に比例して

$$\mu = -g\mu_B J \tag{2.122}$$

で与えられる．μの向きとJの向きが逆なのは，電子のもつ電荷が負$-e < 0$であるからである．比例係数gはランデのg因子とよばれる．

以下では，最も簡単な場合として，各原子中で磁気モーメントに寄与するのは1電子の**スピン** s だけである場合を考えることにする．このときは$g = 2$である．また，この電子は1つの原子中に留まっていて原子間を移動することはなく，したがって，電気伝導には関与しないものとする．

電子のスピンの大きさは$s = 1/2$であり，外から磁場Hがかけられると，

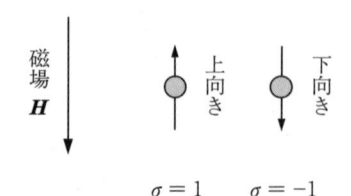

図2.4 外場の方向に z 軸をとり，上向きを正とする．スピン上向きの状態を $\sigma=1$，下向きの状態を $\sigma=-1$ とする．この図は磁場 $\boldsymbol{H}$ が下向きの場合を示している．このとき，変数 $H>0$ であるとする．この場合は，$\sigma=1$ のときのゼーマンエネルギーは $\mathscr{H}_1(\sigma=1)=-\mu_B H=-\varepsilon<0$ と低く，$\sigma=-1$ のときのゼーマンエネルギーは $\mathscr{H}_1(\sigma=-1)=\mu_B H=\varepsilon>0$ と高い．

スピン $\boldsymbol{s}$ の向きは磁場 $\boldsymbol{H}$ と同じか反対向きかのいずれかしかとり得ない．以下，図2.4に示したように磁場 $\boldsymbol{H}$ をかける方向に z 軸をとり，上向きを正とする．そして，スピンが上向きの状態を $\sigma=1$，下向きの状態を $\sigma=-1$ と書くことにし，σ を**スピン変数**とよぶ．

この図のように，z 軸の負の向き，すなわち下向きに大きさ $|\boldsymbol{H}|$ の磁場がかかっているときに，$H=|\boldsymbol{H}|>0$ であるとする．z 軸の負の向きなのに，変数 H を正とするのは不自然に思うかもしれないが，(2.122) で $g=2$，$\boldsymbol{J}=\boldsymbol{s}$ とすると，$\boldsymbol{\mu}=-\mu_B \boldsymbol{s}$ であり，電子の場合は $\boldsymbol{\mu}$ と $\boldsymbol{s}$ の向きが逆向きなので，あえてこうしておくことにする．こうしておいて，

$$\varepsilon=\mu_B H \tag{2.123}$$

とおく．$H>0$ のときは $\varepsilon>0$ であり，図2.4のように，スピンが上向きの $\sigma=1$ の状態のときは，磁気モーメント $\boldsymbol{\mu}=-\mu_B \boldsymbol{s}$ の向きは磁場 $\boldsymbol{H}$ と同じ下向きなのでエネルギーは $-\varepsilon<0$ と低く，スピンが下向きの $\sigma=-1$ の状態のときは，$\boldsymbol{\mu}=-\mu_B \boldsymbol{s}$ は $\boldsymbol{H}$ と反対向きとなるのでエネルギーは $\varepsilon>0$ と高い．

z 軸の正の向き（上向き）に大きさ $|\boldsymbol{H}|$ の磁場がかかっているときは，$H=-|\boldsymbol{H}|<0$ とする．このときは $\varepsilon<0$ であり，逆に $\sigma=1$ の状態で

エネルギーは $-\varepsilon=|\varepsilon|>0$ と高く，$\sigma=-1$ の状態でエネルギーは $\varepsilon=-|\varepsilon|<0$ と低くなる．

以上より一般に，1電子当りの**ゼーマンエネルギー**は

$$\mathscr{H}_1(\sigma) = -\varepsilon\sigma \quad (\sigma = \pm 1) \tag{2.124}$$

で与えられることになる．磁場 $\boldsymbol{H}$ が下向きの場合に変数 H を正とするのは不自然に思えたが，こうしておくことによって，スピン変数 σ の符号と H の符号（$=\varepsilon$ の符号）が同符号のときはゼーマンエネルギーは低く，異符号のとき高くなることになり，「ゼーマン効果は両者の符号を揃えようとする作用である」ということができてわかりやすい．

物質中の原子の個数を N 個とする．原子1個ごとにスピンをもつ電子が1つずつあるとしたので，この系をスピンが N 個あるという意味で **N スピン系**とよぶことにしよう．スピンをもつ各電子はそれぞれ原子に束縛されているものとしたので，各スピンの位置は各々固定されているものとして考えてよい．したがって，§2.1で扱った同種粒子から成る気体の場合とは違って，N 個のスピンは互いに区別できることになる．そこで，スピンに $j=1,2,\cdots,N$ と番号を付けて j 番目のスピンの状態を $\sigma_j=\pm 1$ と記すことにすると，この N スピン系のミクロな状態は $\boldsymbol{\sigma}=(\sigma_1,\sigma_2,\cdots,\sigma_N)$ で指定されることになる．

このように，N スピン系の状態は離散的に存在し，その状態空間は

$$\Omega_N = \{\boldsymbol{\sigma}=(\sigma_1,\sigma_2,\cdots,\sigma_N) : \sigma_j = \pm 1, 1 \leq j \leq N\} \tag{2.125}$$

で与えられることになる．ハミルトニアンは各状態 $\boldsymbol{\sigma} \in \Omega_N$ に対して，その状態でのゼーマンエネルギーの総和を与える関数であり，(2.124) の和

$$\mathscr{H}(\boldsymbol{\sigma}) = \sum_{j=1}^{N} \mathscr{H}_1(\sigma_j) \tag{2.126}$$

で与えられる．

上では σ_j を j 番目の電子のスピン変数として説明したが，ポイントは各粒子がとり得るエネルギー準位が2つあるということである．そして，2つ

の準位のエネルギー値をそれぞれ ε と $-\varepsilon$ と書き,その一方の値をとる状態を $\sigma=1$ で表し,他方の値をとる状態を $\sigma=-1$ で表したというわけである.このような系を一般に **2 準位系** とよぶ.

$\sigma=1$ と $\sigma=-1$ をそれぞれ $b=0$ と $b=1$ に対応させると,これは 2 進数の 1 桁の数値の意味での **1 ビット** に他ならない.N スピン系のミクロな各状態 $\boldsymbol{\sigma}=(\sigma_1,\sigma_2,\cdots,\sigma_N)\in\Omega_N$ は N ビットの情報をもっているということができる.こう考えると,$\sigma_j=\pm 1$ という 2 状態をとり得るものは何も粒子である必要もなく,電気回路の中の素子(オン,オフがそれぞれ $\sigma_j=1$ と $\sigma_j=-1$ に対応)や 2 進数デジタル表示の数値の各桁の数(0 か 1)を表すものと思ってもよい.しかし,以下ではそれを粒子とよぶことにして,N 粒子 2 準位系の熱力学的な性質を,統計力学によって計算してみることにする.

2.2.1 ミクロカノニカル分布からカノニカル分布へ

N 粒子から成る 2 準位系を考える.状態空間 (2.125) は離散的であり,とり得る状態の総数は $|\Omega_N|=2^N$ 個で有限である.よって,エネルギー E をとるミクロな状態の数は,直接的に数え上げることによって求めることができる.

(2.123) の ε を正とする.$\sigma_j=1$ の状態,すなわち $\mathscr{H}_1(1)=-\varepsilon<0$ という低いエネルギー状態にある粒子の個数を N_-,$\sigma_j=-1$ の状態,すなわち $\mathscr{H}_1(-1)=\varepsilon>0$ という高いエネルギー状態にある粒子の個数を N_+ と書くことにする.このときのエネルギーの値は

$$\begin{aligned}E&=-N_-\varepsilon+N_+\varepsilon\\&=-(N-2N_+)\varepsilon\end{aligned} \quad (2.127)$$

である.ただし,ここで

$$N_+ + N_- = N \quad (2.128)$$

であることを用いた.

N 粒子のうち，高いエネルギーの状態にあるものが 1 つもないとき $(N_+ = 0)$ がエネルギー最小の $E_{\min} = -N\varepsilon$ の状況であり，N_+ の値が 1 つ増すごとにエネルギーは 2ε ずつ離散的に増す．N 個すべての粒子が高いエネルギー状態にあるとき $(N_+ = N)$，系のエネルギーは最大値 $E_{\max} = N\varepsilon$ となる．(2.127) と (2.128) より

$$N_\pm = \frac{1}{2}\left(N \pm \frac{E}{\varepsilon}\right) \tag{2.129}$$

である．以後，このような書き方をしたときは複号同順とする．

ミクロカノニカル分布の方法による計算

まず，この N 粒子から成る 2 準位系がエネルギー E のミクロカノニカル分布にあるものとしよう．エネルギーの値が E であるようなミクロな状態の総数は，N 個の粒子から N_+ 個の粒子を選ぶ組合せの数なので

$$\begin{aligned}
{}_N C_{N_+} &= \frac{N!}{N_+! \, N_-!} \\
&= \frac{N!}{\left[\frac{1}{2}\left(N + \frac{E}{\varepsilon}\right)\right]! \left[\frac{1}{2}\left(N - \frac{E}{\varepsilon}\right)\right]!}
\end{aligned} \tag{2.130}$$

で与えられる．ミクロカノニカル分布は等エネルギー状態の一様分布であるので，これが表す平衡状態におけるエントロピーは，状態の総数 (2.130) の対数をとり，ボルツマン定数 k_B を掛けたものである．ただし，以下では体積無限大の極限（熱力学極限）を考えたいので，この 2 準位系の体積を V とおいて，粒子数密度 ρ と内部エネルギー密度 u を以前と同様に

$$\rho = \frac{N}{V}, \quad u = \frac{E}{V} \tag{2.131}$$

として

$$\begin{aligned}
S(E, V) &= k_B \log \frac{N!}{N_+! \, N_-!} \\
&= k_B \log \frac{(\rho V)!}{\left[\frac{1}{2}\left(\rho + \frac{u}{\varepsilon}\right)V\right]! \left[\frac{1}{2}\left(\rho - \frac{u}{\varepsilon}\right)V\right]!}
\end{aligned}$$

と書いておくことにする．

さて，体積 $V \to \infty$ の極限を考える．このとき ρV も $(\rho \pm u/\varepsilon)V/2$ もいずれも無限大になるので，それらの評価に《数学公式2》のスターリングの公式 (2.21) を使うことができて，エントロピー密度は

$$s(u,\rho)$$
$$= \lim_{V \to \infty} \frac{S(E,V)}{V}$$
$$= \lim_{V \to \infty} \frac{k_B}{V} \Big[\log\{(\rho V)^{\rho V} e^{-\rho V}\} - \log\Big\{\Big[\frac{1}{2}\Big(\rho + \frac{u}{\varepsilon}V\Big)\Big]^{(\rho+u/\varepsilon)V/2} e^{-(\rho+u/\varepsilon)V/2}\Big\}$$
$$- \log\Big\{\Big[\frac{1}{2}\Big(\rho - \frac{u}{\varepsilon}\Big)V\Big]^{(\rho-u/\varepsilon)V/2} e^{-(\rho-u/\varepsilon)V/2}\Big\}\Big]$$

という極限を計算すれば求められることになる．これを丁寧に計算すると，

$$\begin{aligned}s(u,\rho) &= k_B \Big[\rho \log \rho - \frac{1}{2}\Big(\rho + \frac{u}{\varepsilon}\Big) \log\Big\{\frac{1}{2}\Big(\rho + \frac{u}{\varepsilon}\Big)\Big\} \\ &\quad - \frac{1}{2}\Big(\rho - \frac{u}{\varepsilon}\Big) \log\Big\{\frac{1}{2}\Big(\rho - \frac{u}{\varepsilon}\Big)\Big\}\Big] \\ &= -k_B \rho \Big[\frac{1}{2}\Big(1 + \frac{u}{\rho\varepsilon}\Big) \log\Big\{\frac{1}{2}\Big(1 + \frac{u}{\rho\varepsilon}\Big)\Big\} \\ &\quad + \frac{1}{2}\Big(1 - \frac{u}{\rho\varepsilon}\Big) \log\Big\{\frac{1}{2}\Big(1 - \frac{u}{\rho\varepsilon}\Big)\Big\}\Big]\end{aligned} \quad (2.132)$$

という結果が得られる．

(2.131) の ρ は単位体積当りの粒子数を表す．同様に，単位体積当りの $N_\pm$ の値を

$$\rho_\pm = \frac{N_\pm}{V} \quad (2.133)$$

と書くことにする．すると，(2.129) より

$$\rho_\pm = \frac{1}{2}\Big(1 \pm \frac{u}{\rho\varepsilon}\Big)\rho \quad (2.134)$$

である．さらに，全粒子数密度 ρ に対する $\rho_\pm$ の割合を

$$p_\pm = \frac{\rho_\pm}{\rho} = \frac{1}{2}\left(1 \pm \frac{u}{\rho\varepsilon}\right) \quad (2.135)$$

と書くことにすると，(2.132) で与えられたエントロピー密度は

$$s(u,\rho) = -k_\mathrm{B}\rho(p_+ \log p_+ + p_- \log p_-) \quad (2.136)$$

と表されることになる．

一様分布から現れる非自明な確率分布

§1.2 では，一般に n 状態から成る状態空間 $\{\omega_1, \omega_2, \cdots, \omega_n\}$ に確率分布 $\mathbb{P}(\omega_j) = p_j$, $1 \leq j \leq n$ を与えた統計集団 $(\{\omega_j\}_{j=1}^n, \mathbb{P})$ を考えて，それに対してエントロピー関数 $\hat{S}(\mathbb{P})$ を (1.30) で定義した．

その特別な場合として，$n=2$ として 2 状態を $\{+,-\}$ と書き，それぞれの状態の出現確率を $\mathbb{P}(+) = p_+$ と $\mathbb{P}(-) = p_-$ とおくと，統計集団 $(\{+,-\},(p_+,p_-))$ に対するエントロピー関数は

$$\hat{S}((p_+,p_-)) = -k_\mathrm{B}(p_+ \log p_+ + p_- \log p_-) \quad (2.137)$$

となる．上で導いた 2 準位系のエントロピー密度 (2.136) は

$$s(u,\rho) = \rho\hat{S}((p_+,p_-))$$

というように，(2.137) に粒子数密度 ρ を掛けたものに等しい．

ミクロカノニカル分布は等エネルギー状態ごとの一様分布であるから，等エネルギー状態の総数を n としたときの確率分布は $1/n$ という単純なものであった．しかし，体積 $V \to \infty$ の熱力学極限では，これとは別の非自明な確率分布 (p_+,p_-) が現れてくることを，上の結果は意味している．この確率分布 (p_+,p_-) の正体は，いったい何であろうか．

その正体は，エントロピーからミクロカノニカル分布が表す平衡状態の温度 T を導く式 (1.43) を用いると明らかになる．準備として (2.132) を，示量性量を用いて

$$S(E,V) = -k_\mathrm{B}N\left[\frac{1}{2}\left(1 + \frac{E}{N\varepsilon}\right)\log\left\{\frac{1}{2}\left(1 + \frac{E}{N\varepsilon}\right)\right\}\right.$$

$$+ \frac{1}{2}\left(1 - \frac{E}{N\varepsilon}\right) \log\left\{\frac{1}{2}\left(1 - \frac{E}{N\varepsilon}\right)\right\}\Big]$$
(2.138)

と書き直しておく.† これを E で偏微分すると

$$\frac{\partial S}{\partial E} = \frac{k_B}{2\varepsilon} \log \frac{1 - \dfrac{E}{N\varepsilon}}{1 + \dfrac{E}{N\varepsilon}}$$

となるので,(1.43) より

$$\frac{1}{T} = \frac{k_B}{2\varepsilon} \log \frac{1 - \dfrac{E}{N\varepsilon}}{1 + \dfrac{E}{N\varepsilon}} = \frac{k_B}{2\varepsilon} \log \frac{1 - \dfrac{u}{\rho\varepsilon}}{1 + \dfrac{u}{\rho\varepsilon}}$$

という等式が得られる.この式を内部エネルギー密度 u について解くと

$$u = \rho\varepsilon \frac{1 - e^{2\varepsilon/k_B T}}{1 + e^{2\varepsilon/k_B T}}$$

$$= -\rho\varepsilon \tanh\left(\frac{\varepsilon}{k_B T}\right) \quad (2.139)$$

という公式が得られる.そして,これを (2.135) に代入すると

$$p_\pm = \frac{1}{2}\left\{1 \mp \tanh\left(\frac{\varepsilon}{k_B T}\right)\right\}$$

$$= \frac{e^{\mp\varepsilon/k_B T}}{e^{\varepsilon/k_B T} + e^{-\varepsilon/k_B T}} \quad (2.140)$$

という表式が得られることになる.

カノニカル分布の方法による再考

上の結果に現れる $e^{\pm\varepsilon/k_B T}$ はボルツマン因子である.そこで,この N 粒子2準位系を,絶対温度 T のカノニカル分布の方法を用いて,少し見直してみることにする.(2.126) で表されているように,N 粒子系のハミルトニアン $\mathscr{H}(\boldsymbol{\sigma})$ が1粒子ハミルトニアン (2.124) の和で与えられる場合なので,

---

† 付録 A.2 を参照せよ.

この系は 2.1.4 項で議論した自由粒子系の一種であり，1 粒子確率分布関数を考えればよいことになる．1 粒子当りの分配関数は

$$Z_1(T) = \sum_{\sigma=\pm 1} e^{-\mathscr{H}_1(\sigma)/k_B T} = \sum_{\sigma=\pm 1} e^{\varepsilon\sigma/k_B T}$$

$$= e^{\varepsilon/k_B T} + e^{-\varepsilon/k_B T} = 2\cosh\left(\frac{\varepsilon}{k_B T}\right) \qquad (2.141)$$

である．したがって，カノニカル分布における各スピンの確率分布関数は，

$$\mathbb{P}_1^{(T)}(\sigma) = \frac{e^{-\mathscr{H}_1(\sigma)/k_B T}}{Z_1(T)}$$

$$= \frac{e^{\varepsilon\sigma/k_B T}}{e^{\varepsilon/k_B T} + e^{-\varepsilon/k_B T}} \qquad (\sigma = \pm 1) \qquad (2.142)$$

である．よって，等式

$$p_{\pm} = \mathbb{P}_1^{(T)}(\sigma = \mp 1) \qquad (2.143)$$

が成り立つことになる．（$\varepsilon > 0$ の場合，$\sigma = 1$ の状態の方がエネルギーが低い状態であり，これが p_- に対応している．）ミクロカノニカル分布の熱力学極限で現れた分布（p_+, p_-）の正体は，絶対温度 T のカノニカル分布に他ならないのである．

[例題 2.7]　(2.142) と (2.143) で与えられた $p_\pm$ を (2.136) に代入して，2 準位系のエントロピー密度 s を T と ρ で表せ．また，その結果と内部エネルギー密度 u に対する (2.139) を用いて，ヘルムホルツの自由エネルギー密度 f を求めよ．

[解]　(2.142) を用いると，(2.136) は

$$\begin{aligned}
s &= -\rho k_B \left\{ p_+ \log \frac{e^{-\varepsilon/k_B T}}{Z_1(T)} + p_- \log \frac{e^{\varepsilon/k_B T}}{Z_1(T)} \right\} \\
&= \rho k_B \left\{ -\frac{\varepsilon}{k_B T}(p_- - p_+) + (p_+ + p_-)\log Z_1(T) \right\} \\
&= -\frac{\rho\varepsilon}{T}\tanh\frac{\varepsilon}{k_B T} + \rho k_B \log Z_1(T) \qquad (2.144)
\end{aligned}$$

となる．ここで (2.139) を用いると，

$$s = \frac{u}{T} + \rho k_B \log Z_1(T)$$

という関係式が得られるので，ヘルムホルツの自由エネルギー密度は

$$\begin{aligned} f &= u - Ts \\ &= -\rho k_B T \log Z_1(T) \\ &= -\rho k_B T \log \left\{ 2\cosh\left(\frac{\varepsilon}{k_B T}\right) \right\} \end{aligned} \quad (2.145)$$

と求められる．ただし，最後に（2.141）を用いた．

2.2.2 常磁性体としての2準位系

引き続き2準位系を，今度はカノニカル分布の方法をメインとして調べてみることにしよう．説明をより具体的にしたいので，ここでは N 粒子2準位系を，N スピン系として議論することにしよう．

（2.124）より

$$\langle \mathscr{H}_1(\sigma) \rangle_1^{(T)} = -\varepsilon \langle \sigma \rangle_1^{(T)} \quad (2.146)$$

なので，1スピン当りの内部エネルギーを求めるには，スピン変数の平均値 $\langle \sigma \rangle_1^{(T)}$ を計算すればよい．$\varepsilon > 0$ と仮定すると，スピンが上向きの $\sigma = 1$ のときはエネルギーは $-\varepsilon < 0$ と低く，$\sigma = -1$ のときはエネルギーは $\varepsilon > 0$ と高い．エネルギーが低い状態の方がエネルギーが高い状態よりも実現する確率は高く，一般に

$$\mathbb{P}_1^{(T)}(\sigma = 1) \geq \mathbb{P}_1^{(T)}(\sigma = -1) \quad (2.147)$$

が成り立つはずである．（2.142）より，これは $e^{\varepsilon/k_B T} \geq e^{-\varepsilon/k_B T}$ と等価であり，いま $\varepsilon > 0$ としているので，温度 $T \geq 0$ なら，この不等式は必ず成立する．等号は $T = \infty$ のときにのみ成り立つ．具体的に計算すると

$$\begin{aligned} \langle \sigma \rangle_1^{(T)} &= \sum_{\sigma = \pm 1} \sigma \mathbb{P}_1^{(T)}(\sigma) = \sum_{\sigma = \pm 1} \sigma \frac{e^{\varepsilon\sigma/k_B T}}{Z_1(T)} \\ &= \frac{e^{\varepsilon/k_B T} - e^{-\varepsilon/k_B T}}{e^{\varepsilon/k_B T} + e^{-\varepsilon/k_B T}} \\ &= \tanh\left(\frac{\varepsilon}{k_B T}\right) = \tanh\left(\frac{\mu_B H}{k_B T}\right) \end{aligned} \quad (2.148)$$

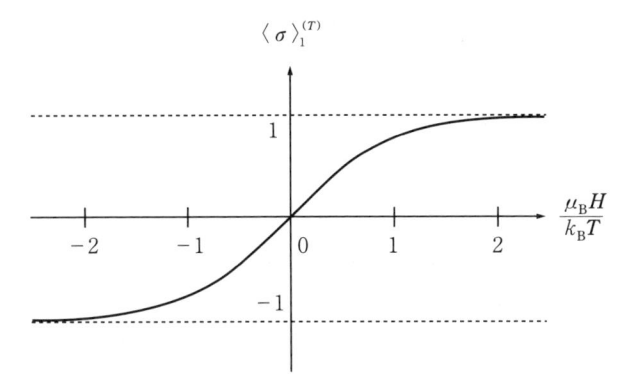

図 2.5 スピン変数の平均値 $\langle\sigma\rangle_1^{(T)}$ の $\mu_B H/k_B T$ に対するグラフ

となる．ここで (2.141) の結果を用いた．

　図 2.5 に $\langle\sigma\rangle_1^{(T)}$ を $\mu_B H/k_B T$ の関数としてグラフに描いた．絶対温度 $T>0$ を固定して考えてみよう．$H>0$ として，その大きさを増していく．すると，$\sigma=-1$ の状態のエネルギーと $\sigma=1$ の状態のエネルギーとの差 $2\varepsilon=2\mu_B H/k_B T$ も大きくなるので，エネルギーが低い $\sigma=1$ の状態が出現する確率 $\mathbb{P}^{(T)}(\sigma=1)\propto e^{\varepsilon/k_B T}$ は，$\mathbb{P}^{(T)}(\sigma=-1)\propto e^{-\varepsilon/k_B T}$ と比べてさらに大きくなる．したがって，スピン変数 σ の平均値 $\langle\sigma\rangle_1^{(T)}$ は $H>0$ を増すとそれにともなって単調に大きくなる．そして，$H\to\infty$ の極限ではスピンは完全に上向きに揃うので $\langle\sigma\rangle_1^{(T)}\to 1$ となる．

　磁場 $H=0$ のときは $\pm\varepsilon=\pm\mu_B H/k_B T=0$ なので，$\mathbb{P}_1^{(T)}(\sigma=1)=\mathbb{P}_1^{(T)}(\sigma=-1)=1/2$ である．よって，このときはスピン変数の平均値は $\langle\sigma\rangle_1^{(T)}=0$ となる．

　磁場 H の向きを反転させ，$H<0$ とした場合も考えてみよう．このときは $\varepsilon=\mu_B H<0$ であり，スピンは下を向いた方が上を向くよりエネルギーが低い．そのため，(2.147) とは逆向きの不等式 $\mathbb{P}_1^{(T)}(\sigma=1)<\mathbb{P}_1^{(T)}(\sigma=-1)$ が成り立つことになる．その結果，スピン変数の平均値 $\langle\sigma\rangle_1^{(T)}$ は負になる．$\langle\sigma\rangle_1^{(T)}$ は $\mu_B H/k_B T$ の奇関数であり，グラフは図 2.5 に示したように原点に

対して反対称な曲線になっている．

スピン変数の平均値 $\langle\sigma\rangle_1^{(T)}$ にボーア磁子 (2.121) を掛けると1スピン当りの磁気モーメントの大きさになり，これを N 倍すれば，N スピン系の**磁化**の大きさになる．これを

$$M = N\mu_B \langle\sigma\rangle_1^{(T)} \tag{2.149}$$

と書くと，上の計算結果より次式が導かれる．

$$M(T, H) = N\mu_B \tanh\left(\frac{\mu_B H}{k_B T}\right) \tag{2.150}$$

あるいは，単位体積当りの**磁化密度**を

$$m = \frac{M}{V} \tag{2.151}$$

で定義すると

$$m(T, H) = \rho\mu_B \tanh\left(\frac{\mu_B H}{k_B T}\right) \tag{2.152}$$

が得られる．

常磁性体の状態方程式

気体分子から成る系では，圧力 p を粒子数密度 ρ と絶対温度 T の関数として $p = p(\rho, T)$ と表したものを状態方程式とよんだ．しかし，ここで考えているようなスピン系では，各スピンは原子中に束縛されているものとしたので，スピン状態の変化が直接的に系の体積変化に関係することはない．実際，(2.138) で与えられたエントロピーは体積 V には依存していない．よって，圧力 p の変化と粒子数密度 ρ との関係を議論する必要はない．その代わり，外からかけた磁場 H に応じて系の磁化がどのように変化するのかがわかると，スピン系が**磁性体**としてどのように振舞うのかを議論することができる．

(2.150) または (2.152) は，ここで考えているスピン系の磁性体としての**状態方程式**なのである．この式は，外からの磁場がゼロなら磁化もゼロであ

り，磁場がかけられるとその方向に磁化するという性質を示している．一般に，このような性質を**常磁性**という．理想気体が希薄気体のモデル系であったように，ここで考えたスピン系は，常磁性体に対するモデル系と見なせるのである．

ヘルムホルツの自由エネルギー密度 (2.145) も，$\rho =$ 一定として T と H の関数と見なすことができる．

$$f(T,H) = -\rho k_B T \log\left\{2\cosh\left(\frac{\mu_B H}{k_B T}\right)\right\} \qquad (2.153)$$

これを T で微分して，-1 を掛けることによって，エントロピー密度が T と H の関数として

$$\begin{aligned}s(T,H) &= -\frac{\partial f(T,H)}{\partial T} \\ &= -\frac{\rho\mu_B H}{T}\tanh\left(\frac{\mu_B H}{k_B T}\right) + \rho k_B \log\left\{2\cosh\left(\frac{\mu_B H}{k_B T}\right)\right\}\end{aligned}$$
$$(2.154)$$

と求められる．これは，ミクロカノニカル分布の方法で求めた (2.144) と等しい．

(2.153) を H で微分すると

$$\frac{\partial f(T,H)}{\partial H} = -\rho\mu_B \tanh\left(\frac{\mu_B H}{k_B T}\right) \qquad (2.155)$$

が得られる．(2.152) と見比べると，これは $-m$ に等しいことがわかる．このことから，気体分子の系における熱力学関係式 $p = -\partial F/\partial V$ に対応する式は，磁性体に対しては

$$M(T,H) = -\frac{\partial F(T,H)}{\partial H} \qquad (2.156)$$

あるいは

$$m(T,H) = -\frac{\partial f(T,H)}{\partial H} \qquad (2.157)$$

であることがわかる．この式は，具体的には状態方程式 (2.152) に他ならない．

2.2.3 ショットキー型比熱

2準位系の内部エネルギー密度 u に対する (2.139) は，(2.135) と (2.140) を用いると

$$u = \rho(-\varepsilon p_- + \varepsilon p_+)$$
$$= -\varepsilon \rho_- + \varepsilon \rho_+$$

で表される．ここでは ε を正の値に固定して，粒子数密度 ρ も一定とした上で，内部エネルギー密度の温度 T 依存性を調べてみることにする．

内部エネルギー密度の温度依存性

まず，絶対零度 $T \to 0$ の極限を考えてみることにしよう．このときは $e^{-2\varepsilon/k_\mathrm{B}T} \to 0$ なので，

$$\rho_- = \rho \frac{e^{\varepsilon/k_\mathrm{B}T}}{e^{\varepsilon/k_\mathrm{B}T} + e^{-\varepsilon/k_\mathrm{B}T}} = \rho \frac{1}{1 + e^{-2\varepsilon/k_\mathrm{B}T}} \quad \to \quad \rho$$

$$\rho_+ = \rho \frac{e^{-\varepsilon/k_\mathrm{B}T}}{e^{\varepsilon/k_\mathrm{B}T} + e^{-\varepsilon/k_\mathrm{B}T}} = \rho \frac{e^{-2\varepsilon/k_\mathrm{B}T}}{1 + e^{-2\varepsilon/k_\mathrm{B}T}} \quad \to \quad 0$$

である．よって，すべての粒子はエネルギー準位 $-\varepsilon < 0$ の状態にあることになる．以下では，この状態を**基底状態**とよび，エネルギー準位 $\varepsilon > 0$ の状態を**励起状態**とよぶことにしよう．$T = 0$ のときの系のエネルギー密度は u の最小値であり，当然，$u_\mathrm{min} = -\varepsilon \rho$ である．

次に，有限温度 $T > 0$ の場合を考えてみよう．有限温度では一般に，$\rho_- < \rho$，$\rho_+ > 0$ である．温度の上昇にともなって ρ_- は単調に減少し，ρ_+ は単調に増加する．粒子が熱エネルギーによって励起されるからである．その結果，内部エネルギー密度 u も温度 T の単調増加関数となる．図2.6に u を $\rho\varepsilon$ で割った $u/\rho\varepsilon$ を $k_\mathrm{B}T/\varepsilon$ の関数としてプロットした．確かにこれは右上がりのグラフになっているが，温度に対する u の上昇率は一定ではない．

基底状態と励起状態にはエネルギーとして 2ε [J] の間隙（エネルギーギャップ）がある．基底状態にある粒子が励起状態に遷移するためには，

1粒子当り，この 2ε [J] 分のエネルギーを，熱エネルギーとしてもらわなければならない．

絶対温度 T [K] の熱平衡状態は，$k_{\rm B}T$ [J] のオーダーの熱エネルギーが各粒子（自由度）に分配された状態である．例えば，理想気体の場合には［例題 2.4］で計算したように，1粒子1成分当りの運動エネルギーとして $k_{\rm B}T/2$ の熱エネルギーが分配される．その結果，各粒子には x,y,z という3成分の合計として，3倍の $3k_{\rm B}T/2$ のエネルギーが分配されているのであった（エネルギー等分配の法則）．

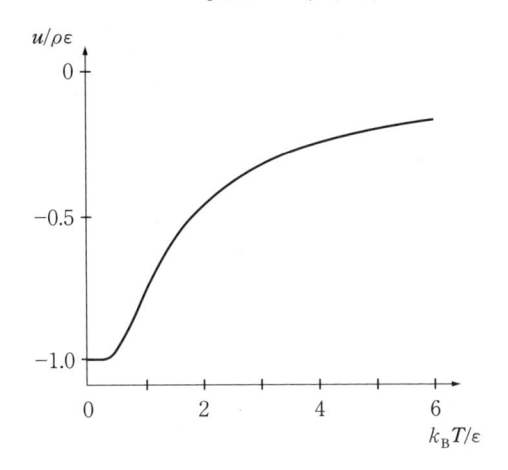

図 2.6 2準位系の1粒子当りの内部エネルギー密度の温度依存性．$k_{\rm B}T/\varepsilon$ に対して $u/\rho\varepsilon$ をプロットした．

よって，$k_{\rm B}T < \varepsilon$ であるような低温では，各粒子は励起するために十分な熱エネルギーをもらうことはできない．$k_{\rm B}T/\varepsilon$ の値が小さい間は最小値 $u_{\min} = -\rho\varepsilon$ からの u の上昇がゆっくりであることが図 2.6 からわかるが，これはそのためである．

しかし温度を上げて $k_{\rm B}T \sim \varepsilon$ となると，図 2.7 のように，粒子の励起が次々と起こることになる．図 2.6 を見ると，確かに $k_{\rm B}T/\varepsilon \sim 1$ の辺りで，u は温度とともに急激に上昇している．

ところが，$k_{\rm B}T$ の値が ε の2倍以上になると，再び u の上昇は緩やかになっていくことが図 2.6 からわかる．これは励起される粒子の数は，どんなに高温になろうと，全体の半数以下に抑えられているからである．$k_{\rm B}T$ が ε に比べてある程度大きくなると，励起状態は飽和していく．$k_{\rm B}T/\varepsilon \to \infty$ で，内部エネルギー密度 u は，負の値からゼロに漸近する．

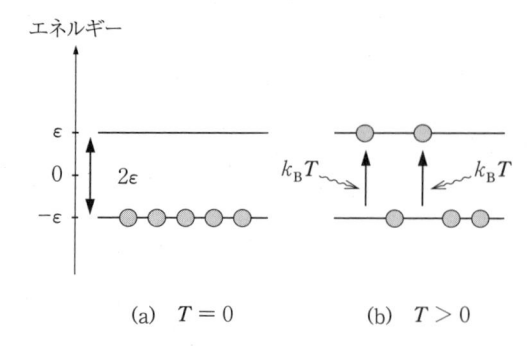

図 2.7 基底状態と励起状態の 2 つのエネルギー準位から成る 2 準位系. 2 つの準位の間には 2ε のエネルギーギャップがある.
(a) 絶対零度 $T=0$ では,すべての粒子が基底状態にあるので,$\rho_-=\rho, \rho_+=0$.
(b) 有限温度 $T>0$ では,エネルギーギャップ 2ε の分のエネルギーを熱エネルギー $k_\mathrm{B}T$ としてもらった粒子は励起状態に遷移する. 励起状態の粒子数密度 ρ_+ は T とともに単調に増大するが,基底状態の粒子数密度 ρ_- を超えることはできない. $T\to\infty$ の高温極限で初めて半々($\rho_+=\rho_-=\rho/2$)となる.

〈注 2.2〉 $T\to\infty$ でも,高い方のエネルギー状態に励起される粒子数は全体の半分にしかならない($T\to\infty$ で $\rho_+\to\rho/2$). つまり,熱平衡状態では必ず $\rho_-\geq\rho_+$ という不等式が成り立つことになる. このため,図 2.6 に示したように,$u\leq 0$ なのである. 2.2.1 項では N 粒子 2 準位系をミクロカノニカル分布の方法で考えた. そのときには,系は $E_\mathrm{min}=-N\varepsilon$ から $E_\mathrm{max}=N\varepsilon$ までエネルギー幅 2ε 刻みで離散的に存在するエネルギー状態のうちのどれでもとり得るように考えたが,熱平衡状態としては $E>0$ のエネルギー状態は実現しない. $E>0$ の状態とは,エネルギーが高い状態にある粒子の方が,エネルギーの低い状態にある粒子よりも多い状況($N_-<N_+$,つまり $\rho_-<\rho_+$)である. これは**反転分布状態**とよばれる**非平衡状態**である.

熱容量と比熱

一般に,物体の温度を 1 度(1 K)上げるのに必要な熱量 [J] を**熱容量**という. その値は,1 度温度を上げる前の物体の絶対温度 T に依存する. 物体の体積 V は一定に保つようにした場合,特に**定積熱容量**とよぶが,ここでは絶対温度 T の関数として $C_V(T)$ [J·K^{-1}] と書くことにする. 体積を一定

としたので，物体は加熱されても熱膨張して外部に仕事をすることはない．そのため，物体に加えられた熱量はすべて物体の内部エネルギーを上げるのに使われる（**熱力学第1法則**）．

絶対温度 T での物体の内部エネルギーを $U(T)$ と書くことにすると，上の定義より

$$U(T) = U(0) + \int_0^T C_V(T')\, dT' \tag{2.158}$$

という関係が成り立つことになる．これを T で微分すると

$$C_V(T) = \frac{\partial U(T)}{\partial T}$$

となる．これが［例題 1.7］で与えた（1.83）である．両辺を粒子数 N で割ると，1 粒子当りの**定積比熱**に対する式

$$c_V(T) = \frac{1}{N}\frac{\partial U(T)}{\partial T} = \frac{1}{\rho}\frac{\partial u(T)}{\partial T}$$

が得られる．よって，(2.139) より

$$c_V(T) = k_B \frac{\left(\dfrac{\varepsilon}{k_B T}\right)^2}{\cosh^2\left(\dfrac{\varepsilon}{k_B T}\right)} \tag{2.159}$$

という公式が導かれる．

図 2.8 に c_V を k_B で割った c_V/k_B を $k_B T/\varepsilon$ の関数としてプロットした．温度が $T \sim \varepsilon/k_B$ のときには2準位系に外から熱を加えても，加えた熱エネルギーは粒子を励起させるのに使われてしまい，系の温度を上昇させるのにはあまり使われない．それにも関わらず系の温度を上昇させるには，温度 T が ε/k_B から離れた値をとっているときよりも，多くの熱量を系に加えなければならない．つまり，$T \sim \varepsilon/k_B$ のときには比熱が大きくなるのである．図を見ると，$k_B T_{\max}/\varepsilon \simeq 0.84$ の辺りにピークがあるのはこのためである．この図の形の比熱は，特に**ショットキー型比熱**とよばれる．

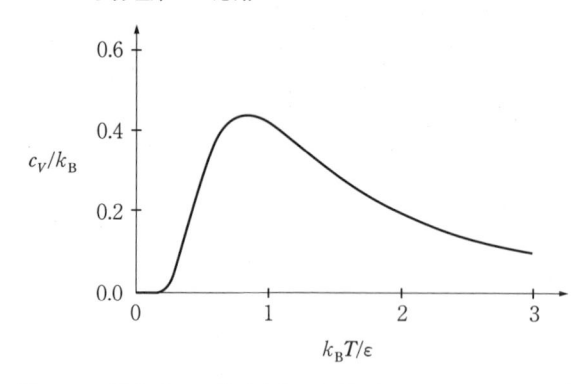

図 2.8 2 準位系の 1 粒子当りの比熱（ショットキー型比熱）

　ある物理系の比熱を測定してその温度依存性を調べた結果，図 2.8 のようなショットキー型の曲線が得られたとしよう．そのような場合には，その物理系を 2 準位系として解析することができる可能性がある．測定された比熱のピーク温度 $T_{\max} \simeq 0.84\varepsilon/k_B$ から，2 準位間のエネルギー差 2ε の値を見積もることができる．

　本節で述べた常磁性体のように，スピン系という 2 準位系でモデル化できることがわかっている場合でも，実験でショットキー型比熱を実測することは重要である．ε の値を見積もると，(2.123) を通じて磁性体の内部における磁場（**内部磁場**）の大きさを知ることができるからである．磁性を担う電子が物質内で受ける内部磁場は，磁性体に外からかけた磁場とは一般に異なり，その違いから，その物質の磁性に関するミクロな情報が得られることになる．

§2.3 振動子系

　第 1 章の冒頭では，図 1.1 に描いたような斜面を形成している原子の振動について考えた．この問題を再び考えてみよう．ここでも問題を単純化して，各原子をどれも，ある一定の振動数 ν で，1 次元的に単振動する調和振動子として扱うことにする．また，量子力学的に考えることにして，振動

§2.3 振動子系　117

エネルギーは離散的な値しかとり得ないとする．

§1.1 では基底エネルギーはゼロとして，そこからの励起エネルギーのみを考慮したが，ここでは基底状態のもつ，いわゆる零点振動のエネルギー $h\nu/2$ の分も計算に入れることにしよう．つまり，各振動子のエネルギー準位は

$$\varepsilon_n = \left(n + \frac{1}{2}\right)h\nu \qquad (n = 0, 1, 2, \cdots) \tag{2.160}$$

で与えられるものとする．

2.3.1 振動状態のミクロカノニカル分布とカノニカル分布

N 個の量子的な調和振動子を考える．各振動子に $j = 1, 2, \cdots, N$ と順番を付けて，j 番目の振動子のエネルギー準位を $n_j = 0, 1, 2, \cdots$ で表すことにする．このときのエネルギーの値は

$$\mathscr{H}_1(n_j) = \left(n_j + \frac{1}{2}\right)h\nu \tag{2.161}$$

であり，N 振動子系の状態空間は

$$\Omega_N = \{\boldsymbol{n} = (n_1, n_2, \cdots, n_N) : n_j = 0, 1, 2, \cdots, 1 \leq j \leq N\} \tag{2.162}$$

である．また，N 振動子系のハミルトニアンは (2.161) の和

$$\begin{aligned}\mathscr{H}(\boldsymbol{n}) &= \sum_{j=1}^{N} \mathscr{H}_1(n_j) \\ &= \sum_{j=1}^{N} \left(n_j + \frac{1}{2}\right)h\nu\end{aligned} \tag{2.163}$$

で与えられる．

ミクロカノニカル分布の方法による計算

いま，総エネルギーの値が E である振動状態を考えることにしよう．

$$\mathscr{H}(\boldsymbol{n}) = E \tag{2.164}$$

E の最小値は，N 個の振動子がすべて基底状態にあって，零点振動しかして

いない場合の値 $Nh\nu/2$ である．E はこの最小値と，これに $h\nu$ の自然数倍を加えた値しかとり得ない．よって

$$E = \frac{Nh\nu}{2} + Mh\nu \quad (M = 0, 1, 2, \cdots) \quad (2.165)$$

と表せることになる．したがって，(2.163) と (2.165) より，条件 (2.164) は

$$\sum_{j=1}^{N} n_j = M$$

と書けることになる．［例題 1.1］と同様に考えると，この条件を満たすミクロな振動状態の数は

$$_{M+N-1}C_M = \frac{(M+N-1)!}{M!(N-1)!}$$

$$= \frac{\left(\dfrac{E}{h\nu} + \dfrac{N}{2} - 1\right)!}{\left(\dfrac{E}{h\nu} - \dfrac{N}{2}\right)!(N-1)!}$$

である．

この振動子系の体積を V として，粒子数密度 ρ と内部エネルギー密度 u を

$$\rho = \frac{N}{V}, \quad u = \frac{E}{V} \quad (2.166)$$

とする．エントロピーは

$$S(E, V) = k_B \log \frac{(M+N-1)!}{M!(N-1)!}$$

$$= k_B \log \frac{\left\{\left(\dfrac{u}{h\nu} + \dfrac{\rho}{2}\right)V - 1\right\}!}{\left\{\left(\dfrac{u}{h\nu} - \dfrac{\rho}{2}\right)V\right\}!(\rho V - 1)!}$$

で与えられる．《数学公式 2》のスターリングの公式 (2.21) を用いて熱力学極限をとると，

$s(u,\rho)$
$$= \lim_{V\to\infty} \frac{S(E,V)}{V}$$
$$= k_{\rm B}\Big[\Big(\frac{u}{h\nu}+\frac{\rho}{2}\Big)\log\Big(\frac{u}{h\nu}+\frac{\rho}{2}\Big)-\Big(\frac{u}{h\nu}-\frac{\rho}{2}\Big)\log\Big(\frac{u}{h\nu}-\frac{\rho}{2}\Big)-\rho\log\rho\Big]$$
(2.167)

というように，エントロピー密度が求められる．

[**例題 2.8**] ミクロカノニカル分布の方法で，内部エネルギー密度 u を絶対温度 T の関数として求めよ．

[**解**] (2.167) の結果を (2.166) に従って示量性の量を用いて書き直すと
$$S(E,V) = k_{\rm B}\Big[\Big(\frac{E}{h\nu}+\frac{N}{2}\Big)\log\Big(\frac{E}{h\nu}+\frac{N}{2}\Big)$$
$$-\Big(\frac{E}{h\nu}-\frac{N}{2}\Big)\log\Big(\frac{E}{h\nu}-\frac{N}{2}\Big)-N\log N\Big]$$

となる．これを E で微分すると
$$\frac{\partial S(E,V)}{\partial E} = \frac{k_{\rm B}}{h\nu}\log\frac{\frac{E}{h\nu}+\frac{N}{2}}{\frac{E}{h\nu}-\frac{N}{2}}$$

であるから，熱力学関係式 $\partial S(E,V)/\partial E = 1/T$ より
$$\frac{1}{T} = \frac{k_{\rm B}}{h\nu}\log\frac{\frac{E}{h\nu}+\frac{N}{2}}{\frac{E}{h\nu}-\frac{N}{2}}$$

が得られる．これを E について解くと
$$E = \frac{N}{2}\frac{e^{h\nu/k_{\rm B}T}+1}{e^{h\nu/k_{\rm B}T}-1}$$
$$= N\Big(\frac{h\nu}{2}+\frac{h\nu}{e^{h\nu/k_{\rm B}T}-1}\Big)$$

となるので，
$$u = \rho\Big(\frac{h\nu}{2}+\frac{h\nu}{e^{h\nu/k_{\rm B}T}-1}\Big) \qquad (2.168)$$

と求められる．絶対零度 $T=0$ のときは，$h\nu/k_BT=\infty$ となるので $e^{h\nu/k_BT}=\infty$ であり，(2.168) の右辺の括弧の中の第2項はゼロである．つまり，$u=\rho h\nu/2$ となる．$T=0$ では，すべての振動子は零点振動しかできないのである．

カノニカル分布の方法による計算

ミクロカノニカル分布の方法では，総エネルギーの値が E であるという条件 (2.164) の下で，N 個の振動子の状態 $\boldsymbol{n}=(n_1,n_2,\cdots,n_N)$ を考えた，この系は (2.163) にあるように，N 個の振動子のハミルトニアンが1振動子のハミルトニアン $\mathscr{H}_1(n_j)$ の和で与えられる場合であるから，2.1.4項で議論した自由粒子系の一種である．したがって，カノニカル分布の方法なら，N 個の振動子の状態など考える必要はなく，1振動子当りの分配関数を計算するだけで，事は足りるはずである．

絶対温度 T のカノニカル分布の1振動子分配関数は

$$\begin{aligned}
Z_1(T) &= \sum_{n=0}^{\infty} e^{-\mathscr{H}_1(n)/k_BT} \\
&= \sum_{n=0}^{\infty} e^{-(n+1/2)h\nu/k_BT} \\
&= e^{-h\nu/2k_BT} \sum_{n=0}^{\infty} (e^{-h\nu/k_BT})^n
\end{aligned} \qquad (2.169)$$

を計算すればよい．**等比級数の和**の公式

$$\sum_{n=0}^{\infty} x^n = \frac{1}{1-x} \qquad (|x|<1) \qquad (2.170)$$

を用いると，これは

$$\begin{aligned}
Z_1(T) &= \frac{e^{-h\nu/2k_BT}}{1-e^{-h\nu/k_BT}} \\
&= \frac{1}{e^{h\nu/2k_BT}-e^{-h\nu/2k_BT}} \\
&= \left(2\sinh\frac{h\nu}{2k_BT}\right)^{-1}
\end{aligned} \qquad (2.171)$$

と求められる．これから，1振動子当りのヘルムホルツの自由エネルギー密

度は

$$-k_B T \log Z_1(T) = k_B T \log\left(2\sinh\frac{h\nu}{2k_B T}\right)$$

となるから，単位体積当りに ρ 個の調和振動子がある系に対しては，ヘルムホルツの自由エネルギー密度は

$$f = \rho k_B T \log\left(2\sinh\frac{h\nu}{2k_B T}\right) \tag{2.172}$$

で与えられることになる．

[**例題 2.9**] カノニカル分布の方法で，内部エネルギー密度 u を求めよ．

[**解**] $\beta = 1/k_B T$ とおくと，1 振動子当りの分配関数 (2.171) は β の関数として

$$\tilde{Z}_1(\beta) = \left(2\sinh\frac{\beta h\nu}{2}\right)^{-1} \tag{2.173}$$

で与えられる．ここで (1.80) の公式を用いると，1 振動子当りの内部エネルギーは

$$\begin{aligned}U_1 &= -\frac{\partial}{\partial \beta}\log \tilde{Z}_1(\beta) \\ &= \frac{\partial}{\partial \beta}\log\left(\sinh\frac{\beta h\nu}{2}\right) \\ &= \frac{h\nu}{2}\coth\frac{\beta h\nu}{2}\end{aligned} \tag{2.174}$$

となる．ここで

$$\coth x = \frac{1}{\tanh x} = 1 + \frac{2}{e^{2x}-1}$$

であるから，(2.174) の結果は

$$U_1 = \frac{h\nu}{2} + \frac{h\nu}{e^{\beta h\nu}-1} \tag{2.175}$$

と書くこともできる．よって，内部エネルギー密度は

$$u = \rho\left(\frac{h\nu}{2} + \frac{h\nu}{e^{\beta h\nu}-1}\right) \tag{2.176}$$

となり，ミクロカノニカル分布の方法で求めた (2.168) と，全く同じ結果が得られることがわかった．

2.3.2 エネルギー量子のグランドカノニカル分布

振動数 ν の調和振動子のエネルギー準位 (2.160) は，等間隔 $h\nu$ で存在する．そのため，この振動状態を，$h\nu$ のエネルギーをもつ粒子の集まりと見なすことができる．古典力学的には連続的な物理量であるエネルギーを離散化して，粒子と見なしたということで，以下ではこれを**エネルギー量子**とよぶことにする．

第 n 励起状態は，このエネルギー量子が n 個存在している状態と考えることにする．ただし，零点振動の分もあるので，エネルギー量子が1つもなくても系は $h\nu/2$ のエネルギーをもっている．第 n 励起状態のエネルギー (2.160) の値は，この零点振動のエネルギーの値にエネルギー量子のエネルギー $h\nu$ の n 個分の値を足したものであると考えるのである．

このように考えると，基底状態にあった振動子に外からエネルギーが与えられて，第 n 励起状態に振動状態が励起された状況は，何もなかったところに，エネルギー量子が n 個**生成**した状況と見なすことができることになる．あるいは，$n > m$ としたとき，第 n 励起状態にあった振動状態からエネルギーが奪われて，第 m 励起状態に振動子のエネルギー準位が下がったときには，$n - m$ 個のエネルギー量子が**消滅**したと見なすことができる．

いま，1つの調和振動子が絶対温度 T の熱平衡状態にあるものとしよう．エネルギー量子の個数が n 個であるとすると，そのときのエネルギーの値は $(n + 1/2)h\nu$ と一意的に定まる．この状態のボルツマン因子は $e^{-(n+1/2)h\nu/k_\mathrm{B}T}$ である．たった1つの状態しかないが，これをエネルギー量子の数が n のときの分配関数と見なして

$$Z_n(T) = e^{-(n+1/2)h\nu/k_\mathrm{B}T} \tag{2.177}$$

と書くことにしよう．

さて，このエネルギー量子の化学ポテンシャルを μ とし，グランドカノニカル分布を考えてみることにしよう．大分配関数 (1.117) は，等比級数の和の公式 (2.170) を用いると

$$\Xi(T,\mu) = \sum_{n=0}^{\infty} e^{\mu n/k_{\rm B}T} Z_n(T)$$

$$= e^{-h\nu/2k_{\rm B}T} \sum_{n=0}^{\infty} \{e^{-(h\nu-\mu)/k_{\rm B}T}\}^n$$

$$= \frac{e^{-h\nu/2k_{\rm B}T}}{1 - e^{-(h\nu-\mu)/k_{\rm B}T}} \tag{2.178}$$

と求められる．

エネルギー粒子の個数が n 個である確率を $\mathrm{P}^{(T,\mu)}(n)$ と書くことにすると，これは (2.116) で与えられるので，いまの場合

$$\mathrm{P}^{(T,\mu)}(n) = \frac{e^{n\mu/k_{\rm B}T} Z_n(T)}{\Xi(T,\mu)}$$

$$= \frac{e^{-h\nu/2k_{\rm B}T} e^{-n(h\nu-\mu)/k_{\rm B}T}}{\Xi(T,\mu)}$$

である．よって，平衡状態での粒子数の平均値を求めるには

$$\langle n \rangle^{(T,\mu)} = \sum_{n=1}^{\infty} n \mathrm{P}^{(T,\mu)}(n)$$

$$= \frac{e^{-h\nu/2k_{\rm B}T}}{\Xi(T,\mu)} \sum_{n=1}^{\infty} n e^{-n(h\nu-\mu)/k_{\rm B}T}$$

を計算すればよい．等比級数の和の公式 (2.170) の両辺を x で微分して，さらに両辺に x を掛けると

$$\sum_{n=1}^{\infty} n x^n = \frac{x}{(1-x)^2} \tag{2.179}$$

という公式が得られる．これを用いると

$$\langle n \rangle^{(T,\mu)} = \frac{e^{-h\nu/2k_{\rm B}T}}{\Xi(T,\mu)} \frac{e^{-(h\nu-\mu)/k_{\rm B}T}}{\{1 - e^{-(h\nu-\mu)/k_{\rm B}T}\}^2}$$

$$= \frac{e^{-(h\nu-\mu)/k_{\rm B}T}}{1 - e^{-(h\nu-\mu)/k_{\rm B}T}}$$

$$= \frac{1}{e^{(h\nu-\mu)/k_{\rm B}T} - 1} \tag{2.180}$$

となる．途中，大分配関数の表式 (2.178) を用いた．

したがって，平均的に考えると，(2.180) で与えられる個数のエネルギー量子が，各調和振動子ごとに存在することになる．1振動子当りの内部エネルギーの値は，この平均個数に $h\nu$ を掛けたものに，零点振動のエネルギーを加えた

$$U_1 = \frac{h\nu}{2} + h\nu \langle n \rangle^{(T,\mu)}$$
$$= \frac{h\nu}{2} + \frac{h\nu}{e^{(h\nu - \mu)/k_BT} - 1} \tag{2.181}$$

である．互いに独立な調和振動子が単位体積当り ρ 個あるとすると，内部エネルギー密度は

$$u(T,\mu) = \rho \left\{ \frac{h\nu}{2} + \frac{h\nu}{e^{(h\nu - \mu)/k_BT} - 1} \right\} \tag{2.182}$$

で与えられることになる．

(2.168) および (2.176) は，この結果で $\mu = 0$ としたものに等しい．つまり，振動子のエネルギー量子は化学ポテンシャル $\mu = 0$ の粒子であるということになる．

［本章の要点］

1. 同じ物理系に対して，設定を変えることにより，ミクロカノニカル分布の方法，カノニカル分布の方法，グランドカノニカル分布の方法という3つの異なる方法で問題を解くことができる．
2. 粒子数密度 ρ と内部エネルギー密度 u を一定にして，系の体積 V を無限大にする極限を熱力学極限という．内部エネルギー u やエントロピー密度 s, あるいは，状態方程式 $p = p(\rho, T)$ に関しては，3つの方法のいずれを用いて計算しても，熱力学極限をとると同じ結果となる．
3. したがって，考えている問題の設定に応じて，3つの方法のうち一番適していると思われる方法を選んで用いればよい．あるいは，自分で適宜，

設定を変えてみることにより,同じ問題を別の方法で解き直してみることができる.同じ答えが出るかどうかを確認することによって,正解かどうかをチェックすることができる.

4. 粒子,スピン,あるいは振動子といった素子の間に相互作用がない系を,一般に自由粒子系という.自由粒子系では,1粒子当り(あるいは1自由度当り)の物理量を計算すればよい.例えば,粒子数が N 個の系に対しては,得られた1粒子当りの結果を N 倍すれば,N 粒子系全体に対する物理量が得られる.

5. スピン系に統計力学を適用すると,磁性体の特性を説明することができる.また,振動子系に統計力学を適用すると,固体の格子振動に対する有用なモデルを得ることができる.

演習問題

[1] 確率変数 X が $\Omega = \{0, 1, 2, \cdots\}$ のいずれかの値をとるものとする.μ を正の定数として,$X = n$ である確率が

$$p_n = \frac{\mu^n}{n!} e^{-\mu} \tag{2.183}$$

で与えられるとき,これをパラメーター μ の**ポアソン分布**という.
 (1) 確率の和が $\sum_{n=0}^{\infty} p_n = 1$ と正しく規格化されていることを確かめよ.
 (2) 平均値 $\langle X \rangle = \sum_{n=0}^{\infty} n p_n$ を計算せよ.
 (3) 分散 $\langle (X - \langle X \rangle)^2 \rangle = \sum_{n=0}^{\infty} (n - \langle n \rangle)^2 p_n$ を計算せよ.

[2] 確率変数 X が離散的な値 $\{\omega_1, \omega_2, \cdots, \omega_n\}$ をとるときには,それぞれの値をとる確率 $p_j = \mathbb{P}(X = \omega_j), 1 \leq j \leq n$ を与えることによって確率分布を定めた.しかし,確率変数 X が連続変数のときには,X がとり得る値は連続無限個あるので,そのうちのある1つの値をとる確率は,一般にはゼロである.そこで,

連続的な確率変数 X に対しては，X がある1つの値をとる確率ではなく，ある幅をもった区間 $[a,b]$ の中のいずれかの値をとる（つまり，$a \leq X \leq b$ である）確率を考えることにして，任意の区間 $[a,b]$ に対して この確率を与えることによって確率分布を定める．

μ を実数，σ を正の実数とし，x の関数

$$p_G(x\,;\,\mu,\sigma^2) = \frac{1}{\sqrt{2\pi}\sigma} e^{-(x-\mu)^2/2\sigma^2} \tag{2.184}$$

を導入して，$-\infty < a < b < \infty$ である任意の実数 a,b に対して

$$\mathbb{P}(X \in [a,b]) = \mathbb{P}(a \leq X \leq b)$$
$$= \int_a^b p_G(x\,;\,\mu,\sigma^2)\,dx \tag{2.185}$$

であるような確率変数 X を考えることにする（図 2.9 を参照）．

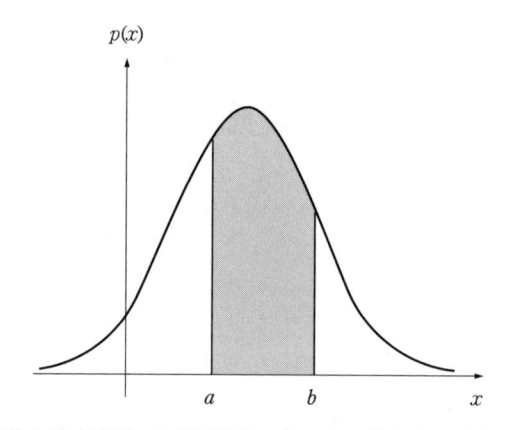

図 2.9 連続的な確率変数 X が区間 $[a,b]$ の中の値をとる確率 $\mathbb{P}(X \in [a,b])$ は，確率密度関数 $p(x)$ の a から b までの積分値で与えられる．つまり，この確率は図の灰色部分の面積に等しい．

この確率変数の関数 $Q(X)$ の平均値は

$$\langle Q \rangle = \int_{-\infty}^{\infty} Q(x)\,p_G(x\,;\,\mu,\sigma^2)\,dx \tag{2.186}$$

で与えられる．

（1） 次式が成り立つことを示せ．

$$\int_{-\infty}^{\infty} p_G(x\,;\,\mu,\sigma^2)\,dx = 1 \tag{2.187}$$

これは,離散的な確率変数に対する $\sum_{j=1}^{n} p_j = 1$ と同様に,確率の総和は 1 であるという**規格化条件**である.この (2.187) の左辺は,(2.185) で $a \to -\infty$, $b \to \infty$ の極限をとって得られる $\mathbb{P}(-\infty < X < \infty)$ を表すので,この式は「確率変数 X は実数のいずれかの値をとる」ということを意味している.あるいはこれは,(2.186) の記法を用いれば $\langle 1 \rangle = 1$ ということなので,どんな X の値に対しても常に 1 という値をとる関数 ($Q(X) \equiv 1$) の平均値は 1 であるという,当然成り立つべき式であるともいえる.

（2） X の平均値 $\langle X \rangle$ は μ に等しいことを示せ.

（3） X の分散 $\langle (X-\mu)^2 \rangle$ は σ^2 に等しいことを示せ.

上で定義された確率変数 X の分布を,平均 μ,分散 σ^2 の**ガウス分布**（または**正規分布**）という.また,(2.184) で与えられた $p_G(x\,;\,\mu,\sigma^2)$ を,この分布の**確率密度関数**とよぶ.

[3]* 平均 μ,分散 σ^2 のガウス分布に従う確率変数 X を考える.パラメーター ξ を導入して,(2.184) で与えられる確率密度関数 $p_G(x\,;\,\mu,\sigma^2)$ に対して,積分

$$\Phi_G(\xi\,;\,\mu,\sigma^2) = \int_{-\infty}^{\infty} e^{\xi x}\, p_G(x\,;\,\mu,\sigma^2)\,dx \tag{2.188}$$

を考える.これがパラメーター ξ のどのような関数であるか,調べることにする ((2.188) は p_G の**ラプラス変換**である).ただし,以下の問 (1) から問 (4) までは,$\mu = 0$ とした場合の $\Phi_G(\xi\,;\,0,\sigma^2)$ を考えることにする.

（1） $\Phi_G(0\,;\,0,\sigma^2) = 1$ であることを示せ.

（2） $\Phi_G(\xi\,;\,0,\sigma^2)$ を ξ で n 回微分して得られる n 階導関数の $\xi = 0$ での値を $\Phi_G^{(n)}(0\,;\,0,\sigma^2)$ と書くことにする.つまり,

$$\Phi_G^{(n)}(0\,;\,0,\sigma^2) = \left.\frac{d^n \Phi_G(\xi\,;\,0,\sigma^2)}{d\xi^n}\right|_{\xi=0} \tag{2.189}$$

である.$\Phi_G(\xi\,;\,0,\sigma^2)$ の定義式 (2.188) より,一般に

$$\Phi_G^{(n)}(0\,;\,0,\sigma^2) = \langle X^n \rangle \quad (n = 1, 2, 3, \cdots) \tag{2.190}$$

が成り立つことを証明せよ.

（ヒント： **マクローリン展開**（原点の周りの**テイラー展開**）の公式

$$\Phi_G(\xi\,;\,0,\sigma^2) = \sum_{n=0}^{\infty} \frac{1}{n!} \Phi_G^{(n)}(0\,;\,0,\sigma^2)\,\xi^n \tag{2.191}$$

を用いよ.）

（3） (2.188) に (2.184) を代入して，具体的に積分を計算せよ.

（4） 上の結果から

$$\langle X^n \rangle = \begin{cases} (n-1)!!\,\sigma^n & (n\text{ が偶数のとき}) \\ 0 & (n\text{ が奇数のとき}) \end{cases} \tag{2.192}$$

を導け．ただし，n が偶数のとき $(n-1)!! = (n-1)(n-3)(n-5)\cdots 3\cdot 1$ である．また，$(-1)!! = 1$ とする．

（5） 一般に $\mu \neq 0$ のときの (2.188) を計算せよ．

$\langle X^n \rangle$ を確率変数 X の n 次**モーメント**という．平均値 $\mu = \langle X \rangle$ は1次モーメントである．また，一般に $\langle (X-\mu)^2 \rangle = \langle X^2 \rangle - \langle X \rangle^2$ であるから，分散は2次モーメントから1次モーメントの2乗を引いたものである．(平均値 $\mu = 0$ の場合には，分散は2次モーメントそのものである．) 確率分布関数 $p_G(x\,;\,\mu,\sigma^2)$ のラプラス変換 (2.188) である $\Phi_G(\xi\,;\,\mu,\sigma^2)$ は，(2.189) で示したように，その導関数がモーメントを与えるので，**モーメント母関数**とよばれる．

[4]* $-\infty < a < b < \infty$ に対して，区間 $[a, b]$ での連続一様分布を考える．確率密度関数は

$$p_u(x\,;\,[a,b]) = \begin{cases} \dfrac{1}{b-a} & (a < x < b \text{ のとき}) \\ 0 & (\text{それ以外のとき}) \end{cases} \tag{2.193}$$

で与えられる．

（1） 次の積分を計算して，直接的に n 次モーメントを求めよ．

$$\langle X^n \rangle = \int_{-\infty}^{\infty} x^n\,p_u(x\,;\,[a,b])\,dx \qquad (n = 0, 1, 2, \cdots)$$

（2） モーメント母関数

$$\Phi_u(\xi\,;\,[a,b]) = \int_{-\infty}^{\infty} e^{\xi x}\,p_u(x\,;\,[a,b])\,dx$$

を計算して，その結果から n 次モーメント $\langle X^n \rangle$ を導け．

[5]* 直方体の容器

$$\Lambda = \{\boldsymbol{q} = (q_x, q_y, q_z) : 0 \leq q_x \leq L_x, \ 0 \leq q_y \leq L_y, \ 0 \leq q_z \leq L_z\}$$

の中の N 粒子理想気体を考える．絶対温度 T のカノニカル分布にあるものとすると，

$$\mathscr{H}_1(\boldsymbol{p}) = \frac{\boldsymbol{p}^2}{2m}$$

として，1粒子の分布関数は

$$\mathbb{P}_1^{(T)}(\boldsymbol{p}, \boldsymbol{q}) = \begin{cases} \dfrac{e^{-\mathscr{H}_1(\boldsymbol{p})/k_B T}}{h^3 Z_1(T)} & (\boldsymbol{q} \in \Lambda) \\ 0 & (\boldsymbol{q} \notin \Lambda) \end{cases} \tag{2.194}$$

で与えられる．ただし，$Z_1(T)$ は1粒子当りの分配関数

$$Z_1(T) = \frac{1}{h^3} \int d\boldsymbol{p} \int_\Lambda d\boldsymbol{q}\, e^{-\mathscr{H}_1(\boldsymbol{p})/k_B T}$$

である．

（1） 1粒子のカノニカル分布関数 (2.194) を［2］の (2.184) で与えられたガウス分布の確率密度関数 p_G と，［4］の (2.193) で与えられた連続一様分布の確率密度関数 p_U を用いて表せ．

（2） 粒子の位置と運動量の各成分のモーメント

$$\Big\langle \prod_{s=x,y,z} p_s^{m_s} q_s^{n_s} \Big\rangle^{(T)}, \quad m_s = 0, 1, 2, \cdots, \quad n_s = 0, 1, 2, \cdots$$

に対する一般的な表式を与えよ．

（3） $\boldsymbol{\xi} = (\xi_x, \xi_y, \xi_z), \boldsymbol{\eta} = (\eta_x, \eta_y, \eta_z)$ として，モーメント母関数

$$\Phi(\boldsymbol{\xi}, \boldsymbol{\eta}) = \int d\boldsymbol{p} \int_\Lambda d\boldsymbol{q}\, \exp(\boldsymbol{\xi} \cdot \boldsymbol{p} + \boldsymbol{\eta} \cdot \boldsymbol{q})\, \mathbb{P}_1^{(T)}(\boldsymbol{p}, \boldsymbol{q})$$

を計算せよ．

[6] 上の［5］の (2.194) を粒子の位置 $\boldsymbol{q}$ について積分すると，理想気体の1粒子の運動量 $\boldsymbol{p} = (p_x, p_y, p_z)$ の分布関数が

$$\mathbf{p}_1^{(T)}(\boldsymbol{p}) = \frac{1}{(2\pi m k_B T)^{3/2}} e^{-|\boldsymbol{p}|^2/2m k_B T} \tag{2.195}$$

と求められる．ただし，$|\boldsymbol{p}|^2 = p_x^2 + p_y^2 + p_z^2$ である．これは確率密度関数であり，これを用いて，例えば $a_x \leq p_x \leq b_x,\ a_y \leq p_y \leq b_y,\ a_z \leq p_z \leq b_z$ である確率は

$$\mathbb{P}_1^{\{T\}}(a_x \leq p_x \leq b_x, a_y \leq p_y \leq b_y, a_z \leq p_z \leq b_z) = \int_{a_x}^{b_x} dp_x \int_{a_y}^{b_y} dp_y \int_{a_z}^{b_z} dp_z\, \mathbf{p}_1^{(T)}(\boldsymbol{p}) \tag{2.196}$$

という3重積分で与えられる．

（1）粒子の速度を $\boldsymbol{v} = (v_x, v_y, v_z)$ とする．粒子の質量を m とすると，これは運動量と $\boldsymbol{p} = m\boldsymbol{v}$ の関係にある．$a_s \leq p_s \leq b_s, s = x, y, z$ は $a_s/m \leq v_s \leq b_s/m$, $s = x, y, z$ ということなので，速度 $\boldsymbol{v}$ の確率密度関数を $\hat{\mathbf{p}}_1^{(T)}(\boldsymbol{v})$ と書くことにすると

$$\int_{a_x}^{b_x} dp_x \int_{a_y}^{b_y} dp_y \int_{a_z}^{b_z} dp_z\, \mathbf{p}_1^{(T)}(\boldsymbol{p}) = \int_{a_x/m}^{b_x/m} dv_x \int_{a_y/m}^{b_y/m} dv_y \int_{a_z/m}^{b_z/m} dv_z\, \hat{\mathbf{p}}_1^{(T)}(\boldsymbol{v})$$

が成り立つことになる．この関係から

$$\hat{\mathbf{p}}_1^{(T)}(\boldsymbol{v}) = \left(\frac{m}{2\pi k_\mathrm{B} T}\right)^{3/2} e^{-m|\boldsymbol{v}|^2/2k_\mathrm{B} T} \tag{2.197}$$

となることを導け．ただし，$|\boldsymbol{v}|^2 = v_x^2 + v_y^2 + v_z^2$ である．これを**マクスウェルの速度分布**という．

（2）$0 < a < b$ に対して，確率

$$\mathbb{P}_1^{\{T\}}(a \leq |\boldsymbol{v}| \leq b) = \int d\boldsymbol{v}\, \mathbf{1}(a \leq |\boldsymbol{v}| \leq b)\, \hat{\mathbf{p}}_1^{(T)}(\boldsymbol{v})$$

を考える．ただし，$\mathbf{1}(\cdots)$ は指示関数(2.11)である．速度ベクトル $\boldsymbol{v} = (v_x, v_y, v_z)$ を

$$v_x = v\sin\theta\cos\varphi, \qquad v_y = v\sin\theta\sin\varphi, \qquad v_z = v\cos\theta$$
$$0 \leq v \equiv |\boldsymbol{v}| < \infty, \qquad 0 \leq \theta \leq \pi, \qquad 0 \leq \varphi < 2\pi$$

によって極座標表示 (v, θ, φ) に変換して，角度成分 θ, φ について積分する．すると，この確率は

$$\mathbb{P}_1^{\{T\}}(a \leq |\boldsymbol{v}| \leq b) = \int_a^b \mathrm{p}^{(T)}(v)\, dv \tag{2.198}$$

と書けるようになる．

$$\mathrm{p}^{(T)}(v) = \sqrt{\frac{2}{\pi}} \left(\frac{m}{k_\mathrm{B} T}\right)^{3/2} v^2 e^{-mv^2/2k_\mathrm{B} T} \tag{2.199}$$

であることを示せ．これは，理想気体分子の速度の大きさ（v の動径成分）の確率密度関数である．

（3） (2.199) は正しく規格化されていることを確認せよ．

（4） $\mathrm{p}^{(T)}(v)$ は最大値をもつことを示し，最大値を与える v の値 v^* を求めよ．また，$\mathrm{p}^{(T)}(v)$ は $v \geq 0$ のどのような関数であるのか，グラフを描いて説明せよ．

（5） $v = |\boldsymbol{v}|$ の平均値
$$\langle v \rangle^{(T)} = \int_0^\infty v \mathrm{p}^{(T)}(v)\,dv$$
を計算せよ．

（6） 2次モーメント $\langle v^2 \rangle^{(T)} = \langle |\boldsymbol{v}|^2 \rangle^{(T)}$ を求めよ．

（7） 空気は分子量 28 の窒素分子（N_2）約 80％ と分子量 32 の空気分子（O_2）約 20％ から成っているので，平均分子量は約 29 である．温度を室温 $T = 300$ [K] として，v^*, $\langle v \rangle^{(T)}$, および $\sqrt{\langle v^2 \rangle^T}$ の値をそれぞれ計算せよ．

[7] 絶対温度 T の熱平衡状態において，エネルギー E の状態に対する確率密度関数 $\mathrm{P}^{(T)}(E)$ は (1.64) で与えられた．ここで N 粒子系の状態密度関数 $D_N(E)$ は (2.27) のように定められたので，E に依存する部分だけを書くことにすると
$$\mathrm{P}^{(T)}(E) = C(N) E^{3N/2 - 1} e^{-E/k_\mathrm{B} T} \tag{2.200}$$
と表せる．ここで $C(N)$ は規格化因子であり，
$$\int_0^\infty \mathrm{P}^{(T)}(E)\,dE = 1 \tag{2.201}$$
となるように定める．

（1） $\mathrm{P}^{(T)}(E)$ は最大値をもつことを示し，最大値を与える E の値 E^* を求めよ．

（2） $\mathrm{P}^{(T)}(E)$ のグラフを描いて，その振舞いを説明せよ．

（3） 規格化因子 $C(N)$ を求めよ．ただし，粒子数 N は偶数であると仮定してよいものとする．

（4） エネルギー E の平均値
$$\langle E \rangle^{(T)} = \int_0^\infty E\,\mathrm{P}^{(T)}(E)\,dE \tag{2.202}$$

を求めよ．

（5） エネルギーの分散

$$\sigma_E^2 = \langle (E - \langle E \rangle^{(T)})^2 \rangle^{(T)}$$
$$= \int_0^\infty (E - \langle E \rangle^{(T)})^2 \, \mathrm{P}^{(T)}(E) \, dE \tag{2.203}$$

を計算せよ．

〈注 2.3〉 付録 A.1 の (A.5) で定義されたガンマ関数 Γ を用いると，粒子数 N の偶奇性によらず，規格化因子は $C(N) = \{\Gamma(3N/2)(k_\mathrm{B}T)^{3N/2}\}^{-1}$ で与えられる．$\lambda > 0$, $\alpha > 0$ のとき，確率密度関数が

$$p_{(\alpha,\lambda)}(x) = \begin{cases} \dfrac{\lambda}{\Gamma(\alpha)} (\lambda x)^{\alpha-1} e^{-\lambda x} & (x > 0) \\ 0 & (x \le 0) \end{cases} \tag{2.204}$$

で与えられる確率分布をパラメーター (α, λ) の**ガンマ分布**という．上で求めた，絶対温度 T の熱平衡状態にある理想気体の N 粒子エネルギー E の分布は，パラメーター $(3N/2, 1/k_\mathrm{B}T)$ のガンマ分布に従うことになる．パラメーター $(n/2, 1/2)$ のガンマ分布を特に自由度 n の χ^2 **（カイ 2 乗）分布**とよぶ．温度 T の熱平衡状態では，エネルギー等分配の法則によって，各自由度に対して $k_\mathrm{B}T/2$ ずつの熱エネルギーが分配されることを，[例題 2.4] の下で述べた．上の結果から，N 粒子エネルギーを $k_\mathrm{B}T/2$ で割った値，つまり，絶対温度 T の熱平衡状態にある N 粒子系における，熱的に活性な自由度の数である $E/(k_\mathrm{B}T/2) = 2E/k_\mathrm{B}T$ は，自由度 $3N$ の χ^2 分布に従うことが導かれる．

[8] 底面が $L \times L$ の正方形で高さが H の直方体の容器を，地表に置く．この容器の中の理想気体が，絶対温度 T の熱平衡状態にあるものとする．各粒子は質量 m であり，一様な重力がはたらいている．

（1） j 番目の粒子の位置ベクトルを $\boldsymbol{q}_j = (q_{jx}, q_{jy}, q_{jz})$ と書く．この z 成分 q_{jz} は粒子の高度を表す．重力加速度を g とすると，粒子の高度の平均値 $\langle q_{jz} \rangle^{(T)}$ は j によらずに，

$$\langle q_{jz} \rangle^{(T)} = \frac{\int_0^H z e^{-mgz/k_\mathrm{B}T} \, dz}{\int_0^H e^{-mgz/k_\mathrm{B}T} \, dz} \tag{2.205}$$

で与えられることを導け．

（2） (2.205)の分母と分子の積分を計算して，$\langle q_{fz}\rangle^{(T)}$ を $mg, k_B T$, および H を用いて表せ．

（3） 容器の高さ H を無限大にする極限をとると，上で求めた粒子の平均高度はどのような値に収束するか．

（4） ［6］の（7）で述べたように，空気の平均分子量は29である．上空まで温度は一定で，$T=273$ [K]（つまり，約0℃）であるものとする．このとき，上の（3）で求めた $H\to\infty$ のときの平均高度は，空気の分子に対しては，およそどのくらいになるか計算せよ．ただし，重力加速度が $g=9.8$ [m·s^{-2}] とする．

［9］ アインシュタインの**特殊相対性理論**によれば，質量 m, 運動量 $\boldsymbol{p}$ の粒子の運動エネルギー $\mathscr{T}_1(\boldsymbol{p})$ は，$p=|\boldsymbol{p}|$ として，c を光速度

$$c=2.997\times 10^8\,[\text{m·s}^{-1}] \tquad (2.206)$$

としたとき

$$\mathscr{T}_1(\boldsymbol{p})=c\sqrt{m^2c^2+p^2} \tquad (2.207)$$

で与えられる．粒子の運動量が小さく，$p\ll mc$ であるときには，テイラー展開の公式 $\sqrt{1+x}=1+x/2+O(x^2)$ より，これは

$$\begin{aligned}\mathscr{T}_1(\boldsymbol{p}) &= mc^2\sqrt{1+\left(\frac{p}{mc}\right)^2}\\ &= mc^2\left\{1+\frac{1}{2}\left(\frac{p}{mc}\right)^2+O\left(\left(\frac{p}{mc}\right)^4\right)\right\}\\ &\simeq mc^2+\frac{p^2}{2m}\end{aligned} \tquad (2.208)$$

となる．この第1項 mc^2 は粒子の**静止エネルギー**とよばれるが，この項は無視して (2.208) の近似式の第2項のみを考慮したのが，古典力学（ニュートン力学）での運動エネルギーの式 $\mathscr{T}_1(\boldsymbol{p})=p^2/2m$ である．

これに対して，粒子の運動量が大きく，$p\gg mc$ である場合には，(2.207) は

$$\mathscr{T}_1(\boldsymbol{p})\simeq cp \tquad (2.209)$$

と近似できる．あるいは，**光子（フォトン）**のように質量 $m=0$ の粒子に対しては，正確に $\mathscr{T}_1(\boldsymbol{p})=cp$ という関係式が成り立つ．このような高速で運動する（あるいは質量ゼロの）自由粒子 N 個から成る系が，体積 V の容器 $\varLambda$ に入って

いるものとする．ハミルトニアンは，(2.209) の和

$$\mathscr{H}(\mathbf{p}) = \sum_{j=1}^{n} cp_j \tag{2.210}$$

で与えられる．いま，この系が絶対温度 T の熱平衡状態にあるものとする．

（1） 内部エネルギー U を求めよ．

（2） 分配関数 $Z_N(T)$ を計算せよ．

（3） 粒子数密度 $\rho = N/V$ を一定にして体積 $V \to \infty$ の熱力学極限をとり，ヘルムホルツの自由エネルギー密度 $f(T, \rho)$ を求めよ．

（4） 上で求めた $f(T, \rho)$ に対して，$f = F/V$, $\rho = N/V$ とおいて，示量性関数であるヘルムホルツの自由エネルギー $F = F(T, V, N)$ を求めよ．そして，熱力学関係式

$$p = -\frac{\partial F}{\partial V}$$

より，状態方程式を導け．

（5）（1）で求めた U から内部エネルギー密度 $u = \lim_{V \to \infty} U/V$ を求めると，これは（4）で求めた圧力 p と

$$p = \frac{1}{3} u \tag{2.211}$$

という関係にあることを示せ．

（6） 1粒子当りの定積比熱 c_V を求めよ．

[10]* **2体力相互作用**する N 粒子系を考える．2体力ポテンシャルを $U(\boldsymbol{q}_j, \boldsymbol{q}_k)$, $j \neq k$ と書くことにすると，ハミルトニアンは

$$\mathscr{H}(\mathbf{p}, \mathbf{q}) = \sum_{j=1}^{N} \frac{\boldsymbol{p}_j^2}{2m} + \frac{1}{2} \sum_{j=1}^{N} \sum_{k=1; k \neq j}^{N} U(\boldsymbol{q}_j, \boldsymbol{q}_k) \tag{2.212}$$

で与えられる．

（1） この系の絶対温度 T での分配関数 $Z_N(T)$ は，積分

$$I_N(T) = \int_{\Lambda^N} d\mathbf{q} \exp\left\{-\frac{1}{2k_\mathrm{B} T} \sum_{j=1}^{N} \sum_{k=1; k \neq j}^{N} U(\boldsymbol{q}_j, \boldsymbol{q}_k)\right\} \tag{2.213}$$

を用いて，

$$Z_N(T) = \frac{1}{N!\,h^{3N}}(2\pi m k_{\rm B} T)^{3N/2} I_N(T) \tag{2.214}$$

と表されることを示せ．

（2） N 個の粒子がすべて直径 a の剛体球であり，$\bm{q}_j$ は j 番目の剛体球の中心位置を表すものとする．$1 \leq j \neq k \leq N$ として，j 番目の剛体球の中心 $\bm{q}_j$ と k 番目の剛体球の中心 $\bm{q}_k$ との間隔 $|\bm{q}_j - \bm{q}_k|$ が a よりも大きければ両者は互いに自由に運動するが，$|\bm{q}_j - \bm{q}_k| \leq a$ となることはない．よって，この**剛体球系**は，2 体力ポテンシャル $U(r)$ が

$$U(r) = \begin{cases} 0 & (r > a \text{ のとき}) \\ \infty & (0 \leq r \leq a \text{ のとき}) \end{cases} \tag{2.215}$$

で与えられる 2 体力相互作用粒子系である．この場合には，(2.213) は指示関数 (2.11) を用いて

$$I_N = \int_{\Lambda^N} d\bm{q} \prod_{1 \leq j < k \leq N} \bm{1}(|\bm{q}_j - \bm{q}_k| > a) \tag{2.216}$$

となることを説明せよ．I_N は温度 T に依存しないことに注意せよ．

（3） 以下では，空間が 1 次元の場合を考えることにする（図 2.10 を参照）．

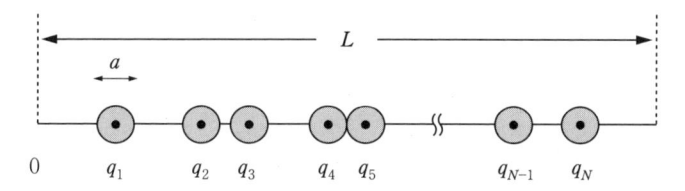

図 2.10 1 次元剛体球系．長さ L の区間の中を直径 a の N 個の剛体球が運動している．

容器を長さ L の区間 $\Lambda = \{x : 0 < x < L\}$ とすると，(2.213) は

$$I_N = N! \int_{(N-1)a}^{L} dq_N \int_{(N-2)a}^{q_N-a} \cdots \int_a^{q_3-a} dq_2 \int_0^{q_2-a} dq_1 \tag{2.217}$$

に等しいことを証明せよ．

（4） $x_j = q_j - (j-1)a,\ 1 \leq j \leq N$ と変数変換すると，(2.217) は

$$I_N = N! \int_0^{l(N)} dx_N \int_0^{x_N} dx_{N-1} \cdots \int_0^{x_3} dx_2 \int_0^{x_2} dx_1 \tag{2.218}$$

となることを示せ．ただし，$l(N) = L - (N-1)a$ である．そして，この多重積分の値は

$$I_N = l(N)^N \tag{2.219}$$

で与えられることを証明せよ．

1次元系を考えているので，3次元系に対する (2.214) の因子 $(2\pi m k_B T)^{3N/2}/h^{3N}$ を $(2\pi m k_B T)^{N/2}/h^N$ におき換えて，(2.219) を代入することにより，**1次元剛体球系**の分配関数は

$$Z_N(T) = \frac{1}{N! h^N} (2\pi m k_B T)^{N/2} \{L - (N-1)a\}^N \tag{2.220}$$

で与えられることになる．

（5） 単位長さ当りの粒子数密度 $\rho = N/L$ を一定値として，$L \to \infty$ の熱力学極限をとり，ヘルムホルツの自由エネルギー密度 f を求めよ．

（6） 1次元剛体球系の状態方程式を求めよ．

（7） 比容を $v = 1/\rho$ としたとき，(1.134) で定義される等温圧縮率 κ を v と T で表せ．そして，v を上から a に近づけると，$\kappa \to 0$ となることを示せ．

[**11**] N 個のスピン $\sigma_j = \pm 1, 1 \leq j \leq N$ から成る系のハミルトニアンが，N スピン状態 $\boldsymbol{\sigma} = (\sigma_1, \sigma_2, \cdots, \sigma_N)$ の関数として $\mathscr{H}_0(\boldsymbol{\sigma})$ で与えられているものとする．この系に外から磁場 H をかけると，スピン系のハミルトニアンは，$\mathscr{H}_0(\boldsymbol{\sigma})$ にゼーマンエネルギーの分を足した

$$\mathscr{H}(\boldsymbol{\sigma}, H) = \mathscr{H}_0(\boldsymbol{\sigma}) - \mu_B H \sum_{j=1}^{N} \sigma_j \tag{2.221}$$

となる．この系が絶対温度 T の熱平衡状態にあるときの分配関数は

$$Z_N(T, H) = \sum_{\boldsymbol{\sigma}} e^{-\mathscr{H}(\boldsymbol{\sigma}, H)/k_B T} \tag{2.222}$$

で与えられる．ただし，$\sum_{\boldsymbol{\sigma}}(\cdots)$ は N スピン状態すべてに対する和

$$\sum_{\sigma_1 = \pm 1} \sum_{\sigma_2 = \pm 1} \cdots \sum_{\sigma_N = \pm 1} (\cdots)$$

を表すものとする．

（1） この N スピン系の磁化は

$$M(T, H) = \left\langle \sum_{j=1}^{N} \mu_B \sigma_j \right\rangle^{(T)} \tag{2.223}$$

で与えられる．等式
$$M(T,H) = k_B T \frac{\partial}{\partial H} \log Z_N(T,H) \tag{2.224}$$
が成り立つことを示せ．

（2） N スピン状態 $\boldsymbol{\sigma} = (\sigma_1, \sigma_2, \cdots, \sigma_N)$ に対して，すべてのスピンの向きを反転させた状態を $-\boldsymbol{\sigma} = (-\sigma_1, -\sigma_2, \cdots, -\sigma_N)$ と記すことにする．ゼロ磁場でのハミルトニアン $\mathscr{H}_0(\boldsymbol{\sigma})$ が，$\mathscr{H}_0(-\boldsymbol{\sigma}) = \mathscr{H}_0(\boldsymbol{\sigma})$ という**スピン反転対称性**をもつと仮定する．すると，$H = 0$ のときには磁化はゼロである（$M(T,0) = 0$）ことを証明せよ．

$M(T,0) \neq 0$，すなわち外から磁場をかけなくても磁化があるとき，系は**自発磁化**をもつという．系が自発磁化をもつためには，スピン反転対称性を破らなければならないことになる．

（3） 磁化 $M(T,H)$ の磁場 H に対する導関数
$$\chi_N(T,H) = \frac{\partial M(T,H)}{\partial H} \tag{2.225}$$
を**帯磁率**という．次の等式を導け．
$$\chi_N(T,H) = \frac{1}{k_B T} \left\langle \left(\sum_{j=1}^{N} \mu_B \sigma_j - M(T,H) \right)^2 \right\rangle^{(T)} \tag{2.226}$$

（4） ゼロ磁場帯磁率を $\chi_N^0(T) \equiv \chi_N(T,0)$ と書くと
$$\chi_N^0(T) = \frac{\mu_B^2}{k_B T} \sum_{j=1}^{N} \sum_{k=1}^{N} \langle \sigma_j \sigma_k \rangle^{(T)} \tag{2.227}$$
が成り立つことを示せ．

[12] 図 2.11 のように 1 次元的に並んだ N 個のスピン $\sigma_j, 1 \leq j \leq N$ から成る系を考える．隣り合ったスピンは相互作用していて，系全体のハミルトニアンは

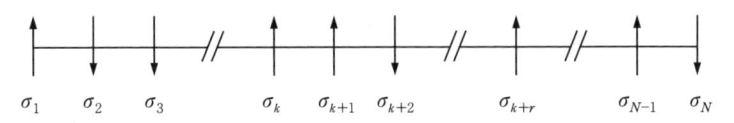

図 2.11 1 次元イジング模型．N 個のスピン $\sigma_j = \pm 1$ が 1 列に並んでいる．隣接するスピン σ_j と σ_{j+1} の間に相互作用 J_j がはたらいている．

$$\mathcal{H}(\boldsymbol{\sigma}) = -\sum_{j=1}^{N} J_j \sigma_j \sigma_{j+1} \tag{2.228}$$

で与えられるものとする．ここで J_j は σ_j と σ_{j+1} との相互作用の様子を表す定数である．$J_j > 0$ ならば σ_j と σ_{j+1} の向きが揃った方がハミルトニアンの値，すなわちエネルギーが低く，$J_j < 0$ ならば反対向きの方がエネルギーが低い．前者は**強磁性相互作用**，後者は**反強磁性相互作用**とよばれる．この N スピン系が絶対温度 T の熱平衡状態にあるものとする．この系を **1 次元イジング模型**という．

（1）カノニカル分布における分配関数は

$$Z_N(T) = \sum_{\boldsymbol{\sigma}} e^{-\mathcal{H}(\boldsymbol{\sigma})/k_B}$$

$$= \sum_{\sigma_1 = \pm 1} \sum_{\sigma_2 = \pm 1} \cdots \sum_{\sigma_N = \pm 1} \prod_{j=1}^{N-1} e^{J_j \sigma_j \sigma_{j+1}/k_B T} \tag{2.229}$$

で与えられる．$N = 3, 4, 5, \cdots$ としたとき，漸化式

$$Z_N(T) = 2 \cosh\left(\frac{J_{N-1}}{k_B T}\right) Z_{N-1}(T) \tag{2.230}$$

が成立することを導け．ここで $\cosh x = (e^x + e^{-x})/2$ である．

（2）スピンが 2 個だけ（$N = 2$）のときは

$$Z_2(T) = 4 \cosh\left(\frac{J_1}{k_B T}\right) \tag{2.231}$$

であることを示せ．

（3）以上のことから，$N = 2, 3, 4, \cdots$ に対して一般に

$$Z_N(T) = 2 \prod_{j=1}^{N-1} \left\{ 2 \cosh\left(\frac{J_j}{k_B T}\right) \right\} \tag{2.232}$$

となることを導け．

（4）この N スピン系のヘルムホルツの自由エネルギーは

$$F_N(T) = -k_B T \log Z_N(T) \tag{2.233}$$

で与えられる．1 次元スピン系の長さを L とし，隣接スピン間の相互作用係数 J_j が j によらず，一定の値 J である場合を考えることにする．単位長さ当りのスピン数密度 $\rho = N/L$ を一定にして，$L \to \infty$ かつ $N \to \infty$ の極限をとる．

この熱力学極限におけるヘルムホルツの自由エネルギー密度

$$f(T) = \lim_{L \to \infty} \frac{F_{\rho L}(T)}{L} \tag{2.234}$$

を求めよ．

[13] 上の [12] で導入した 1 次元イジング模型を考える．スピン状態 $\boldsymbol{\sigma}$ の関数 $Q(\boldsymbol{\sigma})$ の，絶対温度 T での熱平衡状態における平均値は

$$\langle Q(\boldsymbol{\sigma}) \rangle^{(T)} = \frac{1}{Z_N(T)} \sum_{\boldsymbol{\sigma}} Q(\boldsymbol{\sigma}) e^{-\mathscr{H}(\boldsymbol{\sigma})/k_\mathrm{B} T} \tag{2.235}$$

で与えられる．

（1） $1 \leq k \leq N-1$ としたとき，σ_k とそのすぐ隣の σ_{k+1} との積の平均値 $\langle \sigma_j \sigma_{j+1} \rangle^{(T)}$ は，(2.229) で定義された分配関数から，次のように求められることを説明せよ．

$$\langle \sigma_k \sigma_{k+1} \rangle^{(T)} = \frac{k_\mathrm{B} T}{Z_N(T)} \frac{\partial Z_N(T)}{\partial J_k} \tag{2.236}$$

（2） 次の量はどのようなスピン変数の積の平均値か．

$$\frac{(k_\mathrm{B} T)^2}{Z_N(T)} \frac{\partial^2 Z_N(T)}{\partial J_k \partial J_{k+1}} \tag{2.237}$$

ただし，$1 \leq k \leq N-2$ とする．

（3） J_k が k によらず，定数 J であるときには，$1 \leq r \leq N-1$, $1 \leq k \leq N-r$ に対して

$$\langle \sigma_k \sigma_{k+r} \rangle^{(T)} = \left\{ \tanh\left(\frac{J}{k_\mathrm{B} T}\right) \right\}^r \tag{2.238}$$

となることを証明せよ．

右辺は N に依存していないので，この結果は熱力学極限 $N \to \infty$ でも成立する．また，これは k にはよらずに，2 つのスピンの間隔 r だけに依存しているので，$C(r) = \langle \sigma_k \sigma_{k+r} \rangle^{(T)}$ というように，スピン間隔 r の関数と見なすことができる．これを**スピン相関関数**とよぶ．

（4） $|J/k_\mathrm{B} T| < \infty$ の場合を考える．（つまり，$|J| < \infty, T > 0$ とする．）[11] の (2.227) に従って，N 粒子 1 次元イジング模型のゼロ磁場帯磁率 $\chi_N^0(T)$ を，

スピン相関関数の和を計算することによって求めよ．

　（5）　上の(4)で求めた $\chi_N^0(T)$ に対して，$\rho = N/L = $ 一定として熱力学極限

$$\chi^0(T) = \lim_{L \to \infty} \frac{\chi_{\rho L}^0}{L} \tag{2.239}$$

を計算して，単位長さ当りのゼロ磁場帯磁率を求めよ．

[14]* 図2.11に示した1次元イジング模型では，2番目から $N-1$ 番目までのスピン σ_j, $2 \leq j \leq N-1$ は両隣りのスピン $\sigma_{j-1}, \sigma_{j+1}$ と相互作用しているが，両端のスピン σ_1 と σ_N はいずれも片方の隣にはスピンはないので，1つのスピンとしか相互作用していない．このような状況を**開境界条件**という．

　これに対して，図2.12のように円周上にスピンを並べて，σ_1 と σ_N が相互作用するようにしたとき，系は**周期的境界条件**を満たすという．つまり，

$$\sigma_{N+1} = \sigma_1$$

と見なして，N 個すべてのスピン σ_j, $1 \leq j \leq N$ が両隣りのスピン $\sigma_{j-1}, \sigma_{j+1}$ と相互作用するようにしたものである．円周も線であるから，このモデルも1次元イジング模型である．

　ここでは，隣接スピン間相互作用を表す J_j は正の一定値 $J > 0$ とする．また，一様な磁場 H がかけられていて，ハミルトニアンにはゼーマンエネルギーの項もあり，

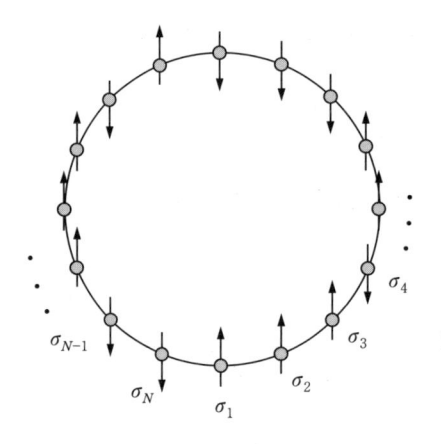

図 2.12 周期的境界条件を課した1次元イジング模型．N 個のスピン $\sigma_j = \pm 1$, $1 \leq j \leq N$ が円周上に並んでいる．

$$\mathscr{H}(\boldsymbol{\sigma}, H) = -J\sum_{j=1}^{N}\sigma_j\sigma_{j+1} - \mu_{\mathrm{B}}H\sum_{j=1}^{N}\sigma_j \qquad (2.240)$$

で与えられる場合を考えることにする．絶対温度 T の熱平衡状態にある周期的境界条件の下での1次元イジング模型を詳しく調べることにしよう．

（1） 2つのスピン変数 σ, σ' に対して

$$h(\sigma, \sigma') = -J\sigma\sigma' - \mu_{\mathrm{B}}H\frac{1}{2}(\sigma + \sigma')$$

という2体力ハミルトニアンを定義すると，ハミルトニアン (2.240) は，これをすべての隣接スピン対にわたって

$$\mathscr{H}(\boldsymbol{\sigma}, H) = \sum_{j=1}^{N} h(\sigma_j, \sigma_{j+1})$$

というように足し合わせることによって与えられる．よって，

$$t_{\sigma\sigma'} = e^{-h(\sigma, \sigma')/k_{\mathrm{B}}T} \qquad (2.241)$$

とおくと，ボルツマン因子 $e^{-\mathscr{H}(\boldsymbol{\sigma})/k_{\mathrm{B}}T}$ はこれの積で与えられるので，分配関数は

$$Z_N(T, H) = \sum_{\boldsymbol{\sigma}} e^{-\mathscr{H}(\boldsymbol{\sigma}, H)/k_{\mathrm{B}}T}$$

$$= \sum_{\sigma_1 = \pm 1}\sum_{\sigma_2 = \pm 1}\cdots\sum_{\sigma_N = \pm 1}\prod_{j=1}^{N} t_{\sigma_j\sigma_{j+1}} \qquad (2.242)$$

と表せる．

スピン変数 σ, σ' はそれぞれ2値 ± 1 をとるので，$t_{\sigma\sigma'}$ は $t_{11}, t_{1-1}, t_{-11}, t_{-1-1}$ の4つの場合がある．これを次のように 2×2 の行列で表すことにする．

$$\mathrm{T} = \begin{pmatrix} t_{11} & t_{1-1} \\ t_{-11} & t_{-1-1} \end{pmatrix} \qquad (2.243)$$

これを**転送行列**という．この 2×2 の行列の各要素を書き下してみよ．そして，行列の転置（行と列の入れ替え）を ${}^t\mathrm{T}$ と書くと，${}^t\mathrm{T} = \mathrm{T}$ であることを確認せよ．当然，各要素は実数なので，転送行列 T は**実対称行列**である．

（2） 一般に $n \times n$ 行列 $\mathrm{M} = (m_{jk})_{1 \leq j, k \leq n}$ に対して，その対角成分の和を行列の**トレース**といい，

$$\mathrm{tr}\,\mathrm{M} = \sum_{j=1}^{n} m_{jj}$$

142   2. いろいろな物理系への応用

と書く．2×2 行列の場合は対角成分は 2 つだけであるから，トレースはその 2 つの成分の和である．転送行列 (2.243) をスピンの数 N と等しい回数掛けて得られる 2×2 行列 T^N を用いると，分配関数は

$$Z_N(T,H) = \mathrm{tr}\, T^N \tag{2.244}$$

で与えられることを証明せよ．

(3) (1) で確認したように，転送行列 T は実対称行列なので，**実直交行列**を用いて対角化できて，2 つの**固有値**はともに実数である．2×2 の実直交行列は一般に，実パラメーター ϕ を用いて

$$\mathrm{U} = \begin{pmatrix} \cos\phi & -\sin\phi \\ \sin\phi & \cos\phi \end{pmatrix} \tag{2.245}$$

と表せる．そして，この行列 U の逆行列 U^{-1} は U の転置で与えられる．

$$\mathrm{U}^{-1} = {}^t\mathrm{U} = \begin{pmatrix} \cos\phi & \sin\phi \\ -\sin\phi & \cos\phi \end{pmatrix} \tag{2.246}$$

(実際に，2×2 の単位行列を I と書くことにすれば，${}^t\mathrm{UU} = \mathrm{U}{}^t\mathrm{U} = \mathrm{I}$ が成り立つことが，すぐに確かめられる．) したがって，この形の行列 (2.245) を用いて

$$ {}^t\mathrm{UTU} = \begin{pmatrix} \lambda_+ & 0 \\ 0 & \lambda_- \end{pmatrix} \tag{2.247}$$

と対角化できるはずである．2 つの固有値 λ_+, λ_- を T と H の関数として求めよ．ただし，$\lambda_+ > \lambda_-$ とする．

(4) 行列 U のパラメーター ϕ は関係式

$$\cot 2\phi = e^{2J/k_BT}\sinh\left(\frac{\mu_B H}{k_B T}\right) \tag{2.248}$$

を満たすことを示せ．ただし，$\cot x = 1/\tan x = \cos x/\sin x$ である．

(5) (2.244) は

$$Z_N(T,H) = \lambda_+^N + \lambda_-^N \tag{2.249}$$

に等しいことを導け．

(6) この N スピン系のヘルムホルツの自由エネルギーは，(2.249) より $F_N(T,H) = -k_B T \log Z_N(T,H)$ で与えられる．図 2.11 の円周の長さを L と

し，スピン数密度 $\rho = N/L$ を一定にして，$L \to \infty$ かつ $N \to \infty$ の極限を考える．この熱力学極限において，ヘルムホルツの自由エネルギー密度

$$f(T, H) = \lim_{L \to \infty} \frac{F_{\rho L}}{L} \tag{2.250}$$

を求めよ．得られた結果で $H = 0$ としたものを［12］の（4）の答と比較せよ．

（7） 熱力学関係式（2.157）より，熱力学極限における1次元イジング模型の状態方程式は，単位長さ当りの磁化密度 $m = \lim_{L \to \infty} M/L$ に対して

$$m(T, H) = \rho \mu_B \frac{e^{2J/k_B T} \sinh(\mu_B H/k_B T)}{\sqrt{1 + e^{4J/k_B T} \sinh^2(\mu_B H/k_B T)}} \tag{2.251}$$

で与えられることを導け．

（8） 自発磁化がないこと，つまり $T > 0$ では $m(T, 0) = 0$ であることを示せ．また，単位長さ当りのゼロ磁場帯磁率を（2.251）より

$$\chi_0(T) = \left.\frac{\partial m(T, H)}{\partial H}\right|_{H=0} \tag{2.252}$$

によって求めよ．この結果を［13］の（5）の結果と比較せよ．

［15］* 上の［14］で導入した周期的境界条件の下での1次元イジング模型を考える．

（1） スピン σ_j の絶対温度 T の熱平衡状態における平均値は，ハミルトニアン（2.240）を用いて

$$\langle \sigma_j \rangle^{(T)} = \frac{1}{Z_N(T, H)} \sum_{\sigma} \sigma_j e^{-\mathscr{H}(\sigma, H)/k_B T} \tag{2.253}$$

で与えられる．ただし，分配関数 $Z_N(T, H)$ は［14］ですでに求めてある．

2×2 の対角行列

$$\mathrm{S} = \begin{pmatrix} 1 & 0 \\ 0 & -1 \end{pmatrix} \tag{2.254}$$

を導入する．すると，等式

$$\langle \sigma_j \rangle^{(T)} = \frac{1}{Z_N(T, H)} \mathrm{tr}(\mathrm{ST}^N) \tag{2.255}$$

が成り立つことを証明せよ．

144   2. いろいろな物理系への応用

（2） 上で証明した公式 (2.255) を用いると

$$\langle \sigma_j \rangle^{(T)} = \frac{\lambda_+^N - \lambda_-^N}{\lambda_+^N + \lambda_-^N} \cos 2\phi \qquad (2.256)$$

という表式が得られることを示せ．ここで，λ_+, λ_- は転送行列 T の固有値（ただし，$\lambda_+ > \lambda_-$ とする）であり，また，ϕ は行列 U のパラメーターであり，(2.248) を満たす．

（3） 熱力学極限をとることにより，単位長さ当りの磁化密度は (2.256) から

$$m(H, T) = \rho \mu_B \cos 2\phi \qquad (2.257)$$

と求められることを示せ．また，(2.248) の関係式を用いると，これは [14] の (7) の結果 (2.251) と等しいことを確認せよ．

[16]* 周期的境界条件の下での1次元イジング模型のスピン相関関数を転送行列 T を用いて求めてみよう．

（1） $1 \leq j, r \leq N$ とすると，ハミルトニアン (2.240) の下でのスピン相関関数は

$$C_N(r) = \langle \sigma_j \sigma_{j+r} \rangle^{(T)} = \frac{1}{Z_N(T, H)} \sum_\sigma \sigma_j \sigma_{j+r} e^{-\mathcal{H}(\sigma)/k_B T} \qquad (2.258)$$

で与えられる．これは

$$C_N(r) = \frac{1}{Z_N(T, H)} \mathrm{tr}(ST^r S T^{N-r}) \qquad (2.259)$$

と書けることを証明せよ．

（2） スピン数 $N \to \infty$ の極限

$$C(r) = \lim_{N \to \infty} C_N(r) \qquad (2.260)$$

を考える．この極限は

$$C(r) = \cos^2 2\phi + \sin^2 2\phi \times \left(\frac{\lambda_-}{\lambda_+}\right)^r \qquad (2.261)$$

と書けることを示せ．

（3） 単位長さ当りの磁化密度 m とスピン相関関数 $C(r)$ の間に，次の関係式が成り立つことを証明せよ．

$$m(T, H) = \lim_{r \to \infty} \rho \mu_B \sqrt{C(r)} \qquad (2.262)$$

(4) 関数 $G(r) = C(r) - \cos^2 2\phi$ は，$T > 0$ では $r \to \infty$ で指数関数的に減衰するので，T と H の関数 $g(T, H)$ と $\xi(T, H)$ を用いて

$$G(r) = g(T, H) e^{-r/\xi(T, H)} \tag{2.263}$$

と表せる．2つの関数 $g(T, H)$ と $\xi(T, H)$ を求めよ．

ここで，$\xi(T, H)$ はスピン相関関数の**相関長**とよばれる．磁場 $H = 0$ のときの相関長 $\xi(T, 0)$ は $T \to 0$ で発散することを示せ．

[17] 質量 m，振動数 ν の古典的な1次元調和振動子が多数独立に存在し，絶対温度 T の熱平衡状態にあるとする．

(1) 振動子1つ当りのカノニカル分布の分配関数 $Z_1(T)$ を計算せよ．

(2) 単位体積当り ρ 個の調和振動子があるとする．ヘルムホルツの自由エネルギー密度 $f(T, \rho)$ を求めよ．

(3) 熱力学関係式を用いて，上で求めた $f(T, \rho)$ よりエントロピー密度 $s(T, \rho)$ を導け．

(4) エントロピー密度 $s(T, \rho)$ から，単位体積当りの定積比熱は

$$\bar{c}_V = T \frac{\partial s}{\partial T} \tag{2.264}$$

で与えられることを，熱力学関係式から導け．

(5) 単位体積当りの定積比熱は

$$\bar{c}_V = \rho k_B \tag{2.265}$$

で与えられることを示せ．

[18] アインシュタインは平衡状態での固体の格子振動の様子を記述するために，固体をある1つの振動数 ν をもつ量子的な調和振動子の集まりと見なすモデルを考えた．第1章や§2.3で議論した振動子系は，これを真似たものである．ただし，本文では各振動子を1次元調和振動子としたが，固体を形成している各原子は，実際にはその平衡位置を中心として，x 方向にも，y 方向にも，z 方向にも振動する．よって，1原子当り3つの調和振動子を用いる方が正確である．**アインシュタインの固体モデル**は，N 原子から成る固体を，$3N$ 個の独立な調和振動子の集まりで近似するものである．

146 2. いろいろな物理系への応用

（1） 絶対温度 T のカノニカル分布を考える．分配関数は

$$Z_N(T) = \left(\frac{e^{-h\nu/2k_BT}}{1 - e^{-h\nu/k_BT}} \right)^{3N}$$

で与えられることを説明せよ．

（2） 固体中の原子数密度 $\rho = N/V$ を一定として，熱力学極限 $V \to \infty$ をとり，ヘルムホルツの自由エネルギー密度 $f(T)$ を求めよ．そして，熱力学関係式より，エントロピー密度 $s(T)$ を導け．

（3） アインシュタインの固体モデルによると，単位体積当りの固体の定積比熱は

$$\bar{c}_V = \rho k_B \frac{3(\Theta_E/T)^2 e^{-\Theta_E/T}}{(1 - e^{-\Theta_E/T})^2} \qquad (2.266)$$

で与えられることを示せ．ただし，ここで，

$$\Theta_E = \frac{h\nu}{k_B} \qquad (2.267)$$

である．また，(2.266)のグラフを T/Θ_E を横軸にとって描け．その際，低温 $T/\Theta_E \to 0$ での様子と高温 $T/\Theta_E \to \infty$ での様子に注意せよ．

3 量子理想気体

　大学で習う物理学において，おそらく量子力学は最も興味深い科目の一つであろう．それでは，量子力学的な粒子が多数集まったら，どんなことが起こるのだろうか．きっと面白い現象が見られるはずである．本章では，量子力学的な粒子から成る自由粒子系を，統計力学を用いて詳しく議論する．

　粒子の統計性の違いにより，自由ボース粒子系と自由フェルミ粒子系の2種類の系が存在する．自由粒子系とは粒子間に相互作用が全くはたらかない系である．それにもかかわらず，自由ボース粒子系は，粒子間に引力がはたらいているかのように振舞い，自由フェルミ粒子系は，粒子間に斥力がはたらいているかのように振舞う．その結果，それぞれの系の熱力学極限をとることによって得られる理想ボース気体と理想フェルミ気体は，低温において，互いに大きく異なる性質をマクロなレベルで示すことになる．

　この違いが，我々の世界に存在する物質の特性（物性）をとても豊富なものにしている．量子力学の不思議さは，統計力学の原理を通じて，マクロな世界の多様性を生み出しているのである．

§3.1　理想ボース気体

　本章では，量子力学的な粒子の集団に対する統計力学を議論したい．2.3.2項で，ミクロカノニカル分布やカノニカル分布に従う量子的な調和振動子系は，グランドカノニカル分布に従うエネルギー量子の系と等価であるということを見た．このことをヒントにして，量子力学的な粒子系の統計的性質を明らかにしていこう．そのためにまず，2.3.2項の結果を一般化して

おくことにする．

3.1.1 振動数の異なる調和振動子の集まり

2.3.2項と同様に，互いに独立な調和振動子の集まりを考えよう．ただしここでは，より一般的に，各振動子の振動数が互いに異なっている場合を考えることにする．以下では，振動子の個数を N 個と書かずに L 個と書くことにする．

L 個の振動子に，ここでは $l = 0, 1, 2, \cdots, L-1$ と 0 からスタートした番号付けをし，l 番目の振動子の振動数を ν_l と書くことにする．ただし，振動子の番号 l は振動数の小さい順に並べるようにする．つまり，

$$\nu_0 < \nu_1 < \cdots < \nu_{L-1} \tag{3.1}$$

とする．そして，l 番目の振動子の振動状態を表すのに n_l を用いることにして，l 番目の調和振動子が第 n_l 励起状態にあるときのエネルギーは

$$\mathscr{H}_1^{(l)}(n_l) = \left(n_l + \frac{1}{2}\right) h\nu_l \tag{3.2}$$

で与えられるものとする．

この L 個の振動子から成る系が，絶対温度 T の熱平衡状態にあるとしよう．このときの l 番目の振動子の1個当りの分配関数は (2.169)，および (2.171) において行なったのと同様の計算により

$$\begin{aligned} Z_1^{(l)}(T) &= \sum_{n_l=0}^{\infty} e^{-(n_l+1/2)h\nu_l/k_B T} \\ &= \frac{e^{-h\nu_l/2k_B T}}{1 - e^{-h\nu_l/k_B T}} \end{aligned} \tag{3.3}$$

と求められる．そこで，L 個の振動子の振動状態（励起状態）を表す L 成分ベクトルを

$$\boldsymbol{n} = (n_0, n_1, \cdots, n_{L-1})$$

とすると，L 個の振動子は互いに独立なので，全系のハミルトニアンは (3.2) の和をとることにより，$\boldsymbol{n}$ の関数として

$$\mathscr{H}(\boldsymbol{n}) = \sum_{l=0}^{L-1} \mathscr{H}_1^{(l)}(n_l) = \sum_{l=0}^{L-1} \left(n_l + \frac{1}{2}\right) h\nu_l \tag{3.4}$$

で与えられる．したがって，振動子系全体の分配関数は (3.3) の積

$$Z(T) = \prod_{l=0}^{L-1} Z_1^{(l)}(T) = \prod_{l=0}^{L-1} \left(\frac{e^{-h\nu_l/2k_\mathrm{B}T}}{1 - e^{-h\nu_l/k_\mathrm{B}T}} \right) \tag{3.5}$$

で与えられることになる．

さて，ここまでの計算を 2.3.2 項にならって，エネルギー量子の集まりという見方で考え直してみよう．この見方では，n_l はエネルギーの値が $h\nu_l$ であるエネルギー量子の個数を表すものと考えればよかった．よって，(3.3) での l 番目の振動子の分配関数の計算は，このエネルギー量子の個数に関する足し合わせをしたことになる．こう考えると，振動数が互いに異なる L 個の振動子から成る系全体の分配関数 (3.5) は，L 種類のエネルギー量子から成る系に対して，それらの個数に関する和を計算した結果を与えることになる．

実際，(3.5) は

$$\begin{aligned}
Z(T) &= \prod_{l=0}^{L-1} \left\{ \sum_{n_l=0}^{\infty} e^{-(n_l+1/2)h\nu_l/k_\mathrm{B}T} \right\} \\
&= \sum_{n_0=0}^{\infty} \sum_{n_1=0}^{\infty} \cdots \sum_{n_{L-1}=0}^{\infty} \prod_{l=0}^{L-1} e^{-(n_l+1/2)h\nu_l/k_\mathrm{B}T} \\
&= \sum_{n_0=0}^{\infty} \sum_{n_1=0}^{\infty} \cdots \sum_{n_{L-1}=0}^{\infty} e^{-\sum_{l=0}^{L-1} n_l h\nu_l/k_\mathrm{B}T - \sum_{l=0}^{L-1} h\nu_l/2k_\mathrm{B}T} \\
&= e^{-\sum_{l=0}^{L-1} h\nu_l/2k_\mathrm{B}T} \sum_{n_0=0}^{\infty} \sum_{n_1=0}^{\infty} \cdots \sum_{n_{L-1}=0}^{\infty} e^{-\sum_{l=0}^{L-1} n_l h\nu_l/k_\mathrm{B}T}
\end{aligned} \tag{3.6}$$

というように書き直すことができる．ここでエネルギー量子が1つもない状態を $\boldsymbol{0} = (0, 0, \cdots, 0)$ と書くと，この状態でのエネルギーは L 個の零点振動エネルギーの和であり，(3.4) より

$$\mathscr{H}(\boldsymbol{0}) = \sum_{l=0}^{L-1} \frac{h\nu_l}{2}$$

で与えられることがわかる．これが，この L 個の振動子から成る系全体の

エネルギーの最小値，つまり基底エネルギーである．(3.6) の L 重和の前に括り出した因子は，この基底エネルギーに対するボルツマン因子 $e^{-\mathscr{H}(0)/k_BT}$ というわけである．

以下では，この振動子全体の基底エネルギーの値を，エネルギーの基準点の値とすることにする．いわば，エネルギー量子が1つもない状態を真空状態と見なして，そのときのエネルギーの値をゼロと定義し直したことに相当する．

また，以後は
$$\varepsilon_l = h\nu_l \quad (l=0, 1, \cdots, L-1)$$
として，励起エネルギーの和を
$$\mathscr{H}(\boldsymbol{n}) = \sum_{l=0}^{L-1} n_l \varepsilon_l \tag{3.7}$$
と書くことにする．つまり，(3.6) を
$$Z(T) = \sum_{n_0=0}^{\infty} \sum_{n_1=0}^{\infty} \cdots \sum_{n_{L-1}=0}^{\infty} e^{-\mathscr{H}(\boldsymbol{n})/k_BT} \tag{3.8}$$
におき換えて，以下ではこれについて考えることにする．

この分配関数は，状態空間
$$\Omega = \{\boldsymbol{n} = (n_0, n_1, \cdots, n_{L-1}) : n_l = 0, 1, 2, \cdots, 0 \leq l \leq L-1\} \tag{3.9}$$
全体に対して，ボルツマン因子 $e^{-\mathscr{H}(\boldsymbol{n})/k_BT}$ の和をとったものである．つまり
$$Z(T) = \sum_{\boldsymbol{n} \in \Omega} e^{-\mathscr{H}(\boldsymbol{n})/k_BT} \tag{3.10}$$
である．この状態空間 (3.9) では
$$N(\boldsymbol{n}) = \sum_{l=0}^{L-1} n_l \tag{3.11}$$
で定義されるエネルギー量子の総数は一定ではない．この総数の値を $N = 0, 1, 2, \cdots$ と制限した部分空間をそれぞれ
$$\Omega_N = \{\boldsymbol{n} \in \Omega : N(\boldsymbol{n}) = N\}$$

と書くことにすると，もちろん (3.9) はこれらの集合としての和

$$\Omega = \bigcup_{N=0}^{\infty} \Omega_N$$

で与えられることになる．これに対応して，N 個のエネルギー量子系に対する分配関数を，状態空間を Ω_N に制限することによって

$$Z_N(T) = \sum_{\boldsymbol{n} \in \Omega_N} e^{-\mathscr{H}(\boldsymbol{n})/k_\mathrm{B} T} \tag{3.12}$$

と定義しておけば，分配関数 (3.10) はこれの和

$$Z(T) = \sum_{N=0}^{\infty} Z_N(T) \tag{3.13}$$

で与えられることになる．

　この式を (1.117) と見比べると，これまで分配関数 $Z(T)$ と思ってきた (3.5) は，フガシティ $\lambda=1$，つまり化学ポテンシャル $\mu=0$ の粒子系に対する大分配関数 $\varXi(T,\mu)$ であることがわかる．

3.1.2　自由ボース粒子系

　さて，今度は振動子のことは忘れて，初めからエネルギー量子の集まりがあると思って考察を進めてみよう．(3.1) の順序付けに対応して

$$\varepsilon_0 < \varepsilon_1 < \cdots < \varepsilon_{L-1} \tag{3.14}$$

というように，系には L 個の離散的なエネルギー準位があるとする．いま，N 個のエネルギー量子があり，N 個のうち n_l 個のエネルギー量子がエネルギー ε_l の状態にあるものとする．ここで，$l=0,1,2,\cdots,L-1$ である．このとき，「l 番目のエネルギー準位は n_l 個のエネルギー量子で**占有**されている」ということにする．

　N 個のエネルギー量子全体のエネルギーは (3.7) で与えられる．(3.14) で与えられたエネルギー準位の値は，それぞれの準位を占有する粒子1つ当りのエネルギーの値になるから，これを **1 粒子エネルギー準位**とよぶ．ε_0 は，この1粒子エネルギー準位の基底エネルギーということになる．

3. 量子理想気体

エネルギー量子 N 個から成るこのような系が，絶対温度 T の熱平衡状態にあるとすると，そのときのカノニカル分配関数は (3.12) で与えられることになる．また，エネルギー量子の化学ポテンシャルを μ として，ここでは，一般にはゼロではないとする．フガシティは $\lambda = e^{\mu/k_B T}$ で定義され，大分配関数は

$$\Xi(T,\mu) = \sum_{N=0}^{\infty} \lambda^N Z_N(T) \tag{3.15}$$

で与えられる．(3.12) の定義より，これは

$$\begin{aligned}
\Xi(T,\mu) &= \sum_{N=0}^{\infty} \lambda^N \sum_{\boldsymbol{n} \in \Omega_N} e^{-\mathscr{H}(\boldsymbol{n})/k_B T} \\
&= \sum_{N=0}^{\infty} \sum_{\boldsymbol{n} \in \Omega_N} e^{-\{\mathscr{H}(\boldsymbol{n}) - \mu N\}/k_B T} \\
&= \sum_{\boldsymbol{n} \in \Omega} e^{-\{\mathscr{H}(\boldsymbol{n}) - \mu N(\boldsymbol{n})\}/k_B T}
\end{aligned} \tag{3.16}$$

となる．ただし，$N(\boldsymbol{n})$ は (3.11) で定義されている．

L 個の調和振動子系の振動状態をエネルギー量子の集まりと見なしたとき，いくつかの特徴的な性質があった．まず，1粒子エネルギー準位はちょうど調和振動子の個数だけある (A)．しかし，各1粒子エネルギー準位を占有するエネルギー量子の個数 n_l はいくつでもよかった (B)．そして，系全体のエネルギーは各エネルギー量子のエネルギーの単純な和で与えられた (C)．つまり，エネルギー準位 (3.14) が各々 n_l 個のエネルギー量子で占有されているときには，(3.7) のように，全系のエネルギーは $n_l \varepsilon_l$ を準位 l について足し合わせたもので与えることができた．

このうち，(B) の性質をもっている粒子を一般に**ボース粒子**，あるいは**ボソン**という．これに対して，1つのエネルギー準位がある1つの粒子で占有されると，他の同種粒子が同じエネルギー準位を占有することを完全に妨げてしまう場合がある．これを**パウリの排他律**という．このような性質は，エネルギー準位の性質ではなく，各準位を占有する粒子の方の性質である．そして，パウリの排他律に従う粒子を**フェルミ粒子**，あるいは**フェルミオン**と

いう．この場合には，各エネルギー準位を占有する同種粒子の個数 n_l は 0 または 1 のいずれかの値しかとらないことになる．

本節では，ボース粒子の系を考えることにする．つまり，上述の性質 (B) はそのまま成り立つとする．しかし，性質 (A) については条件を緩めて，1 粒子エネルギー準位の個数 L は任意とし，無限個あってもよいものとする．ただしまずは，離散的であるものとして考えることにする．よって，1 粒子エネルギー準位は

$$\varepsilon_0 < \varepsilon_1 < \cdots < \varepsilon_{l-1} < \varepsilon_l < \varepsilon_{l+1} < \cdots \tag{3.17}$$

として，l 番目の 1 粒子エネルギー準位を占有する粒子数を $n_l, l = 0, 1, 2, \cdots$ と書くことにする．すると，ボース粒子系の状態空間は

$$\Omega_{\mathrm{BE}} = \{\boldsymbol{n} = (n_0, n_1, n_2, \cdots) : n_l = 0, 1, 2, \cdots, l \geq 0\} \tag{3.18}$$

で与えられることになる．

性質 (C) は，粒子間の相互作用を表すポテンシャルエネルギーがなく，各粒子が独立に運動していることを意味する．以下では，この性質 (C) もそのまま仮定して計算を進めることにしよう．

状態空間の要素，つまり，系のミクロな状態 $\boldsymbol{n} \in \Omega_{\mathrm{BE}}$ の関数として系のエネルギーを与えるのがハミルトニアン $\mathscr{H}(\boldsymbol{n})$ である．また，各状態 $\boldsymbol{n}$ の総粒子数を $N(\boldsymbol{n})$ と書くことにすると，これらは

$$\mathscr{H}(\boldsymbol{n}) = \sum_{l \geq 0} n_l \varepsilon_l \tag{3.19}$$

$$N(\boldsymbol{n}) = \sum_{l \geq 0} n_l \tag{3.20}$$

で与えられることになる．

状態空間が (3.18) で与えられ，ハミルトニアンが 1 粒子準位エネルギーの和 (3.19) で与えられる系を，**自由ボース粒子系**とよぶ．そこで，この系を統計力学に従って詳しく調べてみることにする．

3.1.3 ボース‐アインシュタイン統計

自由ボース粒子系が絶対温度 T, 化学ポテンシャル μ の平衡状態にあるものとする. グランドカノニカル分布関数は, 大分配関数を

$$\Xi(T,\mu) = \sum_{\boldsymbol{n} \in \Omega_{\mathrm{BE}}} e^{-\{\mathscr{H}(\boldsymbol{n}) - \mu N(\boldsymbol{n})\}/k_{\mathrm{B}}T}$$
$$= \sum_{\boldsymbol{n} \in \Omega_{\mathrm{BE}}} e^{-\sum_{k \geq 0}(\varepsilon_k - \mu)n_k/k_{\mathrm{B}}T} \tag{3.21}$$

として,

$$\mathbb{P}^{(T,\mu)}(\boldsymbol{n}) = \frac{e^{-\{\mathscr{H}(\boldsymbol{n}) - \mu N(\boldsymbol{n})\}/k_{\mathrm{B}}T}}{\Xi(T,\mu)}$$
$$= \frac{e^{-\sum_{l \geq 0}(\varepsilon_l - \mu)n_l/k_{\mathrm{B}}T}}{\Xi(T,\mu)} \tag{3.22}$$

で与えられる. これを用いると, グランドカノニカル分布での $\boldsymbol{n} \in \Omega_{\mathrm{BE}}$ の関数 $Q(\boldsymbol{n})$ の平均値は

$$\langle Q \rangle^{(T,\mu)} = \sum_{\boldsymbol{n} \in \Omega_{\mathrm{BE}}} Q(\boldsymbol{n})\, \mathbb{P}^{(T,\mu)}(\boldsymbol{n}) \tag{3.23}$$

と計算される.

［**例題 3.1**］ 以下の問いに答えよ.

（1） 平衡状態において, l 番目の 1 粒子エネルギー準位を占有する粒子数 n_l の平均値 $\langle n_l \rangle^{(T,\mu)}$ は, 大分配関数 $\Xi(T,\mu)$ から

$$\langle n_l \rangle^{(T,\mu)} = -k_{\mathrm{B}}T \frac{\partial}{\partial \varepsilon_l} \log \Xi(T,\mu) \tag{3.24}$$

という関係式を用いて計算できることを証明せよ.

（2） 全粒子数の平衡状態での平均値 $\langle N \rangle^{(T,\mu)}$ は, 当然,

$$\langle N \rangle^{(T,\mu)} = \sum_{l \geq 0} \langle n_l \rangle^{(T,\mu)}$$

で与えられるが, これはまた, 大分配関数 $\Xi(T,\mu)$ から直接的に

$$\langle N \rangle^{(T,\mu)} = k_{\mathrm{B}}T \frac{\partial}{\partial \mu} \log \Xi(T,\mu) \tag{3.25}$$

という関係式によって得られることを示せ.

［**解**］ （1） (3.22) と (3.23) より

$$\langle n_l \rangle^{(T,\mu)} = \frac{\sum_{\boldsymbol{n} \in \Omega_{\mathrm{BE}}} n_l \, e^{-\sum_{k \geq 0} (\varepsilon_k - \mu) n_k / k_{\mathrm{B}} T}}{\varXi(T, \mu)} \qquad (3.26)$$

である．ここで，大分配関数の定義式 (3.21) の両辺を ε_l で偏微分してみる．右辺で偏微分 $\partial/\partial \varepsilon_l$ と和 $\sum_{\boldsymbol{n} \in \Omega_{\mathrm{BE}}}$ の順序を入れ替えると

$$\frac{\partial}{\partial \varepsilon_l} \varXi(T, \mu) = \sum_{\boldsymbol{n} \in \Omega_{\mathrm{BE}}} \frac{\partial}{\partial \varepsilon_l} e^{-\sum_{k \geq 0} (\varepsilon_k - \mu) n_k / k_{\mathrm{B}} T}$$

$$= \sum_{\boldsymbol{n} \in \Omega_{\mathrm{BE}}} \left(-\frac{n_l}{k_{\mathrm{B}} T} \right) e^{-\sum_{k \geq 0} (\varepsilon_k - \mu) n_k / k_{\mathrm{B}} T}$$

が得られるが，これに $-k_{\mathrm{B}} T$ を掛ければ (3.26) の右辺の分子に等しくなることがわかる．よって，(3.26) は

$$\langle n_l \rangle^{(T,\mu)} = -k_{\mathrm{B}} T \frac{\dfrac{\partial}{\partial \varepsilon_l} \varXi(T, \mu)}{\varXi(T, \mu)}$$

$$= -k_{\mathrm{B}} T \frac{\partial}{\partial \varepsilon_l} \log \varXi(T, \mu) \qquad (3.27)$$

となり，(3.24) の公式が得られる．

（2） (3.21) の両辺を μ で偏微分すると

$$\frac{\partial}{\partial \mu} \varXi(T, \mu) = \frac{1}{k_{\mathrm{B}} T} \sum_{\boldsymbol{n} \in \Omega_{\mathrm{BE}}} \left(\sum_{l \geq 0} n_l \right) e^{-\sum_{k \geq 0} (\varepsilon_k - \mu) n_k / k_{\mathrm{B}} T}$$

が得られる．(3.20) より

$$\langle N \rangle^{(T,\mu)} = \frac{\sum_{\boldsymbol{n} \in \Omega_{\mathrm{BE}}} \left(\sum_{l \geq 0} n_l \right) e^{-\sum_{k \geq 0} (\varepsilon_k - \mu) n_k / k_{\mathrm{B}} T}}{\varXi(T, \mu)}$$

$$= k_{\mathrm{B}} T \frac{\dfrac{\partial}{\partial \mu} \varXi(T, \mu)}{\varXi(T, \mu)}$$

なので，(3.25) が得られる．

さて，大分配関数は具体的には，公式 (2.170) を用いると

$$\varXi(T, \mu) = \prod_{k \geq 0} \left\{ \sum_{n_k = 0}^{\infty} e^{-(\varepsilon_k - \mu) n_k / k_{\mathrm{B}} T} \right\}$$

$$= \prod_{k \geq 0} \frac{1}{1 - e^{-(\varepsilon_k - \mu)/k_{\mathrm{B}} T}} \qquad (3.28)$$

156   3. 量子理想気体

と求められるので,

$$\log \varXi(T,\mu) = -\sum_{k\geq 0} \log\{1 - e^{-(\varepsilon_k - \mu)/k_B T}\} \tag{3.29}$$

である.よって,[例題 3.1]で導いた公式 (3.24) と (3.25) より,

$$\langle n_l \rangle^{(T,\mu)} = \frac{1}{e^{(\varepsilon_l - \mu)/k_B T} - 1} \tag{3.30}$$

$$\langle N \rangle^{(T,\mu)} = \sum_{l\geq 0} \frac{1}{e^{(\varepsilon_l - \mu)/k_B T} - 1} \tag{3.31}$$

と求められる.

ボース分布関数

次の関数を**ボース分布関数**という.

$$f_{\mathrm{BE}}^{(T,\mu)}(\varepsilon) = \frac{1}{e^{(\varepsilon - \mu)/k_B T} - 1} \tag{3.32}$$

ボース粒子系においては,エネルギーの値が ε_l であるエネルギー準位を占有する粒子数の平均値は,図 3.1 に示したように,この分布関数の $\varepsilon = \varepsilon_l$

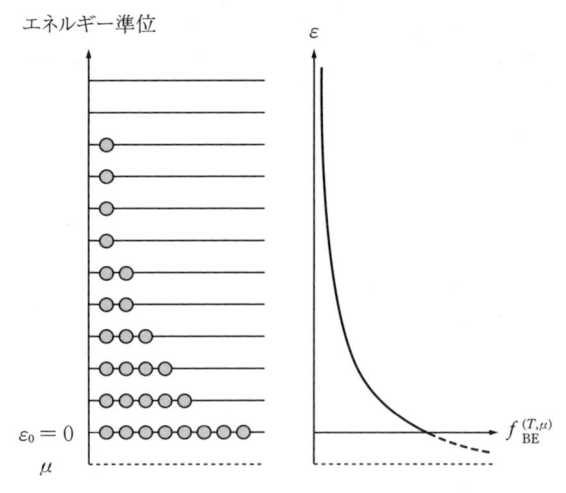

図 3.1 ボース-アインシュタイン分布関数 $f_{\mathrm{BE}}^{(T,\mu)}(\varepsilon)$ は,エネルギーの値が ε のエネルギー準位を占有するボース粒子の個数の平均値を与える.化学ポテンシャル μ の値は基底エネルギー ε_0 以下であるものとする.

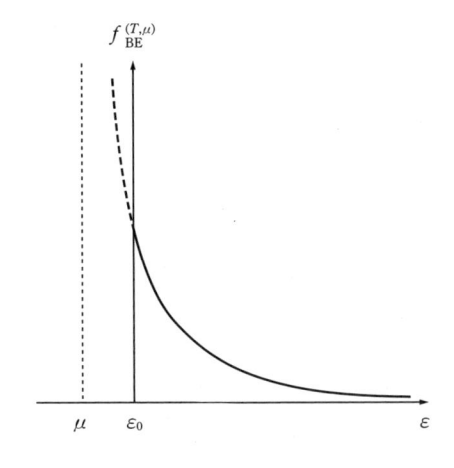

図 3.2 ボース分布関数 $f_{\mathrm{BE}}^{(T,\mu)}(\varepsilon)$

での値 (3.30) で与えられる．系の絶対温度 $T>0$ を固定して，$\varepsilon>\mu$ の範囲で ε を大きくすると，$e^{(\varepsilon-\mu)/k_{\mathrm{B}}T}$ は単調に増大するので，$f_{\mathrm{BE}}^{(T,\mu)}(\varepsilon)$ の値は単調に減少する．また，図 3.2 にボース分布関数の振舞いを描いた．この関数は $\varepsilon\to\mu$ で発散してしまうので，化学ポテンシャルには $\mu\leq\varepsilon_0$ という条件を課すことが必要となる．

自由ボース粒子系の内部エネルギーは
$$U_{\mathrm{BE}}(T,\mu)=\sum_{l\geq 0}\varepsilon_l\langle n_l\rangle^{(T,\mu)}$$
で与えられるので，これは
$$U_{\mathrm{BE}}(T,\mu)=\sum_{l\geq 0}\varepsilon_l f_{\mathrm{BE}}^{(T,\mu)}(\varepsilon_l) \tag{3.33}$$
と書ける．この式は，エネルギー $\varepsilon_l,\,l=0,1,2,\cdots$ の状態がそれぞれ重み $f_{\mathrm{BE}}^{(T,\mu)}(\varepsilon_l),\,l=0,1,2,\cdots$ で分布しており，この分布についての平均値として内部エネルギーが得られるということを表している．

ただし，$f_{\mathrm{BE}}^{(T,\mu)}(\varepsilon_l)$ の総和は，(3.31) で示したように，全粒子数の平均値
$$\sum_{l\geq 0}f_{\mathrm{BE}}^{(T,\mu)}(\varepsilon_l)=\langle N\rangle^{(T,\mu)} \tag{3.34}$$
であることに注意しなければならない．よって，$f_{\mathrm{BE}}^{(T,\mu)}(\varepsilon_l)$ は，総和が 1 に規格化されていないので，確率分布関数ではない．このことに注意した上で，

158   3. 量子理想気体

系のエネルギー状態が分布関数 $f_{\mathrm{BE}}^{(T,\mu)}(\varepsilon)$ に従って分布しているとき，その系は**ボース - アインシュタイン統計**に従っているという．

3.1.4　ボース - アインシュタイン凝縮

§2.1 では，古典的な自由粒子系に統計力学の手法を適用して熱力学極限をとると，理想気体に対する状態方程式が導かれ，また内部エネルギー密度やエントロピー密度といった熱力学関数を求めることができることを詳しく見た．ここでは，自由ボース粒子系に対して，同様に熱力学極限を考え，この極限で得られるマクロな系を，**理想ボース気体**とよぶことにする．

体積を V と設定して粒子数密度 ρ を定義することにしよう．(3.34) で与えられるグランドカノニカル分布での粒子数平均 $\mathcal{N}=\langle N\rangle^{(T,\mu)}$ を用いて

$$\rho = \frac{\mathcal{N}}{V} = \frac{\langle N\rangle^{(T,\mu)}}{V}$$

$$= \frac{1}{V}\sum_{l\geq 0} f_{\mathrm{BE}}^{(T,\mu)}(\varepsilon_l) \tag{3.35}$$

とおいて，$V\to\infty$ の極限を考えたい．

この極限をとることで，我々は系をマクロな視点から見ることになる．よって，この極限では，粒子のエネルギー準位は連続的なものとして取り扱うことができるようになるはずである．

熱力学極限での積分表示

2.1.1 項では，N 粒子から成る古典的な自由粒子系に対して，エネルギー E での状態密度関数 $D_N(E)$ を計算して，(2.27) で与えられる結果を得た．(3.35) では 1 粒子エネルギー準位についての和を考えているので，いまの場合，この (2.27) で $N=1$，$E=\varepsilon$ とした **1 粒子状態密度関数** $D_1(\varepsilon)$ を用いればよい．状態密度関数の定義より，ε と $\varepsilon+d\varepsilon$ という 2 つのエネルギー値の間の微小区間 $[\varepsilon,\varepsilon+d\varepsilon]$ の中にエネルギー準位をもつ状態の個数は $D_1(\varepsilon)\,d\varepsilon$ 個であることになる．

§ 3.1 理想ボース気体　159

他方，3.1.3項では，エネルギーの値が ε であるエネルギー状態を占有している粒子の個数の平均値は $f_{\mathrm{BE}}^{(T,\mu)}(\varepsilon)$ 個であることを導いた．したがって，V が十分大きいときには，(3.35) は積分

$$\rho = \frac{1}{V}\int_{\varepsilon_0}^{\infty} f_{\mathrm{BE}}^{(T,\mu)}(\varepsilon)\, D_1(\varepsilon)\, d\varepsilon \tag{3.36}$$

で表すことができるはずである．ここで ε_0 は，1粒子エネルギー準位の最小値（基底エネルギー）を表す．以下では，これをエネルギーの基準値とすることにして $\varepsilon_0 = 0$ とする．((3.36) のようなエネルギー ε についての積分で，以後は，積分変数を ε から $\varepsilon - \varepsilon_0$ に変数変換して計算する，という意味である．）

(3.32) で与えられるボース分布関数 $f_{\mathrm{BE}}^{(T,\mu)}(\varepsilon)$ は，基底エネルギー $\varepsilon_0 = 0$ より大きいすべてのエネルギーの値 $\varepsilon > \varepsilon_0 = 0$ に対して，有限でなければならない（発散してはいけない）．そのためには，化学ポテンシャル μ は

$$\mu \leq \varepsilon_0 = 0 \tag{3.37}$$

を満たさなければならない．つまり，μ は負かゼロであり，正にはなれないことになる．

(2.27) で $N = 1$, $E = \varepsilon$ とすると

$$\begin{aligned}D_1(\varepsilon) &= \frac{3}{2}\frac{c_3}{h^3}\,V(2m)^{3/2}\varepsilon^{1/2} \\ &= 2\pi V\left(\frac{2m}{h^2}\right)^{3/2}\varepsilon^{1/2}\end{aligned} \tag{3.38}$$

が得られる．ただし，m は自由ボース粒子の質量を表すものとする．また，c_3 は3次元の半径1の球の体積を表すので，$4\pi/3$ であることを用いた．これを (3.36) に代入すると

$$\rho = 2\pi\left(\frac{2m}{h^2}\right)^{3/2}\int_0^{\infty} f_{\mathrm{BE}}^{(T,\mu)}(\varepsilon)\,\varepsilon^{1/2}\,d\varepsilon \tag{3.39}$$

となり，体積 V は打ち消される．つまり，この表式 (3.39) は熱力学極限

3. 量子理想気体

$V \to \infty$ でも成り立つ式である．

この式は，古典的な理想気体に対する (2.106) に対応するものである．ところが，2.1.5 項で見たように，その (2.106) は，絶対温度 T と化学ポテンシャル μ を右辺に与えて，それらの関数として左辺の粒子数密度 ρ を導く式であると，単純に考えてはいけないのであった．すなわち，絶対温度 T の熱平衡状態における気体が，粒子数密度をある値 ρ に保った状態で，粒子の出入りや生成・吸収に関しても平衡状態を維持するためには，化学ポテンシャル μ をどのような値に定めなければならないかを決める方程式なのであった．実際，古典的な理想気体のときには，(2.106) を (2.112) のように式変形して，μ を粒子数密度 ρ とエネルギー密度 u との関数として表すことができた．エネルギー密度 u は ρ と T の関数なので，これは結局，μ を ρ と T の関数として定めたことになる．

それでは，理想ボース気体に対しては，(3.39) に従って，μ の値をどのようにして定めることができるのであろうか．古典的な理想気体の場合の (2.106) では，粒子数密度 ρ はフガシティ λ に比例していて，その比例定数は $(2\pi m k_B T/h^2)^{3/2}$ であった．これに対して，理想ボース気体における表式 (3.39) はずいぶんと複雑に見える．

しかし，これも (2.106) に似せて，

$$\rho = \left(\frac{2\pi m k_B T}{h^2}\right)^{3/2} I\left(-\frac{\mu}{k_B T}\right) \tag{3.40}$$

のように書き直すことができる．ただし，$I(-\mu/k_B T)$ は，積分

$$I(a) = \frac{2}{\sqrt{\pi}} \int_0^\infty \frac{x^{1/2}}{e^{x+a}-1}\,dx \tag{3.41}$$

で定義される関数において，$a = -\mu/k_B T$ としたときの値である．

[**例題 3.2**] 以下の問いに答えよ．

（1） (3.41) で定義した関数を用いると，(3.39) は (3.40) のように書き直せることを示せ．

(2) (3.41) の被積分関数は，公式 (2.170) を用いると

$$\frac{x^{1/2}}{e^{x+a}-1} = \frac{x^{1/2}e^{-(x+a)}}{1-e^{-(x+a)}} = x^{1/2}\sum_{k=1}^{\infty} e^{-k(x+a)} \tag{3.42}$$

と級数展開できる．これを (3.41) に代入して項別積分をすると，

$$I(a) = \sum_{k=1}^{\infty} \frac{e^{-ka}}{k^{3/2}} \tag{3.43}$$

という表式が得られることを示せ．

[解] (1) (3.39) はすぐに

$$\rho = \left(\frac{2\pi m k_B T}{h^2}\right)^{3/2} \tilde{I}$$

と書き直すことができる．ただし，

$$\tilde{I} = \frac{2}{\sqrt{\pi}(k_B T)^{3/2}} \int_0^{\infty} \frac{\varepsilon^{1/2}}{e^{(\varepsilon-\mu)/k_B T}-1} d\varepsilon$$

である．$\tilde{I}$ の中の積分において $\varepsilon/k_B T = x$ と変数変換をすると，これは $I(-\mu/k_B T)$ に等しいことがわかる．

(2) 与題より，

$$I(a) = \sum_{k=1}^{\infty} J_k e^{-ka}, \qquad J_k = \frac{2}{\sqrt{\pi}} \int_0^{\infty} x^{1/2} e^{-kx} dx \qquad (k=1,2,3,\cdots)$$

である．積分 J_k で $x^{1/2} = y$ と変数変換すると

$$J_k = \frac{4}{\sqrt{\pi}} \int_0^{\infty} y^2 e^{-ky^2} dy = \frac{2}{\sqrt{\pi}} \int_{-\infty}^{\infty} y^2 e^{-ky^2} dy$$

となる．ここで《数学公式3》の2番目として与えておいた積分公式 (2.92) を用いると，$J_k = k^{-3/2}$ となることがわかるので，(3.43) が導かれる．

化学ポテンシャルの温度依存性

$k \geq 1$ のとき e^{-ka} は a の単調減少関数なので，(3.43) より，$I(a)$ も a の単調減少関数であることがわかる．化学ポテンシャル μ は (3.37) のように負かゼロであるので，$a = -\mu/k_B T$ としては正かゼロの場合だけを考えればよい．よって，

162 3. 量子理想気体

$$\max_{a \geq 0} I(a) = I(0) = \sum_{k=1}^{\infty} \frac{1}{k^{3/2}} \tag{3.44}$$

であることになる．ここで**リーマンのゼータ関数**

$$\zeta(x) = \sum_{k=1}^{\infty} \frac{1}{k^x} \tag{3.45}$$

を用いて，$I(0) = \zeta(3/2)$ と書くことにしよう．数値的には

$$I(0) = \zeta\left(\frac{3}{2}\right) = 2.612\cdots \tag{3.46}$$

である．以上のことから，(3.40) の右辺には

$$\left(\frac{2\pi m k_B T}{h^2}\right)^{3/2} I\left(-\frac{\mu}{k_B T}\right) \leq \left(\frac{2\pi m k_B T}{h^2}\right)^{3/2} \zeta\left(\frac{3}{2}\right) \tag{3.47}$$

という上限があることが示されたことになる．

さて，理想ボース気体がある絶対温度 T の熱平衡状態にあるとして，その粒子数密度 ρ が，(3.47) の不等式の右辺で与えられている上限値よりは小さい場合を考えることにしよう．$I(a) = I(-\mu/k_B T)$ は $a = -\mu/k_B T > 0$ について単調減少関数なので，このときは図 3.3 に示したように，等式(3.40)を満たすように $a = -\mu/k_B T$ の値を定めることができる．絶対温度 T は

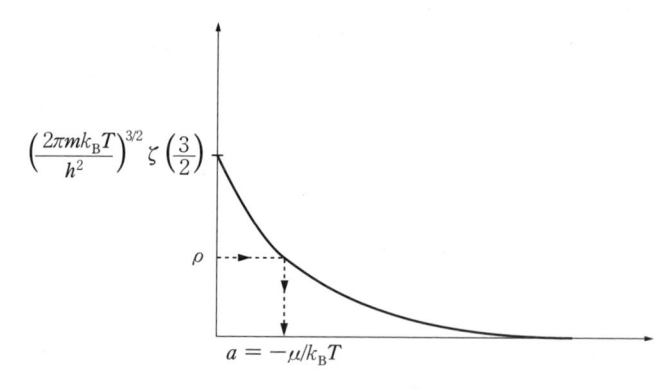

図 3.3 絶対温度 T が高くて，$(2\pi m k_B T/h^2)^{3/2}\zeta(3/2)$ の値が系の粒子数密度 ρ よりも大きい場合には，ρ の値からこの図のようにして $a = -\mu/k_B T$ の値が求められ，化学ポテンシャル μ の値が定まる．

与えていたので，これで化学ポテンシャル μ の値が決まることになる．

　粒子数密度 ρ を一定にしたまま，今度は系の温度 T を下げていくことを考えてみよう．これにともなって，(3.40) の右辺の最大値 $(2\pi m k_B T/h^2)^{3/2} \zeta(3/2)$ は $T^{3/2}$ に比例して減少していく．よって，図 3.4 に示したように，等式 (3.40) を満たすように定めた $a = -\mu/k_B T$ の値は T の減少にともなって減少することになる．そして，ある温度で $a = -\mu/k_B T = 0$ となってしまうはずである．その温度を T_c と書くことにする．このときは，化学ポテンシャルは $\mu = 0$ となる．ところが，(3.37) が示すように，μ は正にはなれない．つまり a が負になることはないので，系の温度が $T < T_c$ となると，もはや等式 (3.40) を満たすようには化学ポテン

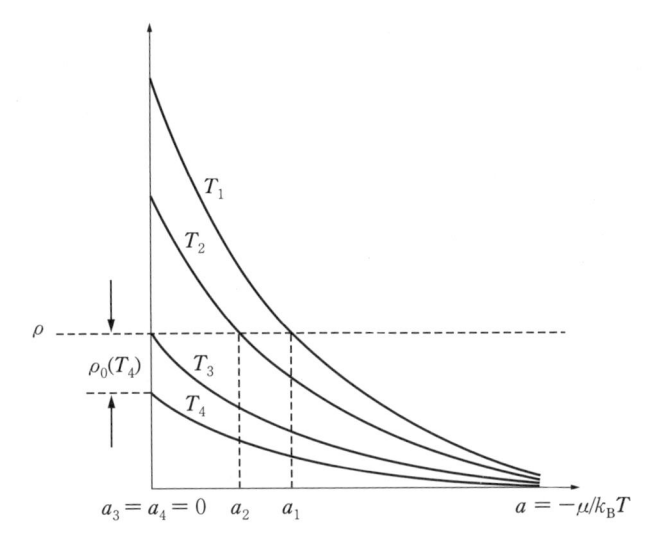

図 3.4 系の粒子数密度 ρ が一定の場合を考える．$T_1 > T_2 > T_3$ というように絶対温度が下がるとともに，図 3.3 のようにして定めた $a = -\mu/k_B T$ の値は，$a_1 > a_2 > a_3$ というように単調に減少する．$T = T_3$ で $a_3 = 0$ となったとする．このときの温度 T_3 が，ボース–アインシュタイン凝縮温度 T_c である．T_c 以下の温度では恒等的に $a = 0$，つまり $\mu = 0$ となる．絶対温度が T_c よりも低い T_4 のときは，粒子数密度 ρ のうちの図で示した $\rho_0(T_4)$ 分の粒子が，基底状態に凝縮する．

シャル μ を決めることができなくなってしまう．

したがって，上で定義した温度 T_c よりも低温では (3.40) の等式は破綻してしまい，

$$\rho > \left(\frac{2\pi m k_B T}{h^2}\right)^2 \zeta\left(\frac{3}{2}\right) \tag{3.48}$$

となってしまう．この不等式の右辺は，(3.39)に従って，すべてのエネルギー準位になるべく多くの粒子を詰め込んだときの，系全体の粒子数密度である．この最大に充填した状況は，化学ポテンシャル $\mu=0$ の場合に実現する．しかし，(3.48) の不等式は，系にそれ以上の粒子がある場合を表している．では，余剰の粒子はどうなってしまうのであろうか．

実際には，$T<T_c$ ではこの余剰の粒子はすべて，1粒子エネルギー準位の基底状態を占有するということが起こる．この現象は**ボース－アインシュタイン凝縮**とよばれる．(3.39) は $T<T_c$ で破綻してしまうので，この式の元である (3.35) に戻って，どうして基底状態への凝縮が起こり得るのかを考え直してみよう．

ボース－アインシュタイン凝縮の特性

1粒子エネルギー準位の基底エネルギーの値を $\varepsilon_0=0$ とした．この基底エネルギー状態だけを別にして書くと，(3.35) は

$$\rho = \frac{1}{V} \frac{1}{e^{-\mu/k_B T}-1} + \frac{1}{V}\sum_{l\geq 1} \frac{1}{e^{(\varepsilon_l-\mu)/k_B T}-1} \tag{3.49}$$

となる．熱力学極限とは系の体積を $V\to\infty$ とする極限であるが，(3.49) の右辺には $1/V$ の因子があるので，一見すると，この極限ではゼロになってしまうように思える．しかし，$V\to\infty$ で (3.49) の右辺第2項を積分でおき換える際に用いた1粒子状態密度関数 $D_1(\varepsilon)$ は，(3.38) のように系の体積 V に比例しているので，第2項は有限な値に収束する．これが (3.39) の右辺の積分であった．

それでは (3.49) の右辺第1項はどうであろうか．$\mu<0$ ならば，

§3.1 理想ボース気体　165

$e^{-\mu/k_B T} > 1$ であるから $1/(e^{-\mu/k_B T} - 1)$ は有限である．よって，それに $1/V$ を掛けたものは $V \to 0$ でゼロになる．

ところが，体積 $V \to \infty$ にともなって，化学ポテンシャルが $\mu \to 0$ となる場合を考えてみたらどうであろうか．このときは $e^{-\mu/k_B T} \to 1$ なので $1/(e^{-\mu/k_B T} - 1) \to \infty$ と発散する．この発散の度合いがちょうど $V \to \infty$ の発散の度合いと等しければ，ともに発散する2つの量の比はある有限な値に収束することが可能である．その極限の値は T に依存するので，これを $\rho_0(T)$ と書くことにしよう．

$T \leq T_c$ では，化学ポテンシャル μ は恒等的にゼロであると考えることにして，上述のような状況が実現するものとしよう．すると，(3.49) は熱力学極限 $V \to \infty$ では

$$\rho = \rho_0(T) + \left(\frac{2\pi m k_B T}{h^2}\right)^{3/2} \zeta\left(\frac{3}{2}\right), \qquad T \leq T_c \qquad (3.50)$$

となる．ここで $\rho_0(T)$ は，$T \leq T_c$ でボース–アインシュタイン凝縮を起こしている粒子の粒子数密度を表すことになる．

[例題 3.3] 以下の問いに答えよ．

（1）ボース–アインシュタイン凝縮を起こす温度 T_c は，系の粒子数密度 ρ に依存して定まるはずである．T_c を ρ の関数として求めよ．

（2）上の結果を用いることにより，ボース–アインシュタイン凝縮している粒子数の系の全粒子数に対する割合を表す密度比 $\rho_0(T)/\rho$ が，絶対温度 T の関数としてどのように振舞うかを示せ．

[解]（1）温度を T_c よりも高温から下げていったとき，$T = T_c$ となるときまでは等式 (3.40) が使える．$T = T_c$ のとき，初めて $\mu = 0$ となるから，このときは

$$\rho = \left(\frac{2\pi m k_B T_c}{h^2}\right)^{3/2} \zeta\left(\frac{3}{2}\right) \qquad (3.51)$$

となる．この式はまた，(3.50) で $T = T_c$ として，かつ $\rho(T_c) = 0$ とすることによっても得ることができる．この式を T_c について解くと

166   3. 量子理想気体

$$T_c = \frac{h^2}{2\pi m k_B}\left(\frac{\rho}{\zeta(3/2)}\right)^{2/3} \tag{3.52}$$

が得られる．つまり，T_c は ρ の 2/3 乗に比例することになる．

(3.52) から，仮にプランク定数 h がゼロだったら $T_c = 0$ であり，ボース - アインシュタイン凝縮が有限温度では決して起こらないことがわかる．逆に言えば，この式は，ボース - アインシュタイン凝縮は**量子効果**の結果として起こることを示している．T_c は m に反比例しているので，この (3.52) から，軽い粒子ほどボース - アインシュタイン凝縮しやすいということもわかる．

（2） (3.51) を用いると，(3.50) は

$$\rho = \rho_0(T) + \left(\frac{T}{T_c}\right)^{3/2}\rho$$

と書き直せる．これより

$$\frac{\rho_0(T)}{\rho} = 1 - \left(\frac{T}{T_c}\right)^{3/2} \tag{3.53}$$

が得られる．

これをグラフに描くと図 3.5 のようになる．$\rho_0(T_c)/\rho = 0$ であり，T を減少させるとそれにともなって $\rho_0(T)/\rho$ は単調に増大し，$T = 0$ では $\rho_0(t)/\rho = 1$ となる．

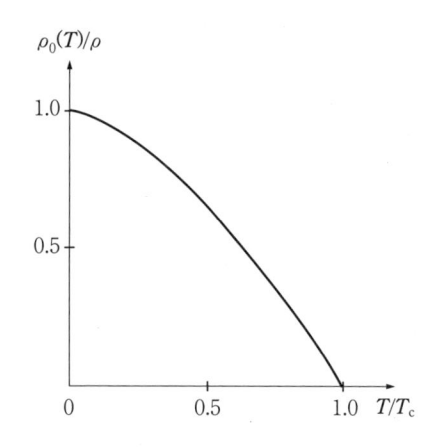

図 3.5 ボース - アインシュタイン凝縮する粒子の割合 $\rho_0(T)/\rho$ の温度依存性

つまり，どんな粒子数密度であっても，絶対零度ではすべての粒子がボース−アインシュタイン凝縮することになる．

§3.2　ボース粒子とフェルミ粒子

量子力学的な粒子が§3.1で述べたようにボース粒子として振舞うのか，それとも次の§3.3で扱うフェルミ粒子として振舞うのかは，粒子のもつスピンの大きさ $s=|s|$ によって定まる．

調和振動子系のエネルギー量子はボース粒子であることを見てきたが，固体の格子振動を量子化して得られるエネルギー量子は，音波の量子という意味で**フォノン**（音響子）とよばれる．格子振動には1種類の縦波と2種類の横波があるので，フォノンのスピンの大きさは $s=1$ であると考える．スピンの大きさが $s=1$ ならば，そのスピン成分は $s_z=-1,0,1$ と3つ存在することになる．このことが，波動の種類が3種類あることに対応すると考えるのである．

電磁波（光）は真空の振動であり，その量子が**光子（フォトン）**である．光は一定速度（光速 c ）で進むため縦波に対応する成分は観測できず，2種類の偏光成分に分解できるだけであるが，光子のスピンの大きさもフォノンと同じく1であると考える．

これに対して，§2.2で述べたように，電子のもつスピンの大きさは $s=1/2$ であり，電子はフェルミ粒子として振舞う．

一般に，**素粒子**のスピンの大きさ s がゼロまたは自然数（$s=0,1,2,\cdots$）である場合はその素粒子はボース粒子であり，s が半奇数（$s=1/2,3/2,5/2,\cdots$）である場合はフェルミ粒子である．

いくつかの素粒子から成る**複合粒子**の場合は，その中にフェルミ粒子が奇数個含まれていれば（合成スピンの大きさが半奇数になるので）フェルミ粒子として振舞い，それ以外は（合成スピンの大きさがゼロか自然数になるので）ボース粒子として振舞う．

ヘリウム原子（He）は原子番号2の原子であるから陽子2個と電子2個をもつが，これに加えて，中性子が2つある**ヘリウム4**（^{4}He）と中性子が1つしかない**ヘリウム3**（^{3}He）の2種類が存在する．両者とも安定に存在するが，天然のヘリウム3の存在比は 1.3×10^{-4}% にすぎない．陽子と中性子のスピンの大きさはともに 1/2 であり，よって，この2つの素粒子はフェルミ粒子である．ヘリウム4は，フェルミ粒子である陽子，中性子，電子の計6個から成る複合粒子なのでボース粒子である．これに対して，ヘリウム3は5個のフェルミ粒子から成るのでフェルミ粒子である．

粒子のスピンの大きさによって，パウリの排他律が適用されるか否かに差が生じる原因については，粒子を表す波動関数の実空間とスピン空間での対称性についての考察が必要であるから，量子力学の教科書などを読んで学んでもらいたい．

[**例題 3.4**] ヘリウム4（^{4}He）は原子量4のボース粒子である．低温ではヘリウム4は液体となるが，それをここでは理想ボース気体として扱うことにする．液体ヘリウム4の 1 mol 当りの体積は，飽和蒸気圧下の絶対零度において 27.6 cm^3 である．この数値を用いて，ボース-アインシュタイン凝縮温度 T_c [K] の値を計算せよ．

[**解**] 原子量が4なので，1 mol で 4 g である．したがって，ヘリウム4の原子の質量 m は，アボガドロ定数 (1.2) を用いて

$$m = \frac{4 \times 10^{-3}}{6.02 \times 10^{23}} = 6.64 \times 10^{-27} \text{ [kg]}$$

と求められる．また，1 mol で $V = 27.6$ [cm^3] $= 2.76 \times 10^{-5}$ [m^3] であるから，粒子数密度は

$$\rho = \frac{6.02 \times 10^{23}}{2.76 \times 10^{-5}} = 2.18 \times 10^{28} \text{ [m}^{-3}]$$

である．

プランク定数 h とボルツマン定数 k_B の値はそれぞれ (1.3) と (1.29) で与えられているので，これらの値を (3.52) に代入する．$\zeta(3/2)$ については (3.46) の数

値を用いると，

$$T_c = 3.14 \ [\mathrm{K}]$$

と求められる．

液体ヘリウム 4 は約 2.17 K で超流動相に**相転移**する．**超流動**は量子力学的な流体分子がボース – アインシュタイン凝縮した結果として起こる現象なのである．

今日の気分は，ボソン的？ それとも，フェルミオン的？

金属固体の比熱は，低温においては，格子振動の寄与である T^3 に比例した部分と，伝導電子からの寄与である T に比例した部分との和で与えられる．前者は格子比熱，後者は電子比熱とよばれている．

格子振動状態の温度変化は，フォノンというボソン（ボース粒子）の生成・消滅として記述できるし，電子集団の温度変化にともなう状態変化は，フェルミオン（フェルミ粒子）の縮退状態の変化として理解することができる．金属固体は，量子統計力学的には，ある仮想的な容器の中を，多数のボソンと多数のフェルミオンとが，ともに自由に飛び回っている量子気体と見なすことができるのである．

ボソンは，いくつもの粒子が同じ状態を共有することができることから，粒子間にある種の引力の効果がはたらく．それに対して，パウリの排他律に従うフェルミオン同士の間には，ある種の斥力がはたらく．上述の金属固体に限らず，すべての物質の熱力学的な振舞いは，量子統計力学的に考えると，ボソンとフェルミオンの集団として解明できるはずである．

この量子統計力学的な視点から，我々人間の行動パターンを分析してみるのはどうであろうか．

早朝の始発電車に乗り込む．車両内はすいていて空席が多く，自分の好きなところに座ることができる．そのような状況では，我々はお互いに避けあって，他の人とは距離を保つように，バラバラに座ることが多いのではないだろうか．これは，フェルミオン的な行動パターンである．

他方，レストラン街を歩き回って，食事処を探しているときはどうであろうか．やっぱり，お客さんがたくさん入っていて，賑わっているお店に自分も入りたいと思うのではないだろうか．これは，ボソン的な行動パターンである．

我々人間の場合は，その行動パターンは時と場合によって，いろいろと変化する．今日のあなたの気分は，量子統計力学的に分析すると，どうであろうか？

---

§3.3 理想フェルミ気体
3.3.1 自由フェルミ粒子系とフェルミ‐ディラック統計

1種類のフェルミ粒子から成る**自由フェルミ粒子系**を考えよう．1粒子エネルギー準位を (3.17) とする．パウリの排他律のため，各エネルギー準位は1粒子しか占有することができない．したがって，l 番目の1粒子エネルギー準位を占有するフェルミ粒子の個数を $n_l, l = 0, 1, 2, \cdots$ と書くと，状態空間は

$$\Omega_{\mathrm{FD}} = \{\boldsymbol{n} = (n_0, n_1, n_2, \cdots) : n_l = 0, 1, \ l \geq 0\} \tag{3.54}$$

で与えられることになる．

状態 $\boldsymbol{n} \in \Omega_{\mathrm{FD}}$ の関数として，エネルギー $\mathscr{H}(\boldsymbol{n})$ と総粒子数 $N(\boldsymbol{n})$ は，ボース粒子系のときと全く同じく

$$\mathscr{H}(\boldsymbol{n}) = \sum_{l \geq 0} n_l \varepsilon_l \tag{3.55}$$

$$N(\boldsymbol{n}) = \sum_{l \geq 0} n_l \tag{3.56}$$

で与えられる．(3.55) で与えられる $\mathscr{H}(\boldsymbol{n})$ は粒子間の相互作用ポテンシャルはなく，単に各1粒子エネルギー準位のエネルギー値 ε_l に各準位の占有粒子数 n_l を掛けて足し合わせただけなので，自由粒子系を表すハミルトニアンである．ただし，エネルギー準位がある1つの粒子に占有されると，他の粒子はすべてそのエネルギー準位から締め出されるというパウリの排他律があるのが，この系の特徴である．

この排他律は，粒子間にある種の斥力的な相互作用を生じさせることが予想されるが，ハミルトニアン (3.55) にはそのような斥力を表す相互作用ポテンシャルはない．パウリの排他律は，(3.54)で与えられる系の状態空間が，

§3.3 理想フェルミ気体　171

ボース粒子系の状態空間 (3.18) に比べてずっと小さくなっているということで表現されているのである．

　系のミクロな状態 $\bm{n}$ の関数としてエネルギーの値を与えるのがハミルトニアンであるから，粒子間ポテンシャルを表す項をハミルトニアンに加えれば，もちろん粒子間の相互作用を表現することができる．しかし，統計力学では，ハミルトニアンに手を加えなくても，この関数の定義域である状態空間を制限することによって，粒子間の相互作用をとり入れることができるのである．

　統計力学では状態空間の要素 $\bm{n} \in \varOmega$，すなわち，系がとり得るミクロな状態 1 つ 1 つにそれが出現する確率 $\mathbb{P}(\bm{n})$ を与える．カノニカル分布やグランドカノニカル分布を考えると，この出現確率は $\mathbb{P}(\bm{n}) \propto e^{-\mathscr{H}(\bm{n})/k_\mathrm{B} T}$ というようにボルツマン因子に比例する．状態空間に入っていない状態 $\bm{n}' \notin \varOmega$ はもちろん考えなくてよいのであるが，そういった状態 $\bm{n}'$ も考えておいて，ただし出現確率は $\mathbb{P}(\bm{n}') = 0$ であるとしても同じである．これは $\mathbb{P}(\bm{n}') \propto e^{-\mathscr{H}(\bm{n}')/k_\mathrm{B} T}$ としておいて，$\mathscr{H}(\bm{n}') = \infty$ とすることに相当する．つまり，状態空間に制限を加えることは，無限大の値をとり得る斥力ポテンシャルをハミルトニアンに加えたのと等価なのである．

　ハミルトニアン $\mathscr{H}(\bm{n})$ は同じでありながら状態空間に対する制限によって生じる違いは，粒子系の統計的性質の違いとして表現される．自由フェルミオン粒子系は，同じ自由粒子系とはいっても，古典的な自由粒子系とも自由ボース粒子系とも違った統計的性質を示すことになる．

　自由フェルミ粒子系が，絶対温度 T と化学ポテンシャル μ で指定される平衡状態にあるものとする．このとき，大分配関数は

$$\varXi(T,\mu) = \sum_{\bm{n} \in \varOmega_\mathrm{FD}} e^{-\{\mathscr{H}(\bm{n}) - \mu N(\bm{n})\}/k_\mathrm{B} T}$$
$$= \sum_{\bm{n} \in \varOmega_\mathrm{FD}} e^{-\sum_{k \geq 0}(\varepsilon_k - \mu) n_k / k_\mathrm{B} T}$$

であり，確率分布関数 $\mathbb{P}^{(T,\mu)}(\bm{n})$ は，表式としては自由ボース粒子系と同じく

(3.22) で与えられる．そして，大分配関数は具体的には，

$$\Xi(T,\mu) = \prod_{k \geq 0} \left\{ \sum_{n_k=0}^{1} e^{-(\varepsilon_k - \mu)n_k/k_B T} \right\}$$
$$= \prod_{k \geq 0} \left\{ 1 + e^{-(\varepsilon_k - \mu)/k_B T} \right\} \tag{3.57}$$

と求められるので，

$$\log \Xi(T,\mu) = \sum_{k \geq 0} \log \left\{ 1 + e^{-(\varepsilon_k - \mu)/k_B T} \right\} \tag{3.58}$$

である．

［例題 3.1］で求めた公式 (3.24) と (3.25) は，導出方法を見直してみると，フェルミ粒子系に対してもそのまま成り立つことがわかる．よって，(3.58) より

$$\langle n_l \rangle^{(T,\mu)} = \frac{1}{e^{(\varepsilon_l - \mu)/k_B T} + 1} \tag{3.59}$$

$$\langle N \rangle^{(T,\mu)} = \sum_{l \geq 0} \frac{1}{e^{(\varepsilon_l - \mu)/k_B T} + 1} \tag{3.60}$$

であることが導かれる．

フェルミ分布関数

次の関数を**フェルミ分布関数**という．

$$f_{\text{FD}}^{(T,\mu)}(\varepsilon) = \frac{1}{e^{(\varepsilon - \mu)/k_B T} + 1} \tag{3.61}$$

フェルミ粒子系においては，エネルギーの値が ε_l であるエネルギー準位を占有する粒子数の平均値は，この分布関数の $\varepsilon = \varepsilon_l$ での値 (3.59) で与えられる．パウリの排他律があるので，各エネルギー準位の状態は，粒子があるかないかのいずれかである．したがって，$0 \leq f_{\text{FD}}^{(T,\mu)}(\varepsilon) \leq 1$ である．$f_{\text{FD}}^{(T,\mu)}(\varepsilon)$ の値は，エネルギー ε の状態に対して，その状態がフェルミ粒子で占有されているかどうかの**占有率**を表すことになる．したがって，自由フェルミ粒子系の内部エネルギーは

§3.3 理想フェルミ気体

$$U_{\mathrm{FD}}(T,\mu) = \sum_{l \geq 0} \varepsilon_l \langle n_l \rangle^{(T,\mu)}$$
$$= \sum_{l \geq 0} \varepsilon_l f_{\mathrm{FD}}^{(T,\mu)}(\varepsilon_l) \qquad (3.62)$$

で与えられることになる．

分布関数 $f_{\mathrm{BE}}^{(T,\mu)}(\varepsilon)$ に従って各エネルギー準位に粒子が分布しているとき，その系は**フェルミ-ディラック統計**に従っているという．

絶対温度 T と化学ポテンシャル μ の値を一定にして，フェルミ分布関数 (3.61) をエネルギー ε の関数として見てみよう．$e^{(\varepsilon-\mu)/k_\mathrm{B}T}$ は ε の単調増加関数である．よって，それに 1 を加えたものの逆数である $f_{\mathrm{FD}}^{(T,\mu)}(\varepsilon)$ は，ε の単調減少関数である．エネルギーの値が低いエネルギー準位の方が，高い準位よりも粒子の占有率は高いということであり，このことは当然である．

$\varepsilon = \mu$ とすると，$e^{(\varepsilon-\mu)/k_\mathrm{B}T} = 1$ であるから $f_{\mathrm{FD}}^{(T,\mu)}(\mu) = 1/2$ である．つまり，化学ポテンシャル μ と等しいエネルギーの値をもつエネルギー準位があったときには，その準位の粒子占有率はちょうど半分であるということになる．この準位を**フェルミ準位**とよぶ．このフェルミ準位より低いエネルギー準位の粒子占有率は 1/2 よりも大きく，高いエネルギー準位の粒子占有率は 1/2 よりも小さいことになる．このことから，フェルミ粒子系を議論するときには，化学ポテンシャル μ を特に**フェルミポテンシャル**ということが多い．粒子は，このポテンシャルエネルギーよりも低いエネルギー状態をとりやすいという意味である．

系の絶対温度 T の値が化学ポテンシャル μ の値よりずっと小さくなるような状況を考えてみよう．このときには，$\varepsilon - \mu$ を正の大きな値にしていくと $e^{(\varepsilon-\mu)/k_\mathrm{B}T}$ は急速に大きくなっていき，$\varepsilon - \mu \to \infty$ で $e^{(\varepsilon-\mu)/k_\mathrm{B}T} \to \infty$ となる．よって，このときには，ε の値を μ より少し大きくしただけで，$f_{\mathrm{FD}}^{(T,\mu)}(\varepsilon)$ の値はすぐにゼロになってしまうはずである．逆に $\varepsilon - \mu$ を負にしていくと，$e^{(\varepsilon-\mu)/k_\mathrm{B}T}$ は急速にゼロに近づく．このときは，$f_{\mathrm{FD}}^{(T,\mu)}(\varepsilon)$ は急速に 1 に収束するはずである．このことから，$k_\mathrm{B}T \ll \mu$ のときには，フェルミ

174　3. 量子理想気体

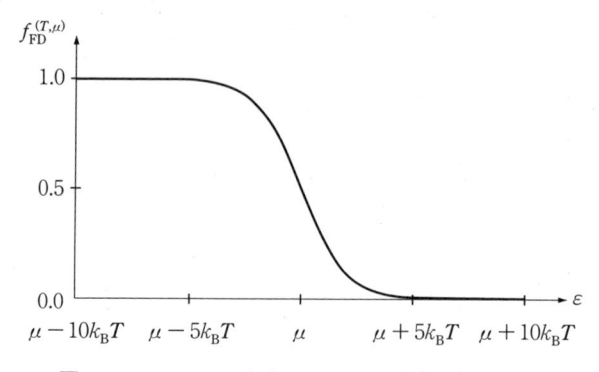

図 3.6 $k_BT \ll \mu$ のときのフェルミ分布関数の様子

分布関数は図 3.6 に示したような関数であることがわかる．

[**例題 3.5**] 絶対零度 $T=0$ のときには，フェルミ分布関数はどのような関数になると考えられるか答えよ．ただし，$T=0$ のときの化学ポテンシャル（フェルミポテンシャル）を特に $\mu=\mu_0$ と書くことにする．

[**解**] 絶対零度 $T=0$ のときには，すべての粒子が，とり得る最も低いエネルギー状態をとろうとするはずである．自由ボース粒子系では，$T=0$ ではすべての粒子が基底状態に落ち込む（すなわち，全粒子がボース–アインシュタイン凝縮を起こす）ことを［例題 3.3］で見た．

しかし，フェルミ粒子系ではパウリの排他律があるので，各エネルギー準位は1つずつしか粒子が占有することができない．基底エネルギー準位から始まり，下の準位から順に1つずつ粒子が詰まっていき，あるエネルギー準位まではすべての粒子が占有し，それ以上のエネルギー準位はすべて空という状況になるはずである．

さて，フェルミ分布関数 (3.61) の表式で $T \to 0$ の極限をとる．$\varepsilon - \mu_0 > 0$ のときは $\lim_{T \to 0} e^{(\varepsilon - \mu_0)/k_BT} = \infty$，$\varepsilon - \mu_0 < 0$ のときは $\lim_{T \to 0} e^{(\varepsilon - \mu_0)/k_BT} = 0$ である．よって

$$\lim_{T \to 0} f_{\text{FD}}^{(T, \mu_0)}(\varepsilon) = \begin{cases} 1 & (\varepsilon < \mu_0 \text{ のとき}) \\ \dfrac{1}{2} & (\varepsilon = \mu_0 \text{ のとき}) \\ 0 & (\varepsilon > \mu_0 \text{ のとき}) \end{cases} \quad (3.63)$$

§ 3.3 理想フェルミ気体　175

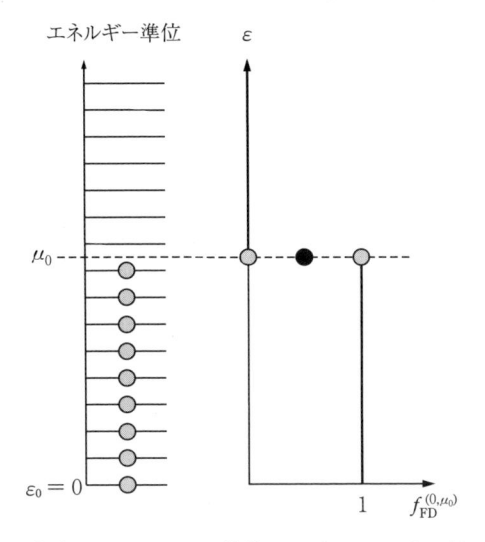

図 3.7 $T=0$ のときには，フェルミ準位 μ_0 より下のエネルギー準位はすべてフェルミ粒子で占有されている．それに対して，フェルミ準位よりも上のエネルギー準位はすべて空である．フェルミ分布関数 $f_{\mathrm{FD}}^{(T,\mu_0)}(\varepsilon)$ は各エネルギー準位 ε の占有率を表すので，図の右のように $\varepsilon < \mu_0$ では 1，$\varepsilon > \mu_0$ では 0 である．（$\varepsilon = \mu_0$ のときは 1/2 である．）

となる．図 3.7 に示したように，この結果は上の考察と合致するものである．

3.3.2 理想フェルミ気体の縮退状態

フェルミ - ディラック統計における平均粒子数の表式 (3.60) と内部エネルギーの表式 (3.62) から，系の体積 V が十分に大きいときには，粒子数密度 ρ と内部エネルギー密度 u は，それぞれ

$$\rho = \frac{\langle N \rangle^{(T,\mu)}}{V}$$

$$= \frac{1}{V} \int_0^\infty f_{\mathrm{FD}}^{(T,\mu)}(\varepsilon)\, D_1(\varepsilon)\, d\varepsilon$$

$$u = \frac{U_{\mathrm{FD}}(T,\mu)}{V}$$

$$= \frac{1}{V} \int_0^\infty f_{\mathrm{FD}}^{(T,\mu)}(\varepsilon)\, \varepsilon\, D_1(\varepsilon)\, d\varepsilon$$

で与えられることになる．ただし，$\varepsilon_0 = 0$ として，積分の下限は 0 としておいた．以下，$\varepsilon_0 = 0$ とする．

1 粒子状態密度関数 $D_1(\varepsilon)$ に対する表式（3.38）を代入すると，V は分母分子で約分されて V には依存しない式，つまり，熱力学極限で成り立つ式

$$\rho = 2\pi \left(\frac{2m}{h^2}\right)^{3/2} \int_0^\infty f_{FD}^{(T,\mu)}(\varepsilon)\, \varepsilon^{1/2}\, d\varepsilon \tag{3.64}$$

$$u = 2\pi \left(\frac{2m}{h^2}\right)^{3/2} \int_0^\infty f_{FD}^{(T,\mu)}(\varepsilon)\, \varepsilon^{3/2}\, d\varepsilon \tag{3.65}$$

が得られる．

絶対零度での計算

まず，絶対零度 $T = 0$ の場合を考えてみよう．このときは［例題 3.5］の結果（3.63）より，

$$\rho = 2\pi \left(\frac{2m}{h^2}\right)^{3/2} \int_0^{\mu_0} \varepsilon^{1/2}\, d\varepsilon \tag{3.66}$$

となる．(3.63) では，ちょうど $\varepsilon = \mu_0$ のときのフェルミ分布関数の値は 1/2 であるが，ε を連続変数として上式のような積分をしたときには，このような 1 点だけの寄与は効いてこない．(3.66) の積分を計算すると

$$\rho = \frac{4\pi}{3}\left(\frac{2m}{h^2}\right)^{3/2} \mu_0^{3/2} \tag{3.67}$$

となる．

この式は，化学ポテンシャル（フェルミポテンシャル）μ_0 を与えて粒子数密度 ρ を計算する式ではなく，逆に粒子数密度が ρ に保たれるような平衡状態を実現するための化学ポテンシャル μ_0 を定める式である．(3.67) を μ_0 について解くと

$$\mu_0 = \frac{h^2}{2m}\left(\frac{3}{4\pi}\rho\right)^{2/3} \tag{3.68}$$

という結果が得られ，絶対零度では，化学ポテンシャル（フェルミポテンシャ

ル) は粒子数密度 ρ の 2/3 乗に比例して決まるということがわかったことになる．

[例題 3.6] 絶対零度 $T=0$ での u の値は，フェルミ粒子系のとり得るエネルギー密度の最低値である．この値は**フェルミエネルギー密度**とよばれることがある．これを e_F と記すことにする．e_F を，粒子数密度 ρ と絶対零度での化学ポテンシャル（フェルミポテンシャル）μ_0 を用いて表せ．

[解] (3.65) で $T=0$ とすると

$$e_F = 2\pi \left(\frac{2m}{h^2}\right)^{3/2} \int_0^{\mu_0} \varepsilon^{3/2}\, d\varepsilon$$
$$= \frac{4\pi}{5}\left(\frac{2m}{h^2}\right)^{3/2} \mu_0^{5/2}$$

が得られる．したがって，(3.67) を用いると，これは

$$e_F = \frac{3}{5}\mu_0 \rho \tag{3.69}$$

と表せる．

フェルミ温度

μ_0/k_B は温度の次元をもつ．これを**フェルミ温度**といい，

$$T_F = \frac{\mu_0}{k_B} \tag{3.70}$$

と記すことにする．このフェルミ温度よりも系の温度がずっと低く，$0 < T \ll T_F$ であるときの平衡状態を考えることにしよう．$T>0$ なので，化学ポテンシャル（フェルミポテンシャル）は μ_0 とは異なるが，μ_0 の値と近い．したがって，$\mu/k_B T$ は大きな値をとることになるので，フェルミ分布関数は図 3.6 のように振舞うことになる．つまり，フェルミ準位のごく近傍のエネルギー準位に対してだけ $f_{FD}^{(T,\mu)}(\varepsilon)$ は 0 と 1 の中間の値をとるが，μ より少しでも ε の値が小さければ $f_{FD}^{(T,\mu)}(\varepsilon) \simeq 1$，大きければ $f_{FD}^{(T,\mu)}(\varepsilon) \simeq 0$ である．

178   3. 量子理想気体

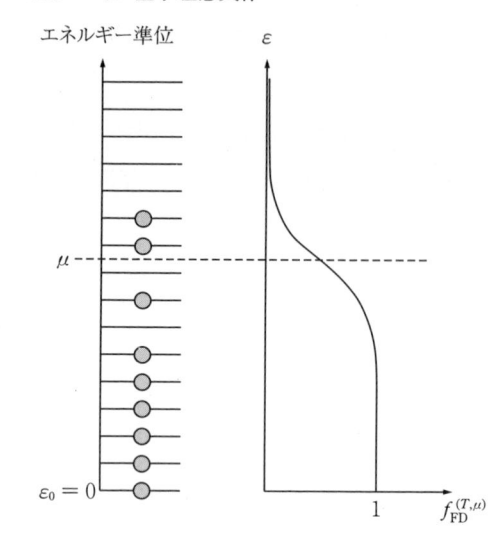

図 3.8 $T \ll T_F$ のときの縮退した自由フェルミ粒子系の様子

　この様子を図3.8に描いてみた．この図のように，低温 $T \ll T_F$ においては，フェルミ準位 μ よりも下のエネルギー準位はほぼ確実に粒子で占有されている．このような状態を，強く**縮退**した状態といい，フェルミ温度 T_F は**縮退温度**ともよばれる．

　この図3.8に描いたように，フェルミ準位 μ より低いエネルギー準位でも，ときどきは粒子がなく空いている場合もある．その分，フェルミ準位 μ より高いエネルギー準位が粒子で占有されていることもある．これは，フェルミポテンシャル μ 未満のエネルギーしかもっていなかった粒子が，熱エネルギーを受けてフェルミ準位よりも高いエネルギー準位に励起したことによる．絶対温度 T の熱平衡状態のときに1粒子が平均的に受けとることができる熱エネルギーは $k_B T$ の数倍である．このことは，図3.6においてフェルミ分布関数の値が1から0へ移行するエネルギー幅が $k_B T$ の数倍であることに対応している．

　実際，フェルミ分布関数 $f_{\rm FD}^{(T,\mu)}(\varepsilon)$ のエネルギー ε に対する変化率を $-k_B T \, df_{\rm FD}^{(T,\mu)}(\varepsilon)/d\varepsilon$ という関数で定義することにすると，これは

§ 3.3 理想フェルミ気体　179

$$-k_B T \frac{df_{FD}^{(T,\mu)}(\varepsilon)}{d\varepsilon}$$

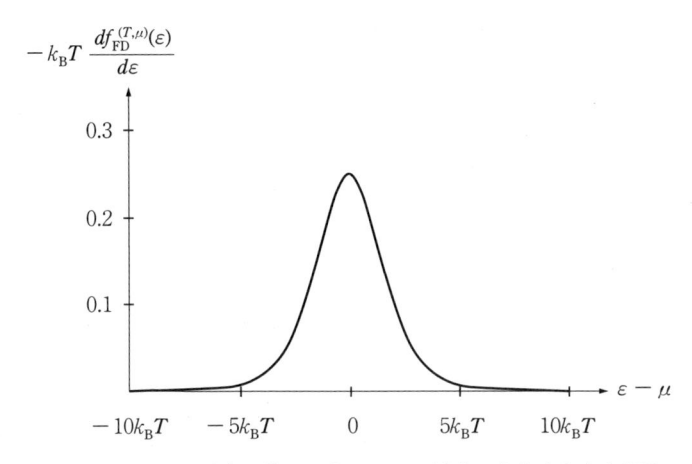

図 3.9 フェルミ分布関数のエネルギーに対する変化率を表す関数

$$-k_B T \frac{df_{FD}^{(T,\mu)}(\varepsilon)}{d\varepsilon} = \frac{e^{(\varepsilon-\mu)/k_B T}}{\{e^{(\varepsilon-\mu)/k_B T}+1\}^2}$$

$$= \frac{1}{\{e^{(\varepsilon-\mu)/k_B T}+1\}\{e^{-(\varepsilon-\mu)/k_B T}+1\}} \quad (3.71)$$

であるので，グラフに描くと図 3.9 のようになる．確かに $-5k_B T < \varepsilon - \mu < 5k_B T$ くらいの範囲でのみ変化があり，それ以外ではほぼゼロとなって変化がないことがわかる．

強く縮退した系に対して有用な近似式

粒子数密度 ρ と内部エネルギー密度 u を与える (3.64) と (3.65) はともに

$$I = \int_0^\infty f_{FD}^{(T,\mu)}(\varepsilon) \, g(\varepsilon) \, d\varepsilon$$

という形の積分である．$g(\varepsilon)$ の積分を

$$G(\varepsilon) = \int_0^\varepsilon g(\varepsilon') \, d\varepsilon' \quad (3.72)$$

と書くことにすると，部分積分の公式より

$$I = \left[f_{FD}^{(T,\mu)}(\varepsilon) \, G(\varepsilon)\right]_\varepsilon^\infty - \int_0^\infty \frac{df_{FD}^{(T,\mu)}(\varepsilon)}{d\varepsilon} \, G(\varepsilon) \, d\varepsilon \quad (3.73)$$

となる．$f_{\text{FD}}^{(T,\mu)}(\varepsilon)$ は図 3.9 で見たように，$\varepsilon \to \infty$ で指数関数的に速くゼロに収束する．よって，$G(\varepsilon)$ が $\varepsilon \to \infty$ で指数関数以上の速さで発散するようなことがなければ，右辺の第 1 項で $\varepsilon = \infty$ とした値はゼロである．また，定義 (3.72) より，$G(0) = 0$ である．以下では，(3.73) の右辺第 1 項がゼロである場合を考えることにする．

フェルミ分布関数の変化率を表す (3.71) は $(\varepsilon - \mu)/k_\text{B}T$ の関数なので，これを以下では

$$h(x) = -\frac{d}{dx}\frac{1}{e^x + 1} = \frac{e^x}{(e^x + 1)^2} = \frac{1}{(e^x + 1)(e^{-x} + 1)} \tag{3.74}$$

と書くことにする．すると，(3.73) より

$$\begin{aligned}I &= \frac{1}{k_\text{B}T}\int_0^\infty h\!\left(\frac{\varepsilon - \mu}{k_\text{B}T}\right) G(\varepsilon)\,d\varepsilon \\ &= \int_{-\mu/k_\text{B}T}^\infty h(x)\,G(\mu + k_\text{B}Tx)\,dx \end{aligned} \tag{3.75}$$

となる．ただし，ここで $(\varepsilon - \mu)/k_\text{B}T = x$ と積分変数を変換した．

フェルミ粒子系が強く縮退している $\mu \gg k_\text{B}T$ の場合には，(3.75) の積分区間 $[-\mu/k_\text{B}T, \infty)$ を $(-\infty, \infty)$ におき換えてもよい．また，$G(\mu + k_\text{B}Tx)$ を

$$G(\mu + k_\text{B}Tx) = G(\mu) + g(\mu)\,k_\text{B}Tx + \frac{1}{2}g'(\mu)(k_\text{B}T)^2 x^2 + \cdots$$

とテイラー展開することにする．ただし，G は (3.72) で定義されているので，$G(\varepsilon)$ の 1 階微分は $G'(\varepsilon) = g(\varepsilon)$ であり，2 階微分は $g(\varepsilon)$ の 1 階微分に等しい（つまり $G''(\varepsilon) = g'(\varepsilon)$ である）ことを用いた．すると (3.75) は

$$\begin{aligned}I = G(\mu)\int_{-\infty}^\infty h(x)\,dx &+ g(\mu)\,k_\text{B}T\int_{-\infty}^\infty h(x)\,x\,dx \\ &+ \frac{1}{2}g'(\mu)\,(k_\text{B}T)^2\int_{-\infty}^\infty h(x)\,x^2\,dx + \cdots \end{aligned} \tag{3.76}$$

§ 3.3 理想フェルミ気体　181

と展開することができる．ここで

$$\int_{-\infty}^{\infty} h(x)\,dx = -\int_{-\infty}^{\infty} \frac{d}{dx}\frac{1}{e^x+1}\,dx$$
$$= -\left[\frac{1}{e^x+1}\right]_{-\infty}^{\infty} = 1 \tag{3.77}$$

であり，$h(x)$ は (3.74) の最後の表式を見れば明らかなように偶関数なので

$$\int_{-\infty}^{\infty} h(x)\,x\,dx = 0 \tag{3.78}$$

である．

また，

$$\int_{-\infty}^{\infty} h(x)\,x^2\,dx = 2\int_{0}^{\infty} h(x)\,x^2\,dx$$
$$= -2\int_{-\infty}^{\infty}\left(\frac{d}{dx}\frac{1}{e^x+1}\right)x^2\,dx$$

なので，部分積分を行なうと

$$\int_{-\infty}^{\infty} h(x)\,x^2\,dx = -2\left[\frac{1}{e^x+1}x^2\right]_0^{\infty} + 2\int_0^{\infty}\frac{2x}{e^x+1}\,dx$$
$$= 4\int_0^{\infty}\frac{x}{e^x+1}\,dx \tag{3.79}$$

となる．この被積分関数は

$$\frac{x}{e^x+1} = \frac{xe^{-x}}{1+e^{-x}} = x\sum_{k=1}^{\infty}(-1)^{k+1}e^{-kx}$$

と展開できるので，

$$\int_0^{\infty}\frac{x}{e^x+1}\,dx = \sum_{k=1}^{\infty}(-1)^{k+1}\int_0^{\infty}xe^{-kx}\,dx$$

と項別積分すればよいことになる．

ここで $xe^{-kx} = -(\partial/\partial k)e^{-kx}$ なので

$$\int_0^{\infty} xe^{-kx}\,dx = -\frac{d}{dk}\int_0^{\infty} e^{-kx}\,dx = -\frac{d}{dk}\left[-\frac{1}{k}e^{-kx}\right]_0^{\infty}$$
$$= -\frac{d}{dk}\frac{1}{k} = \frac{1}{k^2}$$

であるから，

$$\int_0^\infty \frac{x}{e^x+1}\,dx = \sum_{k=1}^\infty \frac{(-1)^{k+1}}{k^2} \tag{3.80}$$

となる．ところが

$$\sum_{k=1}^\infty \frac{(-1)^{k+1}}{k^2} = \sum_{k\geq 1\,:\,k=奇数} \frac{1}{k^2} - \sum_{k\geq 1\,:\,k=偶数} \frac{1}{k^2} = \sum_{k=1}^\infty \frac{1}{k^2} - 2\sum_{k\geq 1\,:\,k=偶数} \frac{1}{k^2}$$

$$= \sum_{k=1}^\infty \frac{1}{k^2} - 2\sum_{k=1}^\infty \frac{1}{(2k)^2} = \sum_{k=1}^\infty \frac{1}{k^2} - \frac{1}{2}\sum_{k=1}^\infty \frac{1}{k^2}$$

であるから，

$$\sum_{k=1}^\infty \frac{(-1)^{k+1}}{k^2} = \frac{\zeta(2)}{2} \tag{3.81}$$

であることがわかる．ただし，$\zeta(2)$ はリーマンのゼータ関数 (3.45) で $x=2$ としたときの値である．この値は次式で与えられる．

《数学公式 4》 リーマンのゼータ関数 $\zeta(x)$ の $x=2$ の値は

$$\zeta(2) = \sum_{k=1}^\infty \frac{1}{x^2} = \frac{\pi^2}{6} \tag{3.82}$$

である．[†]

よって，(3.79), (3.80), および (3.81) より

$$\int_{-\infty}^\infty h(x)\,x^2\,dx = 2\zeta(2) = \frac{\pi^2}{3} \tag{3.83}$$

であることになる．だいぶ計算が長くなってしまったが，(3.76) の 4 項目以降は無視することにすると，$\varepsilon \to \infty$ で $g(\varepsilon)e^{-\varepsilon} \to 0$ となるような関数 $g(\varepsilon)$ に対して，強く縮退した自由フェルミ粒子系では近似式

$$\int_0^\infty f_{\mathrm{FD}}^{(T,\mu)}(\varepsilon)\,g(\varepsilon)\,d\varepsilon \simeq \int_0^\mu g(\varepsilon)\,d\varepsilon + \frac{(\pi k_\mathrm{B} T)^2}{6}g'(\mu) \tag{3.84}$$

[†] 《数学公式》については付録 A.1 を参照せよ．

が使えることが導かれたことになる．

物理量の計算

この近似式を用いて，$g(\varepsilon) = 2\pi(2m/h^2)^{3/2}\varepsilon^{1/2}$ の場合について，粒子密度 ρ に対する (3.64) を計算してみよう．第 1 項は (3.67) で μ_0 を μ にしたものに等しく，

$$\rho \simeq \frac{4\pi}{3}\left(\frac{2m}{h^2}\right)^{3/2}\mu^{3/2} + \frac{(\pi k_B T)^2}{6}\pi\left(\frac{2m}{h^2}\right)^{3/2}\mu^{-1/2}$$

となるが，これは (3.67) を用いると

$$\rho \simeq \rho\left(\frac{\mu}{\mu_0}\right)^{3/2}\left\{1 + \frac{\pi^2}{8}\left(\frac{T}{T_F}\right)^2\left(\frac{\mu_0}{\mu}\right)^2\right\}$$

と書き直せる．ただし，T_F は (3.70) で定義されたフェルミ温度である．よって，両辺を ρ で割ると，

$$\left(\frac{\mu}{\mu_0}\right)^{3/2}\left\{1 + \frac{\pi^2}{8}\left(\frac{T}{T_F}\right)^2\left(\frac{\mu_0}{\mu}\right)^2\right\} \simeq 1 \tag{3.85}$$

という関係式が得られたことになる．

粒子数密度 ρ が表式からなくなってしまったが，(3.68) と (3.70) に従って ρ から μ_0 と T_F が定まるので，これはやはり ρ から μ を決める式なのである．実際，この関係式から

$$\mu \simeq \mu_0\left\{1 + \frac{\pi^2}{8}\left(\frac{T}{T_F}\right)^2\left(\frac{\mu_0}{\mu}\right)^2\right\}^{-2/3}$$

$$\simeq \mu_0\left\{1 - \frac{\pi^2}{12}\left(\frac{T}{T_F}\right)^2\left(\frac{\mu_0}{\mu}\right)^2\right\}$$

$$\simeq \mu_0\left\{1 - \frac{\pi^2}{12}\left(\frac{T}{T_F}\right)^2\right\} \tag{3.86}$$

が得られる．つまり，化学ポテンシャル（フェルミポテンシャル）は $T=0$ の値 μ_0 から T/T_F の 2 乗に比例して減少するのである．

［例題 3.7］ 理想フェルミ気体が強く縮退している場合に，内部エネルギー密度を求めよ．

[解] 内部エネルギー密度 (3.65) を近似公式 (3.84) を用いて計算する．今度は，$g(\varepsilon) = 2\pi(2m/h^2)^{3/2}\varepsilon^{3/2}$ の場合である．

$$u \simeq \frac{4\pi}{5}\left(\frac{2m}{h^2}\right)^{3/2}\mu^{5/2} + \frac{\pi}{2}(\pi k_B T)^2\left(\frac{2m}{h^2}\right)^{3/2}\mu^{1/2}$$

$$= \frac{4\pi}{5}\left(\frac{2m}{h^2}\right)^{3/2}\mu_0^{5/2}\left(\frac{\mu}{\mu_0}\right)^{5/2}\left\{1 + \frac{5\pi^2}{8}\left(\frac{T}{T_F}\right)^2\left(\frac{\mu_0}{\mu}\right)^2\right\}$$

となるので，[例題 3.6] の (3.69) で与えられたフェルミエネルギー密度 e_F を用いると

$$u \simeq e_F\left(\frac{\mu}{\mu_0}\right)^{5/2}\left\{1 + \frac{5\pi^2}{8}\left(\frac{T}{T_F}\right)^2\left(\frac{\mu_0}{\mu}\right)^2\right\}$$

と書ける．これに (3.86) の結果を代入すると

$$u \simeq e_F\left\{1 - \frac{5\pi^2}{24}\left(\frac{T}{T_F}\right)^2\right\}\left\{1 + \frac{5\pi^2}{8}\left(\frac{T}{T_F}\right)^2\right\}$$

$$\simeq e_F\left\{1 + \frac{5\pi^2}{12}\left(\frac{T}{T_F}\right)^2\right\} \qquad (3.87)$$

と求められる．

フェルミ粒子系は絶対零度 $T=0$ において，フェルミ準位以下のエネルギー準位に完全に縮退している．フェルミ粒子系の温度を少し上げると，各粒子におおよそ $k_B T$ ずつの熱エネルギーが分配される．分配されるエネルギーは，温度の上昇に比例して大きくなるわけであるが，それとともに熱エネルギーをもらって，フェルミ準位よりも上のエネルギー準位に励起される粒子の数も増える．その数もまた，T に比例するのである．この相乗効果により，自由フェルミ粒子系の内部エネルギーは T の 2 乗に比例して増大することになるのである．これが (3.87) の物理的な意味である．

1 粒子当りの定積比熱は

$$c_V = \frac{1}{N}\frac{\partial U_{FD}}{\partial T} = \frac{1}{\rho}\frac{\partial u}{\partial T}$$

で与えられるので，(3.87) の結果から

である.ここで,(3.69) とフェルミ温度の定義 (3.70) より

$$\frac{e_{\rm F}}{\rho} = \frac{3}{5}\mu_0 = \frac{3}{5}k_{\rm B}T_{\rm F}$$

であるから,これは

$$c_V(T) \simeq \frac{\pi^2}{2}\frac{T}{T_{\rm F}}k_{\rm B} \tag{3.89}$$

と書けることになる.すなわち,理想フェルミ気体の定積比熱は,$T \ll T_{\rm F}$ である低温では T に比例することになる.

[**例題 3.8**] 電子はフェルミ粒子であるが,特に金属中で電気伝導を担っている**自由電子**は,近似的に自由フェルミ粒子として取り扱うことができる.

(1) §2.2 で述べたように,電子は大きさ $s = 1/2$ のスピンをもち,スピン変数 $\sigma = 1$(スピン上向き)の状態と $\sigma = -1$(スピン下向き)の状態の2つの異なる状態をとることができる.スピン状態が異なる電子は別の粒子として区別できるため,互いに他の種類の粒子であると見なすことができて,その間にはパウリの排他律は適用されない.

その結果,電子から成るフェルミ粒子系では,各1粒子エネルギー準位を $\sigma = 1$ の状態の電子と $\sigma = -1$ の状態の電子の,合計2個の電子が同時に占有することが許される.この場合には,絶対零度での化学ポテンシャル(フェルミポテンシャル)μ_0 に対する公式 (3.68) はどのように変更されるか答えよ.

(2) 銀の中には,$1\,\text{cm}^3$ 当り約 5.8×10^{22} 個の自由電子がある.電子の質量を真空中での値 $m_{\rm e} = 9.11 \times 10^{-31}\,[\text{kg}]$ として,フェルミ温度(縮退温度)$T_{\rm F}\,[\text{K}]$ の値を計算せよ.

[**解**] (1) 1粒子状態密度関数 $D_1(\varepsilon)$ を2倍にすればよいので,(3.67) の右辺も2倍になり,

(3.88)

3. 量子理想気体

$$\rho = \frac{8\pi}{3}\left(\frac{2m}{h^2}\right)^{3/2}\mu_0^{3/2} \tag{3.90}$$

となる. これを μ_0 について解くと

$$\mu_0 = \frac{h^2}{2m}\left(\frac{3}{8\pi}\rho\right)^{2/3} \tag{3.91}$$

という公式が得られる.

　(2)　体積 $V = 1\ [\mathrm{cm}^3] = 1 \times 10^{-6}\ [\mathrm{m}^3]$ の中に 5.8×10^{22} 個の自由電子があるので, 粒子数密度は

$$\rho = \frac{5.8 \times 10^{22}}{1 \times 10^{-6}} = 5.8 \times 10^{28}\ [\mathrm{m}^{-3}]$$

である. プランク定数 h は (1.3) で与えてあるので, これらの値を上で導いた公式 (3.91) に代入すると,

$$\mu_0 = 8.75 \times 10^{-19}\ [\mathrm{J}]$$

と求められる. よって, フェルミ温度は, ボルツマン定数 k_B の値 (1.29) を用いて

$$T_\mathrm{F} = \frac{\mu_0}{k_\mathrm{B}} = 6.34 \times 10^4\ [\mathrm{K}]$$

となる. 室温を 20 ℃ とすると, それは約 $273 + 20 = 293\ [\mathrm{K}] \simeq 3 \times 10^2\ [\mathrm{K}]$ であるから, 室温はこの T_F の値に比べて十分に低温であることになる. したがって, 室温でも金属中の自由電子は強く縮退した状態であることがわかる.

　金属中の伝導電子の比熱は特に**電子比熱**とよばれており, 様々な金属に対してその温度依存性が実験的に調べられている. そして多くの場合, 理想フェルミ気体に対する計算結果と同様に, $0 < T \ll T_\mathrm{F}$ のとき絶対温度 T に比例することが検証されている. 比例係数は (3.89) で示されているようにフェルミ温度 T_F に反比例するが, T_F は μ_0 に比例し, μ_0 は上の ［例題 3.8］ で求めた (3.91) にあるように電子の質量 m に反比例する. 結局, 電子比熱の絶対温度 T に対する比例係数は, 電子の質量に比例することになる.

　よって, 実験結果を理論式と比較することによって, 簡単に, 金属中の伝導電子の質量の値を見積もることができる. 測定の結果得られた金属中の伝

導電子の質量 m は，真空中の電子の質量 m_e とは一般に異なる．その違いから，金属の電子物性に関する情報が得られるのである．

[本章の要点]

1. 量子力学的な粒子は，ボース粒子とフェルミ粒子の2種類に分類される．1つのミクロな状態を，複数のボース粒子が同時に占有することができる．しかし，フェルミ粒子の間にはパウリの排他律がはたらき，各ミクロな状態を占有できるフェルミ粒子は1個だけである．

2. 平衡状態において，各エネルギー準位 ε を占有する粒子数の平均値は，ボース粒子系に対してはボース分布関数 $f_\mathrm{BE}^{(T,\mu)}(\varepsilon)$ で，フェルミ粒子系に対してはフェルミ分布関数 $f_\mathrm{FD}^{(T,\mu)}(\varepsilon)$ で，それぞれ与えられる．ボース分布関数に基づいた量子統計をボース–アインシュタイン統計，フェルミ分布関数に基づいた量子統計をフェルミ–ディラック統計とよぶ．

3. 平衡状態にある自由ボース粒子系の熱力学極限を，理想ボース気体という．同様に，平衡状態にある自由フェルミ粒子系の熱力学極限を，理想フェルミ気体という．音波や電磁波といった波動状態は，量子統計力学的には，フォノンや光子（フォトン）といったボース粒子から成る多粒子系と見なすことができる．他方，電子はフェルミ粒子であり，金属中で電気伝導を担っている自由電子系は，自由フェルミ粒子系として扱うことができる．したがって，いろいろな物質の平衡状態における特性（物性）を理解するのに，量子理想気体に対する知識はとても大切である．

4. 理想ボース気体は，高密度・低温でボース–アインシュタイン凝縮を起こす．ボース–アインシュタイン凝縮とは，マクロなオーダーの個数の粒子が，基底エネルギー状態に落ち込む現象である．この凝縮現象は，超流動状態や超伝導状態が実現されるために重要な役割を果たすことが知られている．

5. 理想フェルミ気体は，高密度・低温で縮退状態になる．縮退状態とは，フェルミ準位以下のエネルギー準位が，ほぼすべて粒子で占有された状態をいう．フェルミ準位より下のエネルギー準位を占有していた粒子は，熱エネルギー $k_B T$ をもらって，フェルミ準位より上のエネルギー準位に励起される．その励起の様子によって，理想フェルミ気体の熱力学的な振舞いが定められる．

演習問題

[1] デバイは固体の格子振動のモデルを考える際に，固体の結晶格子の離散的な構造は無視して，これを連続的で等方的な物質として近似することを行なった（**デバイの固体モデル**）．連続体中の振動とは**音波**のことであり，$\boldsymbol{k} = (k_x, k_y, k_z)$ を波数ベクトルとして，$k = |\boldsymbol{k}| = \sqrt{k_x^2 + k_y^2 + k_z^2}$ と書くと，その振動数は

$$\nu = \frac{ck}{2\pi} \tag{3.92}$$

で与えられる．ただし，ここで c は音速を表すものとする．

波数ベクトルの各成分 k_s, $s = x, y, z$ は，それぞれの方向に進む音波の波長 λ_s と $k_s = 2\pi/\lambda_s$ という関係にある．固体の結晶が3辺 L_x, L_y, L_z の直方体であるとすると，それぞれの方向に進む音波が定常波であるためには，$s = x, y, z$ それぞれに対して

$$\lambda_s = \frac{2L_s}{n_s} \quad (n_s = 1, 2, 3, \cdots) \tag{3.93}$$

という関係を満たしていなければならない．

以上のことから，3つの自然数を成分にもつベクトル $\boldsymbol{n} = (n_x, n_y, n_z)$ の各々に対して，1つの波数ベクトル $\boldsymbol{k} = (\pi n_x/L_x, \pi n_y/L_y, \pi n_z/L_z)$ が定まり，定常波として実現できる音波の振動数 ν が1つずつ，関係式

$$\nu = \nu(\boldsymbol{n})$$
$$= \frac{c}{2\pi}\sqrt{\left(\frac{\pi n_x}{L_x}\right)^2 + \left(\frac{\pi n_x}{L_y}\right)^2 + \left(\frac{\pi n_x}{L_z}\right)^2}$$
$$= \sqrt{\left(\frac{cn_x}{2L_x}\right)^2 + \left(\frac{cn_y}{2L_y}\right)^2 + \left(\frac{cn_z}{2L_z}\right)^2} \qquad (3.94)$$

によって定められることになる．このように，ベクトル $\boldsymbol{n}$ で指定された定常音波を，ここではモードとよぶことにする．

(1) 振動数が ν 以下の音波のうち，この固体中の定常波として実現できるモードの総数は $4\pi\nu^3 V/3c^3$ であることを説明せよ．ただし，V は固体の体積 $V = L_x L_y L_z$ である．

(2) 振動数の値が ν と $\nu + d\nu$ の間にあるモードの数を $dn(\nu)$ と書くことにする．

$$\mathscr{D}(\nu) = \frac{4\pi\nu^2 V}{c^3} \qquad (3.95)$$

とおくと，これは

$$dn(\nu) = \mathscr{D}(\nu)\, d\nu \qquad (3.96)$$

で与えられることを示せ．なお，(3.95) で与えられる $\mathscr{D}(\nu)$ をモード密度関数とよぶことにする．

(3) 固体中の原子数を N とすると，各原子の振動は x, y, z 方向の 3 種類あるので，振動の自由度の総数は $3N$ である．これが有限であることから，固体中の音波の振動数には上限値 ν_D があり，これは

$$\int_0^{\nu_\mathrm{D}} dn(\nu) = 3N \qquad (3.97)$$

によって定まることになる（ν_D をデバイ振動数とよぶ）．ν_D を求め，これを用いると，モード密度関数 (3.95) は

$$\mathscr{D}(\nu) = \frac{9N}{\nu_\mathrm{D}^3}\nu^2 \qquad (3.98)$$

と書けることを示せ．

(4) §3.1 で述べたように，音波を量子化して得られる粒子であるフォノンは，化学ポテンシャル $\mu = 0$ のボース粒子である．振動数 ν のモードはエネル

ギー $\varepsilon = h\nu$ のエネルギー状態であり,絶対温度 T の熱平衡状態において,この状態を占有するフォノンの平均個数は,ボース分布関数 (3.32) で $\varepsilon = h\nu, \mu = 0$ とした

$$f_{\text{BE}}^{(T,0)}(h\nu) = \frac{1}{e^{h\nu/k_{\text{B}}T} - 1} \tag{3.99}$$

で与えられる.

以上の考察より,デバイの固体モデルにおける内部エネルギーは

$$U = \int_0^{\nu_{\text{D}}} h\nu\, f_{\text{BE}}^{(T,0)}(h\nu)\, dn(\nu) = \int_0^{\nu_{\text{D}}} h\nu\, f_{\text{BE}}^{(T,0)}(h\nu)\, \mathscr{D}(\nu)\, d\nu \tag{3.100}$$

で与えられることになる.固体中の原子の数密度 $\rho = N/V$ を一定にして熱力学極限 $V \to \infty$ をとり,単位体積当りの内部エネルギー密度 $u = \lim_{V \to \infty} U/V$ を求めよ.

(5) **デバイ温度**を

$$\Theta_{\text{D}} = \frac{h\nu_{\text{D}}}{k_{\text{B}}} \tag{3.101}$$

で定義する.また,$x > 0$ に対して

$$g(x) = \frac{3}{x^3} \int_0^x \frac{\xi^4 e^\xi}{(e^\xi - 1)^2}\, d\xi \tag{3.102}$$

という関数を定義しておく.すると,単位体積当りの定積比熱 $\bar{c}_V = \partial u/\partial T$ は

$$\bar{c}_V = 3\rho k_{\text{B}}\, g\!\left(\frac{\Theta_{\text{D}}}{T}\right) \tag{3.103}$$

で与えられることを示せ.これを**デバイの比熱の式**という.

(6) デバイ温度 Θ_{D} よりも十分高温 ($T \gg \Theta_{\text{D}}$) のときには

$$\bar{c}_V \simeq 3\rho k_{\text{B}} \tag{3.104}$$

となることを示せ.これは古典的な調和振動子が単位体積当り 3ρ 個ある場合の単位体積当りの比熱である(第2章の演習問題 [17] を参照).高温では固体結晶の比熱は,物質の種類によらずに (3.104) で与えられることが知られており,**デュロン–プティの法則**とよばれている.

(7) 逆に，デバイ温度 Θ_D に比べて十分に低い温度 ($T \ll \Theta_D$) のときには c_V は T^3 に比例することを示せ．これは**デバイの T^3 法則**とよばれる．固体結晶物質でデバイ温度 Θ_D が数百 K 程度のものが何種類もあるが，その多くにおいて，約 10 K 以下の低温では，この法則がよく成り立つことが実験的に確認されている．

[2] 体積 V の箱があり，その中の定常電磁波が，絶対温度 T の熱平衡状態にあるものとする．電磁波の入っている箱を3辺が L_x, L_y, L_z の立方体として，上の [1] のデバイの固体モデルと同様に考えると，電磁波の場合も音波と同じく3つの自然数を成分とするベクトル $\boldsymbol{n} = (n_x, n_y, n_z)$ に対して，定常波の振動数 ν が (3.94) によって1つずつ与えられることがわかる．ただし，ここでは c は光速度 (2.206) である．

また，光には各振動数 ν に対して2つの**偏光**があるので，定常モードの密度関数は音波に対して求めた (3.95) の2倍の

$$\mathscr{D}(\nu) = \frac{8\pi\nu^2 V}{c^3} \tag{3.105}$$

で与えられる．

(1) 絶対温度 T の熱平衡状態において，ν と $\nu + d\nu$ の間の振動数をもつ定常な電磁波のエネルギーを $u^{(T)}(\nu)\,d\nu$ と書くことにする．振動数 ν の電磁波はエネルギー $\varepsilon = h\nu$ をもつ光子の集団と見なすことができる．光子は化学ポテンシャル $\mu = 0$ のボース粒子であるので，$\varepsilon = h\nu, \mu = 0$ のときのボース分布関数 (3.99) とモード密度関数 (3.105) を用いて

$$u^{(T)}(\nu) = h\nu \, f_{\text{BE}}^{(T,0)}(h\nu) \, \mathscr{D}(\nu) \tag{3.106}$$

という等式が成り立つことになる．つまり，

$$u^{(T)}(\nu) = \frac{8\pi h V}{c^3} \frac{\nu^3}{e^{h\nu/k_B T} - 1} \tag{3.107}$$

が成り立つ．これを**プランクの輻射公式**という．

高温，または低振動数（長波長）の電磁波のみを取り扱う場合には，$k_B T \gg h\nu$ が成り立つが，このときには (3.107) は

192   3. 量子理想気体

$$u^{(T)}(\nu) \simeq k_B T \, \mathscr{D}(\nu) \tag{3.108}$$

と近似できることを示せ．これは，各モードごとに $k_B T$ ずつ熱エネルギーを等分配した状態を表す式であり，**レイリー–ジーンズの輻射式**とよばれる．

（2） 低温，または高振動数（短波長）の電磁波のみを取り扱う場合には $k_B T \ll h\nu$ が成り立つが，このときには (3.106) は

$$u^{(T)}(\nu) \simeq h\nu e^{-h\nu/k_B T} \mathscr{D}(\nu) \tag{3.109}$$

と近似できることを示せ．これは，各モードごとにボルツマン因子 $e^{-\varepsilon/k_B T}$ の重みでエネルギー $\varepsilon = h\nu$ を与えた式である．これを**ウィーンの輻射式**という．

（3） (3.106) を振動数 ν について積分すると，内部エネルギー $U(T)$ が求められる．これを体積 V で割ることにより，内部エネルギー密度 $u(T) = U(T)/V$ を求めよ．そしてこれが，絶対温度 T の4乗に比例することを導け．つまり，T にはよらないある定数 a があって

$$u(T) = aT^4 \tag{3.110}$$

と表されることを示せ．これを**シュテファン–ボルツマンの法則**という．

[3] 上の [2] で見たように，熱平衡状態にある定常電磁波は，光子の理想ボース気体と見なすことができる．それゆえ，これを**光子気体**とよぶこともある．理想ボース気体の大分配関数の対数は (3.29) で与えられるが，この式で ε_k を振動数 ν の光子のエネルギー $h\nu$ におき換え，化学ポテンシャルを $\mu = 0$ として，エネルギー準位 k についての和を定常モードに対する積分におき換えると

$$\begin{aligned}\log \varXi(T,\mu) &= -\int_0^\infty \log\left(1 - e^{-h\nu/k_B T}\right) \mathscr{D}(\nu)\, d\nu \\ &= -\frac{8\pi V}{c^3} \int_0^\infty \nu^2 \log\left(1 - e^{-h\nu/k_B T}\right) d\nu \end{aligned} \tag{3.111}$$

という表式が得られる．ただしここで，電磁波の定常モード密度関数の式 (3.105) を用いた．

グランドカノニカル分布における圧力の公式 (1.118) を用いて，この光子気体の圧力 p と [2] で求めた内部エネルギー密度 (3.110) との間に

$$p = \frac{1}{3}u \tag{3.112}$$

という関係式が成り立つことを導け．この関係式は第2章の演習問題［9］の(2.211)に等しい．光子は相対論的な粒子だからである．

［4］ ［例題 3.2］ではボース－アインシュタイン凝縮を起こしていない（つまり，$T > T_c$ のときの）理想ボース気体の粒子数密度に対して，

$$\rho_{\mathrm{BE}} = \left(\frac{2\pi m k_{\mathrm{B}} T}{h^2}\right)^{3/2} \sum_{k=1}^{\infty} \frac{e^{-ka}}{k^{3/2}}$$

という e^{-a} についての展開公式を導いた．ただし，ここで

$$a = -\frac{\mu}{k_{\mathrm{B}} T} \tag{3.113}$$

である．理想フェルミ気体に対しては，同様にして次の展開公式が導かれることを示せ．

$$\rho_{\mathrm{FD}} = \left(\frac{2\pi m k_{\mathrm{B}} T}{h^2}\right)^{3/2} \sum_{k=1}^{\infty} \frac{(-1)^{k-1} e^{-ka}}{k^{3/2}} \tag{3.114}$$

［5］* 自由ボース粒子系と自由フェルミ粒子系の大分配関数の対数 (3.29) と (3.58) は，系の体積 V が大きいときには，積分

$$\log \Xi_{\mathrm{BE}}(T, \mu) = -\int_0^\infty \log\left\{1 - e^{-(\varepsilon - \mu)/k_{\mathrm{B}} T}\right\} D_1(\varepsilon)\, d\varepsilon$$

$$\log \Xi_{\mathrm{FD}}(T, \mu) = \int_0^\infty \log\left\{1 + e^{-(\varepsilon - \mu)/k_{\mathrm{B}} T}\right\} D_1(\varepsilon)\, d\varepsilon$$

でそれぞれ与えられる．ここで $D_1(\varepsilon)$ は1粒子密度関数である．

（1） 上式の $D_1(\varepsilon)$ に (3.38) を代入して，グランドカノニカル分布における圧力の公式 (1.118) を用いることにより，次の公式を導け．

$$p_{\mathrm{BE}} = \frac{4\pi}{3} \left(\frac{2m}{h^2}\right)^{3/2} \int_0^\infty \frac{\varepsilon^{3/2}}{e^{(\varepsilon-\mu)/k_{\mathrm{B}} T} - 1}\, d\varepsilon \tag{3.115}$$

$$p_{\mathrm{FD}} = \frac{4\pi}{3} \left(\frac{2m}{h^2}\right)^{3/2} \int_0^\infty \frac{\varepsilon^{3/2}}{e^{(\varepsilon-\mu)/k_{\mathrm{B}} T} + 1}\, d\varepsilon \tag{3.116}$$

（ヒント： 部分積分を行なうとよい．）

（2） $a = -\mu/k_{\mathrm{B}} T$ としたときの e^{-a} についての展開公式

$$\frac{p_{\mathrm{BE}}}{k_{\mathrm{B}} T} = \left(\frac{2\pi m k_{\mathrm{B}} T}{h^2}\right)^{3/2} \sum_{k=1}^{\infty} \frac{e^{-ka}}{k^{5/2}} \tag{3.117}$$

194   3. 量子理想気体

$$\frac{p_{\mathrm{FD}}}{k_{\mathrm{B}}T} = \left(\frac{2\pi m k_{\mathrm{B}}T}{h^2}\right)^{3/2} \sum_{k=1}^{\infty} \frac{(-1)^{k-1} e^{-ka}}{k^{5/2}} \tag{3.118}$$

を導け.

[6]* （1） [例題 3.2] と上の [5] では，自由ボース粒子系に対して，$e^{-a} = e^{\mu/k_{\mathrm{B}}T}$ についての

$$\rho_{\mathrm{BE}} = \left(\frac{2\pi m k_{\mathrm{B}}T}{h^2}\right)^{3/2} \left(e^{-a} + \frac{e^{-2a}}{2^{3/2}} + \cdots\right) \tag{3.119}$$

$$\frac{p_{\mathrm{BE}}}{k_{\mathrm{B}}T} = \left(\frac{2\pi m k_{\mathrm{B}}T}{h^2}\right)^{3/2} \left(e^{-a} + \frac{e^{-2a}}{2^{5/2}} + \cdots\right) \tag{3.120}$$

という展開公式を導いた. (3.119) より

$$e^{-a} = \left(\frac{2\pi m k_{\mathrm{B}}T}{h^2}\right)^{-3/2} \rho_{\mathrm{BE}} - \frac{e^{-2a}}{2^{3/2}} + \cdots \tag{3.121}$$

が得られるが，この右辺の第 2 項の $e^{-2a} = (e^{-a})^2$ に (3.121) の第 1 項の 2 乗を代入すると

$$e^{-a} = \left(\frac{2\pi m k_{\mathrm{B}}T}{h^2}\right)^{-3/2} \rho_{\mathrm{BE}} - \frac{1}{2^{3/2}} \left(\frac{2\pi m k_{\mathrm{B}}T}{h^2}\right)^{-3} \rho_{\mathrm{BE}}^2 + \cdots \tag{3.122}$$

という展開が得られる. (3.119) は ρ_{BE} を e^{-a} で展開したものであるが，(3.122) は逆に e^{-a} を ρ_{BE} で展開したものである.

　上のように順番に代入していって，逆の展開公式を得る方法を，**逐次代入法**という. (3.122) の展開は $\rho_{\mathrm{BE}}/(k_{\mathrm{B}}T)^{3/2}$ が小さいときに有効であるので，この展開は**低密度・高温展開**とよばれる. (3.122) と，この式の第 1 項の 2 乗を (3.120) の右辺の e^{-a} と e^{-2a} にそれぞれ代入すると，理想ボース気体の状態方程式に対して，次のような展開公式が得られることを示せ.

$$\frac{p_{\mathrm{BE}}}{k_{\mathrm{B}}T} = \rho_{\mathrm{BE}} - \frac{1}{2^{5/2}} \left(\frac{h^2}{2\pi m k_{\mathrm{B}}T}\right)^{3/2} \rho_{\mathrm{BE}}^2 + \cdots \tag{3.123}$$

（2）自由フェルミ粒子系に対しては，[4] および [5] で，$e^{-a} = e^{\mu/k_{\mathrm{B}}T}$ についての

$$\rho_{\mathrm{FD}} = \left(\frac{2\pi m k_{\mathrm{B}}T}{h^2}\right)^{3/2} \left(e^{-a} - \frac{e^{-2a}}{2^{3/2}} + \cdots\right) \tag{3.124}$$

$$\frac{p_{\mathrm{FD}}}{k_{\mathrm{B}}T} = \left(\frac{2\pi m k_{\mathrm{B}} T}{h^2}\right)^{3/2}\left(e^{-a} - \frac{e^{-2a}}{2^{5/2}} + \cdots\right) \tag{3.125}$$

という展開公式を導いた．（1）と同様にして，理想フェルミ気体の状態方程式に対する展開公式

$$\frac{p_{\mathrm{FD}}}{k_{\mathrm{B}}T} = \rho_{\mathrm{FD}} + \frac{1}{2^{3/2}}\left(\frac{h^2}{2\pi m k_{\mathrm{B}} T}\right)^{3/2}\rho_{\mathrm{FD}}^2 + \cdots \tag{3.126}$$

を導け．

古典的な理想気体の状態方程式は

$$\frac{p}{k_{\mathrm{B}}T} = \rho \tag{3.127}$$

である．(3.123)はこの右辺に負の項が加わったものなので，理想ボース気体では**量子補正**によって圧力が小さくなることを意味している．このことは，ボース粒子系では自由粒子系であっても，古典的な自由粒子系に比べると粒子間に引力がはたらいているかのように振舞うことを意味している．高密度・低温になると，理想ボース気体では粒子間の有効的な引力の結果，粒子の凝集現象であるボース–アインシュタイン凝縮が起こることは3.1.4項で見た．

逆に，理想フェルミ気体に対する(3.126)は，古典的な理想気体の状態方程式(3.127)の右辺に正の項が加わったものである．これは，理想フェルミ気体は自由粒子系でありながら，粒子間に斥力がはたらいているかのように振舞い，その分，外部に対する圧力が大きくなることを意味する．この有効的な斥力の原因は，パウリの排他律である．

[7]* 絶対温度 T と化学ポテンシャル μ の関数

$$J_{\pm}(T,\mu) = \frac{2}{\sqrt{\pi}(k_{\mathrm{B}}T)^{3/2}}\int_0^\infty \frac{\varepsilon^{1/2}}{e^{(\varepsilon-\mu)/k_{\mathrm{B}}T}\pm 1}\,d\varepsilon \tag{3.128}$$

を考える．複号は，ボース–アインシュタイン凝縮を起こしていない理想ボース気体に対しては $-$，理想フェルミ気体に対しては $+$ をとるものとする．すると，それぞれの気体の平衡状態における粒子数密度は

$$\rho(T,\mu) = \left(\frac{2\pi m k_{\mathrm{B}} T}{h^2}\right)^{3/2} J_{\pm}(T,\mu) \tag{3.129}$$

で与えられることが，(3.39) および (3.64) から導かれる（m は粒子の質量）．

（1） (3.128) において

$$e^{-\mu/k_B T} \gg 1 \tag{3.130}$$

が成り立てば，すべての $\varepsilon \geq 0$ に対して $e^{(\varepsilon-\mu)/k_B T} \geq e^{-\mu/k_B T} \gg 1$ となるから，(3.128) の被積分関数の分母にある ± 1 の項は無視してもよいことになる．この近似を行なうと，(3.129) は古典的な理想気体で成り立つ (2.106) に等しくなることを示せ．

（2） 条件 (3.130) は粒子数密度 ρ がどのようなときに成り立つか説明せよ．

[8]* 理想ボース気体の内部エネルギーは，絶対温度 T と化学ポテンシャル μ の関数として

$$u(T,\mu) = 2\pi \left(\frac{2m}{h^2}\right)^{3/2} \int_0^\infty f_{BE}^{(T,\mu)}(\varepsilon)\, \varepsilon^{3/2}\, d\varepsilon \tag{3.131}$$

で与えられるので，単位体積当りの定積比熱 $\bar{c}_V$ はこれの温度微分

$$\bar{c}_V = \frac{du(T,\mu)}{dT} \tag{3.132}$$

で与えられる．

（1） ボース–アインシュタイン凝縮温度 T_c 以下では，化学ポテンシャルは $\mu=0$ なので，(3.131) は

$$u(T,0) = 2\pi \left(\frac{2m}{h^2}\right)^{3/2} \int_0^\infty \frac{\varepsilon^{3/2}}{e^{\varepsilon/k_B T}-1}\, d\varepsilon \tag{3.133}$$

となる．これは絶対温度 T の 5/2 乗に比例し，よって，単位体積当りの定積比熱 $\bar{c}_V$ は $T^{3/2}$ に比例することを導け．

（2） $T > T_c$ では $\mu < 0$ であり，その絶対値は T に依存する．粒子数密度 ρ が一定のときには，図 3.4 に示したように，$-\mu/k_B T$ の値は T とともに単調に増加する．このため，十分に温度が高いときには [7] の (3.130) の条件が満たされることになる．このことから，(3.132) で与えられる定積比熱は $T \to \infty$ の極限では古典的な理想気体の値に収束すること，つまり

$$\lim_{T\to\infty} \bar{c}_V = \frac{3}{2}\rho k_B \tag{3.134}$$

であることを示せ．

付　録

A.1　数学公式について

まず，$a > 0$ としてガウス積分の公式

$$I_G \equiv \int_{-\infty}^{\infty} e^{-ax^2} dx = \sqrt{\frac{\pi}{a}} \tag{A.1}$$

の導出をしておこう．積分変数を x ではなく y と書いたもの

$$I_G = \int_{-\infty}^{\infty} e^{-ay^2} dy \tag{A.2}$$

を用意する．当然，これは (A.1) と同じなので，(A.1) と (A.2) を掛けたものは I_G の 2 乗に他ならないのであるが，これは

$$I_G^2 = \int_{-\infty}^{\infty} dx \int_{-\infty}^{\infty} dy \; e^{-a(x^2+y^2)} \tag{A.3}$$

と書くこともできる．そのため，I_G^2 を 2 次元平面上の面積分と見なすことができる．この面積分は，積分変数を 2 次元デカルト座標 (x, y) から 2 次元極座標 (r, θ) へ

$$x = r\cos\theta, \quad y = r\sin\theta \quad (0 \leq r < \infty,\; 0 \leq \theta < 2\pi) \tag{A.4}$$

によって変換すると，以下のように計算できる．

この積分変数の変換にともなうヤコビ行列式（ヤコビアン）を計算すると

$$\frac{\partial(x, y)}{\partial(r, \theta)} \equiv \det\begin{pmatrix} \dfrac{\partial x}{\partial r} & \dfrac{\partial x}{\partial \theta} \\ \dfrac{\partial y}{\partial r} & \dfrac{\partial y}{\partial \theta} \end{pmatrix} = \frac{\partial x}{\partial r}\frac{\partial y}{\partial \theta} - \frac{\partial x}{\partial \theta}\frac{\partial y}{\partial r}$$

$$= \cos\theta \; r\cos\theta - (-r\sin\theta)\sin\theta = r(\cos^2\theta + \sin^2\theta) = r$$

となるので，面積要素は

$$dx\;dy = \frac{\partial(x, y)}{\partial(r, \theta)}\;dr\,d\theta = r\,dr\,d\theta$$

と変換されることがわかる．変数変換 (A.4) より $x^2 + y^2 = r^2$ なので，積分 (A.3) は

$$I_G^2 = \int_0^{\infty} dr\; re^{-ar^2} \int_0^{2\pi} d\theta = 2\pi \int_0^{\infty} re^{-ar^2} dr$$

となる．ここで $r^2 = z$ とおくと，$2r\,dr = dz$ であるから，この積分は

$$I_G^2 = \pi \int_0^{\infty} e^{-az} dz = \pi \left[-\frac{e^{-az}}{a}\right]_0^{\infty} = \frac{\pi}{a}$$

と求められることになる．よって，両辺の平方根をとることにより，(A.1) の積分公式が導かれる．

次に，$x>0$ として定積分
$$\Gamma(x) = \int_0^\infty e^{-s} s^{x-1} ds \tag{A.5}$$
を考えることにする．これを x の関数として見たとき，**ガンマ関数**という．部分積分を行なうと
$$\Gamma(x+1) = \int_0^\infty e^{-s} s^x ds$$
$$= [-e^{-s} s^x]_0^\infty + \int_0^\infty e^{-s} x s^{x-1} ds = x \int_0^\infty e^{-s} s^{x-1} ds$$
なので，
$$\Gamma(x+1) = x\Gamma(x) \quad (x>0) \tag{A.6}$$
という関数方程式が成り立つことがわかる．

特に，x として自然数 $n=1,2,3,\cdots$ とすると，
$$\Gamma(n+1) = n\,\Gamma(n) = n(n-1)\,\Gamma(n-1) = \cdots$$
$$= n(n-1)(n-2)\cdots 3 \cdot 2 \cdot 1 \cdot \Gamma(1)$$
ここで
$$\Gamma(1) = \int_0^\infty e^{-s} ds = [-e^{-s}]_0^\infty = 1$$
なので，
$$\Gamma(n+1) = n! \quad (n=0,1,2,\cdots) \tag{A.7}$$
が得られる．ただし，$0!=1$ とする．

(A.5) で $x=1/2$ とすると，
$$\Gamma\left(\frac{1}{2}\right) = \int_0^\infty e^{-s} s^{-1/2} ds$$
となるが，ここで $u=s^{1/2}$ とおいて，積分変数を s から u に変換すると，ガウス積分 (A.1) で $a=1$ としたものとなり，
$$\Gamma\left(\frac{1}{2}\right) = 2\int_0^\infty e^{-u^2} du = \int_{-\infty}^\infty e^{-u^2} du = \sqrt{\pi}$$
と求められる．これを (A.6) と組み合わせると
$$\Gamma\left(\frac{3}{2}\right) = \frac{1}{2}\Gamma\left(\frac{1}{2}\right) = \frac{1}{2}\sqrt{\pi}, \quad \Gamma\left(\frac{5}{2}\right) = \frac{3}{2}\Gamma\left(\frac{3}{2}\right) = \frac{3}{4}\sqrt{\pi}, \quad \cdots$$
となり，一般に $n=0,1,2,\cdots$ に対して
$$\Gamma\left(n+\frac{1}{2}\right) = \frac{(2n-1)!!}{2^n}\sqrt{\pi} = \frac{(2n)!}{2^{2n} n!}\sqrt{\pi} \tag{A.8}$$
という公式が得られる．ただし，$(2n-1)!! = (2n-1)(2n-3)\cdots 3\cdot 1$, $(-1)!! = 1$ である．

さてここで，$d=1,2,3,\cdots$, $a>0$ として，次の d 重積分を考えることにする．

$$I_d = \int_{-\infty}^{\infty} dx_1 \int_{-\infty}^{\infty} dx_2 \cdots \int_{-\infty}^{\infty} dx_d \exp\{-a(x_1^2 + x_2^2 + \cdots + x_d^2)\}$$
(A.9)

被積分関数は
$$\exp\{-a(x_1^2 + x_2^2 + \cdots + x_d^2)\} = \prod_{j=1}^{d} e^{-ax_j^2}$$
というように積で書けるので，(A.9) の d 重積分も
$$I_d = \prod_{j=1}^{d} \int_{-\infty}^{\infty} e^{-ax_j^2} dx_j$$
というように1変数の積分の積である．各積分はガウス積分 (A.1) であり，いずれも等しく $\sqrt{\pi/a}$ を与えるので
$$I_d = \left(\frac{\pi}{a}\right)^{d/2}$$
(A.10)

と求められる．

　d 次元の半径1の球の体積を c_d と書くことにする．d 次元の半径 r の球は，当然，同じ次元の半径1の球と相似である．d 次元球を考えているので，半径が1から r へと r 倍されると，体積は r^d 倍される．よって，d 次元の半径 r の球の体積は $c_d r^d$ ということになる．

　d 次元空間中の半径 r の球の表面（球面）と，これと中心が等しい半径 $r + dr$ の球の球面に挟まれた領域を，半径 r の d 次元**球殻**という．この球殻の体積は，半径 $r + dr$ の d 次元球の体積から半径 r の d 次元球の体積を引いたものであるから

$$\begin{aligned}c_d(r+dr)^d - c_d r^d &= c_d r^d \left\{\left(1 + \frac{dr}{r}\right)^d - 1\right\} \\ &= c_d r^d \left\{1 + d\frac{dr}{r} + O((dr)^2) - 1\right\} \\ &= dc_d r^{d-1} dr + O((dr)^2)\end{aligned}$$

である．ただしここで，テイラー展開の公式 $(1+x)^a = 1 + ax + O(x^2)$ を用いた．dr を無限小として，dr の2次以上の微小量 $O((dr)^2)$ を無視すると，半径 r の球殻の体積は $dc_d r^{d-1} dr$ で与えられることになる．（つまり，d 次元球の球面の面積は $dc_d r^{d-1}$ で与えられるということである．）

　(A.9) で与えた d 重積分は，d 次元空間全域での積分である．d 次元空間は，上述の半径 r の球殻（厚さ dr は無限小と考える）を $r = 0$ から $r = \infty$ まで合わせることによって覆いつくすことができる．積分 (A.9) の被積分関数は，$(x_1, x_2, \cdots, x_d) = (0, 0, \cdots, 0)$ を原点とすると，この原点からの距離 $r = \sqrt{x_1^2 + x_2^2 + \cdots + x_d^2}$ の関数として e^{-ar^2} と表せる．よって，この積分は原点を中

心とする球殻の足し合わせ（半径 r についての積分）

$$I_d = \int_0^\infty e^{-ar^2} dc_d \, r^{d-1} \, dr \tag{A.11}$$

で与えることができる．

この積分（A.11）で $ar^2 = s$ と変数変換すると $dr = a^{-1/2}s^{-1/2}ds/2$ なので

$$I_d = dc_d \int_0^\infty r^{d-1} e^{-ar^2} \, dr = \frac{dc_d}{2a^{d/2}} \int_0^\infty s^{d/2-1} e^{-s} \, ds$$

$$= \frac{c_d}{a^{d/2}} \frac{d}{2} \Gamma\left(\frac{d}{2}\right) = \frac{c_d}{a^{d/2}} \Gamma\left(\frac{d}{2} + 1\right)$$

であることがわかる．ここで，(A.6) で $x = d/2$ として得られる関係式 $\Gamma(d/2 + 1) = (d/2)\Gamma(d/2)$ を用いた．これは（A.10）と等しいので

$$c_d = \frac{\pi^{d/2}}{\Gamma(d/2 + 1)} \tag{A.12}$$

と求められる．

d が偶数のときは $d/2 = 1, 2, 3, \cdots$ なので，公式（A.7）が使えて $\Gamma(d/2 + 1) = (d/2)!$ である．d が奇数のときは，$(d + 1)/2 = 1, 2, 3, \cdots$ であり，このときは（A.8）が使えて $\Gamma(d/2 + 1) = \Gamma((d + 1)/2 + 1/2) = d!! \sqrt{\pi} \, 2^{-(d+1)/2}$ である．これらを（A.12）に代入すると，《数学公式1》として与えた表式（1.21）が得られる．

（A.7）より，自然数 n の階乗は

$$n! = \Gamma(n + 1) = \int_0^\infty e^{-s} s^n \, ds$$

$$= \int_0^\infty \exp(-s + n \log s) \, ds$$

という定積分で与えられることになる．ここで $s = nx$ と変数変換して

$$f(x) = -x + \log x$$

とおくと，

$$n! = n^{n+1} \int_0^\infty \exp\{n f(x)\} \, dx$$

と書ける．ここで

$$f'(x) = -1 + \frac{1}{x}, \qquad f''(x) = -\frac{1}{x^2}$$

なので，$f(x), x > 0$ は $x = 1$ で最大値 -1 をとることがわかる．実際

$$f(x) = -1 - \frac{1}{2}(x-1)^2 + \frac{1}{3}(x-1)^3 + \cdots \tag{A.13}$$

というように，最大点 $x = 1$ の周りでテイラー展開できる．

（A.13）の右辺の第3項以降を無視すると

$$n! \sim n^{n+1} \int_0^\infty \exp\left[-n\left\{1 + \frac{1}{2}(x-1)^2\right\}\right]$$

$$= n^{n+1}e^{-n}\int_{-\sqrt{n/2}}^{\infty} e^{-y^2}\sqrt{\frac{2}{n}}\,dy \tag{A.14}$$

という近似が得られる．ただしここで，
$$y = \sqrt{\frac{n}{2}}\,(x-1)$$
という変数変換を行なった．(A.14) で $n\to\infty$ とすると，
$$\int_{-\sqrt{n/2}}^{\infty} e^{-y^2}\,dy \;\to\; \int_{-\infty}^{\infty} e^{-y^2}\,dy = \sqrt{\pi}$$
となるから，
$$n! \sim \sqrt{2\pi n}\,n^n e^{-n} \quad (n\to\infty) \tag{A.15}$$

であることが導かれる．$n\to\infty$ で当然 $n!$ も発散するのであるが，この式はその発散の仕方を記述するものである．(A.15) の意味するところは以下のようである．

一番大雑把にいうと，$n!$ は $n\to\infty$ で n^n のオーダーで発散する．しかし，より正確にいうと，$n!$ の発散は n^n の発散よりは弱く，n^n を e^n で割った $n^n e^{-n}$ のオーダーである．（指数関数 e^n 自体 $n\to\infty$ で発散するが，そのオーダーは n^n や $n!$ よりも低いのである．）さらに正確にいうと，$n!$ の発散は $n^n e^{-n}$ の発散よりは強く，これに $\sqrt{2\pi n}$ を掛けた (A.15) で表される．

$n\to\infty$ で発散する，つまり無限大に近づくわけであるが，その近づき方（発散の仕方）を記述する (A.15) のような表式を**漸近評価**という．《数学公式2》にスターリングの公式として与えたものは (A.15) の右辺の $\sqrt{2\pi n}$ という因子を省略したものであり，上述の説明でいうと，2番目に正確な漸近評価の式である．

《数学公式3》の1番目 (2.91) はガウス積分 (A.1) であり，上で導出した．2番目と3番目の (2.92) と (2.93) は，ともに (2.91) をパラメーター a を変数にもつ等式と見なして，両辺を a で微分することによって得られる．このことは，[例題 2.4] と [例題 2.5] のそれぞれの [解] の中で説明した．第2章の演習問題 [3] を解くとわかるように，$a>0$ のとき，一般に $n=0,1,2,\cdots$ に対して

$$\int_{-\infty}^{\infty} x^{2n}e^{-ax^2} = \frac{(2n-1)!!\sqrt{\pi}}{2^n}a^{-n-1/2} \tag{A.16}$$

が成り立つ．《数学公式3》は，このうちの $n=0,1,2$ の場合である．

三角関数の一種である
$$\cot x = \frac{1}{\tan x} = \frac{\cos x}{\sin x} \tag{A.17}$$
は，次のような無限級数で表されることが知られている．
$$\cot x = \frac{1}{x} + \sum_{n=1}^{\infty}\frac{2x}{x^2 - n^2\pi^2} \tag{A.18}$$

これを**部分分数展開**という．この表式の両辺に x を掛けると

202　付　録

$$x \cot x = 1 - 2\sum_{n=1}^{\infty} \frac{x^2}{n^2\pi^2 - x^2} \qquad (A.19)$$

が得られるが，ここで

$$\frac{x^2}{n^2\pi^2 - x^2} = \frac{\left(\frac{x}{n\pi}\right)^2}{1 - \left(\frac{x}{n\pi}\right)^2} = \sum_{k=1}^{\infty}\left(\frac{x}{n\pi}\right)^{2k}$$

と展開できるので，これを（A.19）に代入して n に関する和と k に関する和の順番を入れ替えると

$$x \cot x = 1 - 2\sum_{n=1}^{\infty}\sum_{k=1}^{\infty}\left(\frac{x}{n\pi}\right)^{2k}$$
$$= 1 - 2\sum_{k=1}^{\infty}\left(\frac{x}{\pi}\right)^{2k}\sum_{n=1}^{\infty}\frac{1}{n^{2k}}$$

となる．よって，$x \cot x$ はリーマンのゼータ関数（3.45）を用いて

$$x \cot x = 1 - 2\sum_{k=1}^{\infty}\frac{\zeta(2k)}{\pi^{2k}}x^{2k} = 1 - 2\frac{\zeta(2)}{\pi^2}x^2 - 2\frac{\zeta(4)}{\pi^4}x^4 + \cdots$$
$$\qquad (A.20)$$

と表されることになる．したがって，$x \cot x$ を x についてマクローリン展開すれば，その係数から $\zeta(2k), k = 1, 2, 3, \cdots$ の値が求められるはずである．

$i = \sqrt{-1}$ とする．（A.17）に

$$\cos x = \frac{e^{ix} + e^{-ix}}{2}, \quad \sin x = \frac{e^{ix} - e^{-ix}}{2i}$$

を代入して x を掛けると

$$x \cot x = \frac{ix(e^{ix} + e^{-ix})}{e^{ix} - e^{-ix}} = ix + \frac{2ix}{e^{2ix} - 1} \qquad (A.21)$$

となる．指数関数は $e^z = \sum_{n=0}^{\infty} z^n/n!$ とマクローリン展開できるので，

$$e^{2ix} = 1 + 2ix + \frac{1}{2}(2ix)^2 + \frac{1}{3!}(2ix)^3 + \frac{1}{4!}(2ix)^4 + \frac{1}{5!}(2ix)^5 + O(x^6)$$
$$= 1 + 2ix\left\{1 + ix - \frac{2}{3}x^2 - \frac{i}{3}x^3 + \frac{2}{15}x^4 + O(x^5)\right\}$$

である．これを（A.21）に代入すると

$$x \cot x = ix + \left(1 + ix - \frac{2}{3}x^2 - \frac{i}{3}x^3 + \frac{2}{15}x^4\right)^{-1} + O(x^5)$$

となる．$(1+z)^{-1} = \sum_{n=0}^{\infty}(-1)^n z^n$ なので

$$x \cot x = ix + 1 - \left(ix - \frac{2}{3}x^2 - \frac{i}{3}x^3 + \frac{2}{15}x^4\right)$$

$$+ \left(ix - \frac{2}{3}x^2 - \frac{i}{3}x^3 + \frac{2}{15}x^4\right)^2 - \left(ix - \frac{2}{3}x^2 - \frac{i}{3}x^3 + \frac{2}{15}x^4\right)^3$$
$$+ \left(ix - \frac{2}{3}x^2 - \frac{i}{3}x^3 + \frac{2}{15}x^4\right)^4 + O(x^5)$$
$$= ix + 1 + \left(-ix + \frac{2}{3}x^2 + \frac{i}{3}x^3 - \frac{2}{15}x^4\right)$$
$$+ \left(-x^2 - \frac{4i}{3}x^3 + \frac{10}{9}x^4\right) + (ix^3 - 2x^4) + x^4 + O(x^5)$$
$$= 1 - \frac{1}{3}x^2 - \frac{1}{45}x^4 + O(x^5)$$

という展開が得られる．(A.20) と比較することによって，

$$\zeta(2) = \frac{\pi^2}{6}, \qquad \zeta(4) = \frac{\pi^4}{90} \tag{A.22}$$

が得られる．このうち最初のものが，《数学公式 4》で与えたものである．

A.2　熱力学関係式の示強性量による表現

熱力学関係式は

$$\frac{1}{T} = \frac{\partial S}{\partial E}, \qquad \frac{p}{T} = \frac{\partial S}{\partial V} \tag{A.23}$$

のように，N, V, E, S といった示量性の量と T や p のような示強性の量を混ぜて表すのが通常であるが，これらを

$$\rho = \lim_{V \to \infty} \frac{N}{V}, \qquad u = \lim_{V \to \infty} \frac{E}{V}, \qquad s = \lim_{V \to \infty} \frac{S}{V}$$

および T, p という示強性の量だけで書き直しておくこともできる．

(A.23) の 2 つの熱力学関係式はそれぞれ

$$\frac{1}{T} = \frac{\partial s}{\partial u}, \qquad \frac{p}{T} = s - \rho \frac{\partial s}{\partial \rho} - u \frac{\partial s}{\partial u} \tag{A.24}$$

となる．

同様にして，ヘルムホルツの自由エネルギー F に対する熱力学関係式

$$S = -\frac{\partial F}{\partial T}, \qquad p = -\frac{\partial F}{\partial V}$$

は，ヘルムホルツの自由エネルギー密度

$$f = \lim_{V \to \infty} \frac{F}{V}$$

に対する関係式として

$$s = -\frac{\partial f}{\partial T}, \qquad p = -f + \rho \frac{\partial f}{\partial \rho} \tag{A.25}$$

のように表せる.

　熱力学極限をとって得られた結果を熱力学関係式に適用する際に，本文中ではその都度，示量性の量を用いた表式に書き直すことを行なった．熱力学関係式に対して上記のような表式を用意しておけば，このような手間を省くことができる．

演習問題解答

第 1 章

[1] (1) まず，(1.121) を証明する．$n=1$ のときは当然 $1=1\times(1+1)/2$ であるから成立する．(1.121) が $n=m$ で成り立っていると仮定すると $\sum_{j=1}^{m+1} j = \sum_{j=1}^{m} j + (m+1) = m(m+1)/2 + (m+1)$ である．ところがこれは $(m+1)(m+2)/2$ に等しいので，(1.121) は $n=m+1$ でも等しいことになる．よって，数学的帰納法により (1.121) は任意の自然数 $n=1,2,3,\cdots$ で成り立つことが証明される．同様に (1.122) も，等式 $1^2 = 1\times(1+1)\times(2\times1+1)/6$ と $m(m+1)(2m+1)/6 + (m+1)^2 = (m+1)(m+2)(2m+3)/6$ が成り立つことから，数学的帰納法で証明される．

(2) $\langle j \rangle = \sum_{j=1}^{n} j p_j = \sum_{j=1}^{n} (j/n) = (1/n) \sum_{j=1}^{n} j$ であるから，上で証明した公式 (1.121) より $\langle j \rangle = (n+1)/2$ と求められる．

(3) $\sigma^2 = \langle j^2 \rangle - \langle j \rangle^2$ である．ここで $\langle j^2 \rangle = (1/n) \sum_{j=1}^{n} j^2$ なので，公式 (1.122) より $\langle j^2 \rangle = (n+1)(2n+1)/6$. よって，$\sigma^2 = (n+1)(2n+1)/6 - (n+1)^2/4 = (n^2-1)/12$ と求められる．

[2] (1) 2項展開の公式 $(a+b)^n = \sum_{j=0}^{n} {}_n C_j a^j b^{n-j}$ を用いる．すると，直ちに $\sum_{j=0}^{n} p_j = \{p + (1-p)\}^n = 1^n = 1$ であることがわかる．

(2) 平均値の定義より
$$\langle j \rangle = \sum_{j=0}^{n} j p_j = \sum_{j=0}^{n} j \frac{n!}{j!(n-j)!} p^j (1-p)^{n-j}$$
であるが，和の中の $j=0$ の項は除いてもよく，$1 \leq j \leq n$ の項は
$$\frac{n! p^j (1-p)^{n-j}}{(j-1)!(n-j)!} = np \times \frac{(n-1)! p^{j-1}(1-p)^{(n-1)-(j-1)}}{(j-1)!\{(n-1)-(j-1)\}!}$$
$$= np \, {}_{n-1}C_{j-1} p^{j-1}(1-p)^{(n-1)-(j-1)}$$
と書き直せる．よって，$j-1$ を k とおくと，
$$\langle j \rangle = np \sum_{k=0}^{n-1} {}_{n-1}C_k p^k (1-p)^{(n-1)-k} = np\{p + (1-p)\}^{n-1} = np$$

と求められる.

（3） $j^2 = j(j-1) + j$ であるから，
$$\sigma^2 = \langle j^2 \rangle - \langle j \rangle^2 = \langle j(j-1) \rangle + \langle j \rangle(1 - \langle j \rangle)$$
$$= \langle j(j-1) \rangle + np(1 - np)$$

である．ここで（2）の結果を用いた．

さて，
$$\langle j(j-1) \rangle = \sum_{j=0}^{n} j(j-1) \frac{n!}{j!(n-j)!} p^j (1-p)^{n-j}$$
$$= \sum_{j=2}^{n} \frac{n!}{(j-2)!(n-j)!} p^j (1-p)^{n-j}$$

であるが，これは
$$n(n-1)p^2 \sum_{k=0}^{n-2} {}_{n-2}C_k \, p^k (1-p)^{(n-2)-k} = n(n-1)p^2$$

に等しい．よって，$\sigma^2 = n(n-1)p^2 + np(1-np) = np(1-p)$ が得られる.

[3]（1） 1粒子の平均エネルギーは $U_1 = \varepsilon \times p + (-\varepsilon) \times (1-p) = (2p-1)\varepsilon$．エネルギーの値 ε の平均値 U_1 からの偏差の2乗は $(\varepsilon - U_1)^2 = \{\varepsilon - (2p-1)\varepsilon\}^2 = 4(1-p)^2 \varepsilon^2$，エネルギーの値 $-\varepsilon$ の平均値 U_1 からの偏差の2乗は $(-\varepsilon - U_1)^2 = 4p^2 \varepsilon^2$ であり，前者は確率 p で，後者は確率 $1-p$ で出現するので
$$\sigma_1^2 = 4(1-p)^2 \varepsilon^2 \times p + 4p^2 \varepsilon^2 \times (1-p) = 4p(1-p)\varepsilon^2$$

[別解] エネルギーの値 $\pm \varepsilon$ の2乗はいずれも ε^2 であるから，$\sigma_1^2 = \varepsilon^2 - U_1^2 = \varepsilon^2 - (2p-1)^2 \varepsilon^2 = 4p(1-p)\varepsilon^2$.

（2） N 個の粒子のうち j 個を選ぶ仕方は ${}_NC_j$ 通りあり，j 個が高エネルギー状態をとる確率は p^N，$N-j$ 個が低エネルギー状態をとる確率は $(1-p)^{N-j}$ なので，$p_j = {}_NC_j \, p^j (1-p)^{N-j}$ となる.

（3） N 個の粒子のうち j 個が高エネルギー状態をとり，残りの $N-j$ 個が低エネルギー状態にあるときのエネルギーの値は $j \times \varepsilon + (N-j) \times (-\varepsilon) = (2j-N)\varepsilon$．これの平均をとると，(1.122) の最初の式が得られる．また，エネルギーの2乗の平均値は $\langle (2j-N)^2 \varepsilon^2 \rangle = \langle (4j^2 - 4jN + N^2) \varepsilon^2 \rangle = (4\langle j^2 \rangle - 4N\langle j \rangle + N^2)\varepsilon^2$ である．これから $U_N^2 = (2\langle j \rangle - N)^2 \varepsilon^2$ を引けば，分散 σ_N^2 に対する (1.124) の2番目の式が導かれる.

（4） [2] の結果より $\langle j \rangle = Np$，$\langle j^2 \rangle - \langle j \rangle^2 = \langle (j - \langle j \rangle)^2 \rangle = Np(1-p)$ なので，$U_N = (2Np - N)\varepsilon = N(2p-1)\varepsilon$，$\sigma_N^2 = 4Np(1-p)\varepsilon^2$．よって，$U_N = NU_1$，$\sigma_N^2 = N\sigma_1^2$ という関係が成り立つ.

（5） (1.125) を p について解くと

$$p = \frac{e^{-2\varepsilon/k_B T}}{1+e^{-2\varepsilon/k_B T}} = \frac{e^{-\varepsilon/k_B T}}{e^{\varepsilon/k_B T}+e^{-\varepsilon/k_B T}}$$

が得られる．これを（4）で求めた結果に代入すると，以下が得られる．

$$U_N = N\varepsilon \frac{e^{\varepsilon/k_B T}-e^{-\varepsilon/k_B T}}{e^{\varepsilon/k_B T}+e^{-\varepsilon/k_B T}} = N\varepsilon \tanh\left(\frac{\varepsilon}{k_B T}\right)$$

$$\sigma_N^2 = \frac{4N\varepsilon^2}{(e^{\varepsilon/k_B T}+e^{-\varepsilon/k_B T})^2} = \frac{N\varepsilon^2}{\cosh^2(\varepsilon/k_B T)}$$

［4］（1）極限を $q_\infty(E_0)$ と書くと，与条件より

$$q_\infty(E_0) = \lim_{V\to\infty} \frac{D_{\rho V}(uV-E_0)}{D_{\rho V}(uV)}$$

(1.16) を代入すると

$$q_\infty(E_0) = \lim_{V\to\infty}\left(1-\frac{E_0}{uV}\right)^{3\rho V/2}$$

となる．ここで $3\rho V/2 = n$ とおいて (1.127) の公式を用いると，$q_\infty(E_0) = e^{-3\rho E_0/2u}$ が得られる．

（2）$3\rho/2u = 1/k_B T$，つまりエネルギー密度 u が

$$u = \frac{3}{2}\rho k_B T$$

で与えられればよい．§2.1 で見るように，これは自由粒子系の熱力学極限で与えられる理想気体が，絶対温度 T の熱平衡状態にあるときに成り立つ関係式に他ならない．

［5］（1）［例題 1.7］で計算したように，$T>0$ では

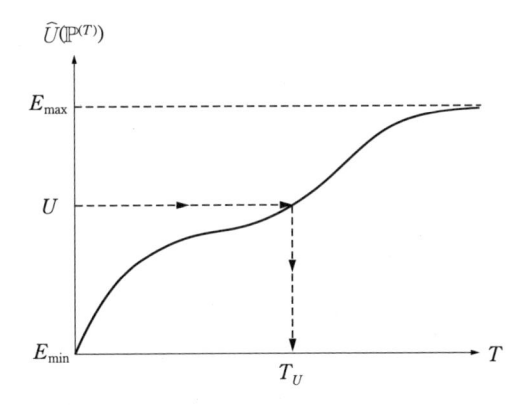

図 B.1 カノニカル分布 $\mathbb{P}^{(T)}$ におけるハミルトニアンの平均値 $\hat{U}(\mathbb{P}^{(T)})$ の T 依存性

$$\frac{\partial}{\partial T}\hat{U}(\mathbb{P}^{(T)}) = \frac{1}{k_\mathrm{B} T^2}\left\{\langle(\mathscr{H} - \langle\mathscr{H}\rangle^{(T)})^2\rangle^{(T)}\right\} > 0$$

であるから，$\hat{U}(\mathbb{P}^{(T)})$ は T の単調増加関数である．よって，図 B.1 に示したように，$E_\mathrm{min} < U < E_\mathrm{max}$ であるような U に対しては，$\hat{U}(\mathbb{P}^{(T_U)}) = U$ となる $T_U > 0$ がただ一つ存在する．

（2） 任意の $\mathbb{P} \in \mathscr{P}(U)$ と $T > 0$ に対して，

$$\hat{S}(\mathbb{P}) = k_\mathrm{B}\hat{I}(\mathbb{P}|\mathbb{P}^{(T)}) + \frac{\hat{U}(\mathbb{P})}{T} + k_\mathrm{B}\log Z_N(T)$$

$$= k_\mathrm{B}\hat{I}(\mathbb{P}|\mathbb{P}^{(T)}) + \frac{U}{T} + k_\mathrm{B}\log Z_N(T)$$

が成り立つ．$\hat{S}(\mathbb{P}^{(T_U)}) = U/T_U + k_\mathrm{B}\log Z_N(T_U)$ であるから，特に $T = T_U$ の場合を考えると，

$$\hat{S}(\mathbb{P}) = k_\mathrm{B}\hat{I}(\mathbb{P}|\mathbb{P}^{(T_U)}) + \hat{S}(\mathbb{P}^{(T_U)})$$

となる．［例題 1.5］で証明したように不等式 (1.53) が成り立つので，$\hat{S}(\mathbb{P}) \leq \hat{S}(\mathbb{P}^{(T_U)})$ であり，等号は $\mathbb{P} = \mathbb{P}^{(T_U)}$ のときに成立するので，(1.129) が証明されたことになる．

［6］（1） (1.108) を (1.130) に代入すると

$$\mathrm{P}^{(T,\nu)}(N) = \frac{1}{\varXi(T,\mu)} \sum_{\omega \in \varOmega_N} e^{-\{\mathscr{H}(\omega) - \mu N(\omega)\}/k_\mathrm{B} T}$$

$$= \frac{e^{\mu N/k_\mathrm{B} T}}{\varXi(T,\mu)} \sum_{\omega \in \varOmega_N} e^{-\mathscr{H}(\omega)/k_\mathrm{B} T}$$

であるが，$\sum_{\omega \in \varOmega_N} e^{-\mathscr{H}(\omega)/k_\mathrm{B} T} = Z_N(T)$ なので，(1.131) が得られる．

（2） 大分配関数は (1.117) で与えられるので

$$\mathscr{N} = \langle N \rangle^{(T,\mu)} = \frac{\sum_{N=0}^{\infty} N e^{\mu N/k_\mathrm{B} T} Z_N(T)}{\sum_{N=0}^{\infty} e^{\mu N/k_\mathrm{B} T} Z_N(T)}$$

これを μ で微分すると，分数の微分の公式 (1.87) より

$$\frac{\partial \mathscr{N}}{\partial \mu} = \frac{1}{k_\mathrm{B} T}\langle(N - \mathscr{N})^2\rangle^{(T,\mu)}$$

が得られる．

（3） 上の（2）で得た等式の左辺において，$\mathscr{N} = \rho V = V/v$ として $V =$ 一定とすると

$$\frac{\partial \mathscr{N}}{\partial \mu} = V\frac{\partial}{\partial \mu}\left(\frac{1}{v}\right) = -\frac{V}{v^2}\frac{\partial v}{\partial \mu}$$

である．また，等温圧縮率の定義より，$T =$ 一定 のとき

$$\frac{\partial v}{\partial \mu} = \frac{\partial p}{\partial \mu}\frac{\partial v}{\partial p} = -\frac{\partial p}{\partial \mu}v\kappa$$

であるから，$\partial \mathcal{N}/\partial \mu = \mathcal{N}\kappa\, \partial p/\partial \mu$ という関係式が得られる．

他方，(1.118) より $T=$ 一定，$V=$ 一定 とすると

$$\frac{\partial p}{\partial \mu} = \frac{k_\mathrm{B} T}{V}\frac{\partial}{\partial \mu}\log \varXi(T,\mu)$$

であるが，

$$\frac{\partial}{\partial \mu}\log \varXi(T,\mu) = \frac{1}{\varXi(T,\mu)}\frac{\partial \varXi(T,\mu)}{\partial \mu} = \frac{\langle N \rangle^{(T,\mu)}}{k_\mathrm{B} T} = \frac{\mathcal{N}}{k_\mathrm{B} T}$$

なので，$\partial p/\partial \mu = \mathcal{N}/V$ という関係式も得られる．よって $\partial \mathcal{N}/\partial \mu = \mathcal{N}^2\kappa/V$，つまり，$\kappa = (v/\mathcal{N})\partial \mathcal{N}/\partial \mu$ が導かれる．（2）の結果と組み合わせると，(1.135) が得られる．

第 2 章

[1]（1）$\sum_{n=0}^{\infty} p_n = e^{-\mu}\sum_{n=0}^{\infty}\frac{\mu^n}{n!} = e^{-\mu}e^{\mu} = 1$

（2）$\langle X \rangle = \sum_{n=0}^{\infty} n p_n = \sum_{n=1}^{\infty} n p_n = e^{-\mu}\sum_{n=1}^{\infty}\frac{\mu^n}{(n-1)!}$

において $n-1=m$ とおくと，これは

$$e^{-\mu}\sum_{m=0}^{\infty}\frac{\mu^{m+1}}{m!} = e^{-\mu}e^{\mu}\mu = \mu$$

なので，$\langle X \rangle = \mu$ である．

（3）$\langle (X-\langle X \rangle)^2 \rangle = \langle X^2 \rangle - \langle X \rangle^2$ であるが，

$$\langle X^2 \rangle = \sum_{n=0}^{\infty} n^2 p_n = \sum_{n=0}^{\infty}\{n(n-1)+n\}p_n$$
$$= \sum_{n=0}^{\infty} n(n-1)p_n + \sum_{n=0}^{\infty} n p_n = \sum_{n=2}^{\infty} n(n-1)p_n + \langle X \rangle$$

であるから，

$$\langle X^2 \rangle = \sum_{n=2}^{\infty} n(n-1)p_n + \langle X \rangle = \sum_{n=2}^{\infty} n(n-1)p_n + \mu$$

である．ここで

$$\sum_{n=2}^{\infty} n(n-1)p_n = \sum_{n=2}^{\infty}\frac{\mu^n}{(n-2)!}e^{-\mu} = e^{-\mu}\mu^2\sum_{m=0}^{\infty}\frac{\mu^m}{m!} = \mu^2$$

なので，

$$\langle X^2 \rangle - \langle X \rangle^2 = (\mu^2 + \mu) - \mu^2 = \mu$$

よって，ポアソン分布では分散は平均に等しく，ともにパラメーター μ で与えられる．

[2]（1）《数学公式3》の積分公式の1番目の式 (2.91)（ガウス積分）で $a = 1/2\sigma^2$ とすれば得られる．

（2） $x - \mu = y$ と変数変換すると

$$\langle X \rangle = \int_{-\infty}^{\infty} x\, p(x)\, dx = \int_{-\infty}^{\infty} (\mu + y) \frac{1}{\sqrt{2\pi}\sigma} e^{-y^2/2\sigma^2}\, dy$$

$$= \mu \int_{-\infty}^{\infty} \frac{1}{\sqrt{2\pi}\sigma} e^{-y^2/2\sigma^2}\, dy + \int_{-\infty}^{\infty} \frac{y}{\sqrt{2\pi}\sigma} e^{-y^2/2\sigma^2}\, dy$$

最右辺の第1項の積分は，上の（1）の結果より1である．第2項の積分の被積分関数は y の奇関数であるから，それを $-\infty$ から ∞ まで積分したものはゼロである．よって，$\langle X \rangle = \mu$ である．

（3）同様に $x - \mu = y$ と変数変換して，《数学公式3》の2番目の積分公式 (2.92) を用いれば，$\langle (X - \mu)^2 \rangle = \sigma^2$ が得られる．

[3]（1） $\Phi_{\mathrm{G}}(0\,;\,0, \sigma^2) = \int_{-\infty}^{\infty} p_{\mathrm{G}}(x\,;\,0, \sigma^2)\, dx$ なので，これは1である．

（2） $e^{\xi x} = \sum_{n=0}^{\infty} (\xi x)^n / n!$ なので

$$\Phi_{\mathrm{G}}(\xi\,;\,0, \sigma^2) = \int_{-\infty}^{\infty} \sum_{n=0}^{\infty} \frac{(\xi x)^n}{n!}\, p_{\mathrm{G}}(x\,;\,0, \sigma^2)\, dx$$

$$= \sum_{n=0}^{\infty} \frac{\xi^n}{n!} \int_{-\infty}^{\infty} x^n\, p_{\mathrm{G}}(x\,;\,0, \sigma^2)\, dx = \sum_{n=0}^{\infty} \frac{\xi^n}{n!} \langle X^n \rangle$$

である．これが (2.191) と ξ の関数として等しいことから，(2.190) が結論される．

（3）(2.184) を (2.188) に代入すると

$$\Phi_{\mathrm{G}}(\xi\,;\,0, \sigma^2) = \frac{1}{\sqrt{2\pi}\sigma} \int_{-\infty}^{\infty} \exp\left(-\frac{x^2}{2\sigma^2} + \xi x\right) dx$$

となるが，ここで指数関数の中身を**平方完成**すると

$$-\frac{x^2}{2\sigma^2} + \xi x = -\frac{1}{2\sigma^2}(x - \sigma^2 \xi)^2 + \frac{\sigma^2 \xi^2}{2}$$

なので，

$$\Phi_{\mathrm{G}}(\xi\,;\,0, \sigma^2) = e^{\sigma^2 \xi^2/2} \frac{1}{\sqrt{2\pi}\sigma} \int_{-\infty}^{\infty} e^{-(x - \sigma^2 \xi)^2/2\sigma^2}\, dx = e^{\sigma^2 \xi^2/2}$$

が得られる．

（4）上の結果より

$$\Phi_{\mathrm{G}}(\xi\,;\,0, \sigma^2) = \sum_{k=0}^{\infty} \frac{1}{k!} \left(\frac{\sigma^2 \xi^2}{2}\right)^k = \sum_{k=0}^{\infty} \frac{1}{(2k)!} \frac{(2k)!}{k!\, 2^k} \sigma^{2k} \xi^{2k}$$

である．これをマクローリン展開の式 (2.191) と見比べると

$$\Phi_G^{(n)}(0\,;\,0,\sigma^2) = \begin{cases} \dfrac{n!}{(n/2)!\,2^{n/2}}\sigma^n & (n\text{ が偶数のとき}) \\ 0 & (n\text{ が奇数のとき}) \end{cases}$$

となる．ここで n が偶数のときは

$$\begin{aligned}\frac{n!}{(n/2)!\,2^{n/2}} &= \frac{n!}{(n/2)(n/2-1)(n/2-2)\cdots 2\cdot 1 \times 2^{n/2}} \\ &= \frac{n(n-1)(n-2)(n-3)(n-4)\cdots 4\cdot 3\cdot 2\cdot 1}{n(n-2)(n-4)\cdots 4\cdot 2} \\ &= (n-1)(n-3)\cdots 3\cdot 1 = (n-1)!!\end{aligned}$$

であるから，(2.192) が結論される．

（5） $\quad \Phi_G(\xi\,;\,\mu,\sigma^2) = \dfrac{1}{\sqrt{2\pi}\,\sigma}\displaystyle\int_{-\infty}^{\infty}\exp\left\{-\dfrac{(x-\mu)^2}{2\sigma^2}+\xi x\right\}dx$

において，被積分関数の指数関数の中身は

$$-\frac{(x-\mu)^2}{2\sigma^2}+\xi x = -\frac{1}{2\sigma^2}\left\{x-(\mu+\sigma^2\xi)\right\}^2 + \frac{1}{2}\xi(2\mu+\sigma^2\xi)$$

と平方完成できるので，

$$\Phi_G(\xi\,;\,\mu,\sigma^2) = e^{\xi(2\mu+\sigma^2\xi)/2}$$

と求められる．

[4]（1）(2.193) を代入すると，$n=0$ に対しては $\langle X^0\rangle=\langle 1\rangle=1$，$n=1,2,3,\cdots$ に対しては

$$\begin{aligned}\langle X^n\rangle &= \int_a^b \frac{x^n}{b-a}dx = \frac{1}{b-a}\left[\frac{x^{n+1}}{n+1}\right]_a^b \\ &= \frac{1}{n+1}\frac{b^{n+1}-a^{n+1}}{b-a}\end{aligned}$$

と求められる．

（2）モーメント母関数は

$$\Phi_u(\xi\,;\,[a,b]) = \int_a^b \frac{e^{\xi x}}{b-a}dx = \frac{e^{\xi b}-e^{\xi a}}{\xi(b-a)}$$

と求められる．これをマクローリン展開すると

$$\begin{aligned}\Phi_u(\xi\,;\,[a,b]) &= \frac{1}{\xi(b-a)}\left\{\sum_{l=0}^{\infty}\frac{(\xi b)^l}{l!} - \sum_{l=0}^{\infty}\frac{(\xi a)^l}{l!}\right\} \\ &= 1 + \sum_{l=2}^{\infty}\frac{1}{l!}\frac{b^l-a^l}{b-a}\xi^{l-1} \\ &= 1 + \sum_{n=1}^{\infty}\frac{1}{(n+1)!}\frac{b^{n+1}-a^{n+1}}{b-a}\xi^n\end{aligned}$$

が得られる．[3]の(2)と同様に
$$\Phi_{\mathrm{u}}(\xi\,;\,[a,b]) = 1 + \sum_{n=1}^{\infty} \frac{1}{n!} \langle X^n \rangle \xi^n$$
が成り立つので，各項の ξ^n の係数を比較すると，上の(1)で答えたのと同じ結果が得られる．

[5] (1) $e^{-\mathscr{H}_1(\boldsymbol{p})/k_{\mathrm{B}}T} = \prod_{s=x,y,z} e^{-p_s^2/2mk_{\mathrm{B}}T}$ である．《数学公式3》の(2.91)(ガウス積分)より $Z_1(T) = L_x L_y L_z (2\pi m k_{\mathrm{B}} T)^{3/2}/h^3$ と求められるので，(2.194)は
$$\mathbb{P}_1^{(T)}(\boldsymbol{p},\boldsymbol{q}) = \prod_{s=x,y,z} \left\{ \frac{1}{L_s} \frac{e^{-p_s^2/2mk_{\mathrm{B}}T}}{\sqrt{2\pi m k_{\mathrm{B}} T}} \right\} \mathbf{1}(\boldsymbol{q} \in \Lambda)$$
と書ける．ただしここで，$\mathbf{1}(\cdots)$ は指示関数(2.11)である．よって，これは
$$\mathbb{P}_1^{(T)}(\boldsymbol{p},\boldsymbol{q}) = \prod_{s=x,y,z} \left\{ p_{\mathrm{G}}(p_s\,;\,0, mk_{\mathrm{B}}T)\, p_{\mathrm{u}}(q_s\,;\,[0,L_s]) \right\}$$
と表せる．

(2) 上で求めたように，確率密度関数が積で与えられるので，位置と運動量は独立であり，またそれぞれの3つの成分も互いに独立に分布しているので，
$$\left\langle \prod_{s=x,y,z} p_s^{m_s} q_s^{n_s} \right\rangle^{(T)} = \prod_{s=x,y,z} \langle p_s^{m_s} \rangle^{(T)} \langle q_s^{n_s} \rangle^{(T)}$$
である．ここで，[3]と[4]の結果より，
$$\langle p_s^{m_s} \rangle^{(T)} = \begin{cases} (m_s - 1)!!\,(mk_{\mathrm{B}}T)^{m_s/2} & (m_s \text{が偶数のとき}) \\ 0 & (m_s \text{が奇数のとき}) \end{cases}$$
$$\langle q_s^{n_s} \rangle^{(T)} = \frac{L_s^{n_s}}{n_s + 1} \quad (n_s = 0, 1, 2, \cdots)$$
である．

(3) $$\Phi(\boldsymbol{\xi},\boldsymbol{\eta}) = \prod_{s=x,y,z} \left\{ \Phi_{\mathrm{G}}(\xi_s\,;\,0, mk_{\mathrm{B}}T)\, \Phi_{\mathrm{u}}(\eta_s\,;\,[0,L_s]) \right\}$$
であるので，具体的には，
$$\Phi(\boldsymbol{\xi},\boldsymbol{\eta}) = \frac{1}{L_x \eta_x L_y \eta_y L_z \eta_z} \exp\left\{ \frac{mk_{\mathrm{B}}T}{2} |\boldsymbol{\xi}|^2 + (L_x \eta_x + L_y \eta_y + L_z \eta_z) \right\}$$
と求められる．ただし，$|\boldsymbol{\xi}|^2 = \xi_x^2 + \xi_y^2 + \xi_z^2$ である．

[6] (1) $dp_x\,dp_y\,dp_z = m^3 dv_x\,dv_y\,dv_z$ なので
$$\hat{\mathbf{p}}_1^{(T)}(\boldsymbol{v}) = m^3 \mathbf{p}_1^{(T)}(m\boldsymbol{v})$$
であり，(2.195)から(2.197)が導かれる．

(2) 極座標に移すと $dv_x\,dv_y\,dv_z = v^2 \sin\theta\,dv\,d\theta\,d\varphi$ となるから，
$$\mathbb{P}_1^{(T)}(a \leq |\boldsymbol{v}| \leq b) = \int_a^b dv\,v^2 \int_0^\pi d\theta \sin\theta \int_0^{2\pi} d\varphi \left(\frac{m}{2\pi k_{\mathrm{B}} T} \right)^{3/2} e^{-mv^2/2k_{\mathrm{B}}T}$$
$$= 4\pi \left(\frac{m}{2\pi k_{\mathrm{B}} T} \right)^{3/2} \int_a^b v^2 e^{-mv^2/2k_{\mathrm{B}}T}\,dv$$

となる．よって，(2.199) が得られる．

(3) $\quad \int_0^\infty \mathrm{p}^{(T)}(v)\,dv = \sqrt{\dfrac{2}{\pi}}\left(\dfrac{m}{k_\mathrm{B}T}\right)^{3/2}\int_0^\infty v^2 e^{-mv^2/2k_\mathrm{B}T}\,dv$

において，《数学公式3》の2番目の積分公式 (2.92) を用いると，右辺の中の積分の値は $(\sqrt{\pi}/4)\times\{m/2k_\mathrm{B}T\}^{-3/2}$ であることがわかるので，この式は1に等しい．$v=|\boldsymbol{v}|$ は負にはならないので，$v\geq 0$ で積分すると1になることで正しく規格化されていることになる．

(4) $\quad \dfrac{d\mathrm{p}^{(T)}(v)}{dv} = \sqrt{\dfrac{2}{\pi}}\left(\dfrac{m}{k_\mathrm{B}T}\right)^{3/2} v^2 e^{-mv^2/2k_\mathrm{B}T}\left(\dfrac{2}{v}-\dfrac{mv}{k_\mathrm{B}T}\right)=0$

より，$v^*=\sqrt{2k_\mathrm{B}T/m}$．

$$\dfrac{d^2\mathrm{p}^{(T)}(v)}{dv^2} = \sqrt{\dfrac{2}{\pi}}\left(\dfrac{m}{k_\mathrm{B}T}\right)^{3/2}\left\{2-5\dfrac{m}{k_\mathrm{B}T}v^2+\left(\dfrac{m}{k_\mathrm{B}T}\right)^2 v^4\right\}e^{-mv^2/2k_\mathrm{B}T}$$

なので，この2階の微係数の $v=v^*$ での値は $-4\sqrt{2/\pi}\{m/k_\mathrm{B}T\}^{3/2}e^{-1}<0$ である．よって $\mathrm{p}^{(T)}(v)$ は上に凸であり，$v=v^*$ で最大値をとる．$v\to 0$ で $\mathrm{p}^{(T)}(v)$ は v^2 に比例してゼロになり，また $v\to\infty$ では $e^{-mv^2/2k_\mathrm{B}T}$ に比例して急速にゼロになる．グラフを図 B.2 に示した．

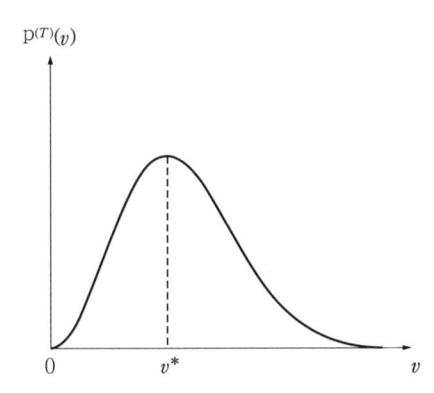

図 B.2 理想気体の速度の大きさ v の熱平衡分布関数

(5) $\quad \langle v\rangle^{(T)} = \sqrt{\dfrac{2}{\pi}}\left(\dfrac{m}{k_\mathrm{B}T}\right)^{3/2}\int_0^\infty v^3 e^{-mv^2/2k_\mathrm{B}T}\,dv$

の積分において，$mv^2/2k_\mathrm{B}T=a$ と変数変換すると

$$v^3\,dv = 2\left(\dfrac{k_\mathrm{B}T}{m}\right)^2 a\,da$$

なので，

$$\int_0^\infty v^3 e^{-mv^2/2k_\mathrm{B}T}\,dv = 2\left(\dfrac{k_\mathrm{B}T}{m}\right)^2\int_0^\infty a e^{-a}\,da$$

$$= 2\left(\frac{k_B T}{m}\right)^2 \left\{\left[-ae^{-a}\right]_0^\infty + \int_0^\infty e^{-a}\,da\right\}$$
$$= 2\left(\frac{k_B T}{m}\right)^2$$

である．よって，
$$\langle v\rangle^{(T)} = 2\sqrt{\frac{2k_B T}{\pi m}}$$

と求められる．

（6）
$$\langle v^2\rangle^{(T)} = \sqrt{\frac{2}{\pi}}\left(\frac{m}{k_B T}\right)^{3/2}\int_0^\infty v^4 e^{-mv^2/2k_B T}\,dv$$

において，《数学公式3》の3番目の積分公式（2.93）を用いると
$$\langle v^2\rangle^{(T)} = \frac{3k_B T}{m}$$

が得られる．これは当然，$\langle p^2/2m\rangle^{(T)} = \langle mv^2/2\rangle^{(T)} = 3k_B T/2$ という等分配法則の結果と等価である．

（7）ボルツマン定数 k_B の値（1.29）を用いると $k_B T = 1.38\times 10^{-23}$ [J·K^{-1}] $\times\,300$ [K] $\simeq 4.14\times 10^{-21}$ [J] $= 4.14\times 10^{-21}$ [m^2·kg·s^{-2}]．また，空気の分子は（1.2）で与えられるアボガドロ数 N_A 個で約 29 [g] $= 2.9\times 10^{-2}$ [kg] の重さになるので，空気分子の平均質量は $m = 2.9\times 10^{-2}/(6.02\times 10^{23}) \simeq 4.8\times 10^{-26}$ [kg]．よって，$\sqrt{k_B T/m}$ を $\bar{v}$ と書くことにすると，$\bar{v}$ の値は約 2.9×10^2 [m·s^{-1}] である．したがって，$v^* = \sqrt{2}\,\bar{v} \simeq 4.2\times 10^2$ [m·s^{-1}]，$\langle v\rangle^{(T)} = 2\sqrt{2/\pi}\,\bar{v} \simeq 4.7\times 10^2$ [m·s^{-1}]，$\sqrt{\langle v^2\rangle^{(T)}} = \sqrt{3}\,\bar{v} \simeq 5.1\times 10^2$ [m·s^{-1}] である．

[7]（1）$\dfrac{d\mathrm{P}^{(T)}(E)}{dE} = C(N)E^{3N/2-1}e^{-E/k_B T}\left\{\left(\dfrac{3N}{2}-1\right)\dfrac{1}{E} - \dfrac{1}{k_B T}\right\} = 0$

より，$E^* = (3N/2 - 1)k_B T$．また，
$\dfrac{d^2\mathrm{P}^{(T)}(E)}{dE^2} = C(N)E^{3N/2-1}e^{-E/k_B T}$
$$\times\left\{\left(\frac{3N}{2}-1\right)\left(\frac{3N}{2}-2\right)\frac{1}{E^2} - 2\left(\frac{3N}{2}-1\right)\frac{1}{Ek_B T} + \frac{1}{(k_B T)^2}\right\}$$

なので，
$$\left.\frac{d^2\mathrm{P}^{(T)}(E)}{dE^2}\right|_{E=E^*} = -C(N)\left(\frac{3N}{2}-1\right)^{3N/2-2}(k_B T)^{3N/2-3}e^{-(3N/2-1)} < 0$$

である．よって，$\mathrm{P}^{(T)}(E)$ は上に凸であり，$E = E^*$ で最大値をとる．

（2）$E \to 0$ では $\mathrm{P}^{(T)}(E)$ は $E^{3N/2-1}$ に比例してゼロになり，またボルツマン因子 $e^{-E/k_B T}$ のため，$E \to \infty$ では指数関数的に急速にゼロになる．グラフは，図B.3のように描ける．

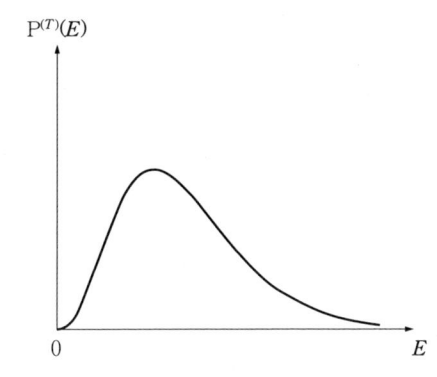

図 B.3 理想気体のエネルギー E の熱平衡分布関数

（3） 規格化条件（2.201）より
$$C(N)^{-1} = \int_0^\infty E^{3N/2-1} e^{-E/k_B T}\, dE$$

$E/k_B T = a$ と変数変換すると
$$C(N)^{-1} = (k_B T)^{3N/2} \int_0^\infty a^{3N/2-1} e^{-a}\, da$$

N を偶数と仮定すると，$3N/2-1$ は自然数である．そこで，$n = 1, 2, 3, \cdots$ として，積分
$$I_n = \int_0^\infty a^n e^{-a}\, da$$

を考えることにする．$\int e^{-a}\, da = -e^{-a}$ なので，部分積分を行なうと
$$I_n = \left[-a^n e^{-a}\right]_0^\infty + \int_0^\infty n a^{n-1} e^{-a}\, da$$

となるが，右辺の第1項はゼロであるから，$I_n = n I_{n-1}$ という漸化式が得られる．$I_0 = \int_0^\infty e^{-a}\, da = 1$ なので，$I_n = n!$ が結論される．よって，$C(N) = \{(3N/2-1)!(k_B T)^{3N/2}\}^{-1}$ と求まる．

（4） $\langle E \rangle^{(T)} = C(N) \int_0^\infty E^{3N/2} e^{-E/k_B T}\, dE$ である．ここで
$$\int_0^\infty E^{3N/2} e^{-E/k_B T}\, dE = (k_B T)^{3N/2+1} I_{3N/2} = (k_B T)^{3N/2+1} \left(\frac{3N}{2}\right)!$$

である．よって
$$\langle E \rangle^{(T)} = \frac{(k_B T)^{3N/2+1}(3N/2)!}{(k_B T)^{3N/2}(3N/2-1)!} = \frac{3N}{2} k_B T$$

これは（2.84）と等しい．

(5)
$$\langle E^2 \rangle^{(T)} = C(N) \int_0^\infty E^{3N/2+1} e^{-E/k_B T} dE$$
$$= C(N)(k_B T)^{3N/2+2} \left(\frac{3N}{2} + 1 \right)!$$

であるから,
$$\sigma_E^2 = \langle E^2 \rangle^{(T)} - \left(\langle E \rangle^{(T)} \right)^2$$
$$= (k_B T)^2 \left\{ \left(\frac{3N}{2} + 1 \right) \frac{3N}{2} - \left(\frac{3N}{2} \right)^2 \right\} = \frac{3N}{2} (k_B T)^2$$

これは (2.90) と等しい.

[8] (1) この N 粒子系のハミルトニアンは
$$\mathscr{H}(\mathbf{p}, \mathbf{q}) = \sum_{j=1}^N \left(\frac{\mathbf{p}_j^2}{2m} + mgq_{jz} \right)$$

である.これは 1 粒子ハミルトニアン $\mathscr{H}_1(\mathbf{p}, \mathbf{q}) = \mathbf{p}^2/2m + mgq_z$ の和の形であり,さらに,この 1 粒子ハミルトニアンは運動量だけの関数 $\mathscr{T}_1(\mathbf{p}) = \mathbf{p}^2/2m$ と位置だけの関数 $\mathscr{V}_1(\mathbf{q}) = mgq_z$ の和になっている.よって,2.1.4 項での議論と同様に,高度 q_{jz} の平均値は,容器を Λ と書くと
$$\langle q_{jz} \rangle^{(T)} = \frac{\int_\Lambda d\mathbf{q}\ q_z e^{-mgq_z/k_B T}}{\int_\Lambda d\mathbf{q}\ e^{-mgq_z/k_B T}}$$

で与えられる.

分母と分子のいずれの積分においても,q_x と q_y についての積分は L^2 という容器の断面積を与えるので約分することができて,
$$\langle q_{jz} \rangle^{(T)} = \frac{\int_0^H q_z e^{-mgq_z/k_B T} dq_z}{\int_0^H e^{-mgq_z/k_B T} dq_z}$$

となる.q_z を z と書いたのが (2.205) である.

(2) 分母の積分は
$$\int_0^H e^{-mgz/k_B T} dz = \left[-\frac{k_B T}{mg} e^{-mgz/k_B T} \right]_0^H$$
$$= \frac{k_B T}{mg} (1 - e^{-mgH/k_B T})$$

分子の積分は,部分積分によって
$$\int_0^H z e^{-mgz/k_B T} dz = \left[-z \frac{k_B T}{mg} e^{-mgz/k_B T} \right]_0^H + \int_0^H \frac{k_B T}{mg} e^{-mgz/k_B T} dz$$
$$= -H \frac{k_B T}{mg} e^{-mgH/k_B T} + \left(\frac{k_B T}{mg} \right)^2 (1 - e^{-mgH/k_B T})$$

と求まるので，
$$\langle q_{jz}\rangle^{(T)} = \frac{k_B T}{mg} - \frac{He^{-mgH/k_B T}}{1-e^{-mgH/k_B T}}$$
が得られる．

（3）$\lim_{H\to\infty}\langle q_{jz}\rangle^{(T)} = k_B T/mg$．この値を $\bar{z}$ と書くと，この結果は，粒子1つ当りの重力ポテンシャルエネルギーの平均値 $mg\bar{z}$ と熱エネルギー $k_B T$ がつり合っている（$mg\bar{z} = k_B T$）ことを意味している．

（4）［6］の（7）の解答にあるように計算すると，$k_B T \simeq 3.76 \times 10^{-21}$ [J]，$m = 4.8 \times 10^{-26}$ [kg] なので，$\bar{z} = k_B T/mg \simeq 8.0 \times 10^3$ [m] となる．ちなみに，世界最高峰エベレスト（チョモランマ）の標高は約 8.84×10^3 m である．

［9］（1）自由粒子系なので，1粒子ハミルトニアン $\mathscr{H}_1(\mathbf{p}) = cp$ を用いて，1粒子当りの内部エネルギー密度 U_1 は
$$U_1 = \frac{\int d\mathbf{p}\,\mathscr{H}_1(\mathbf{p})\,e^{-\mathscr{H}_1(\mathbf{p})/k_B T}}{\int d\mathbf{p}\,e^{-\mathscr{H}_1(\mathbf{p})/k_B T}}$$
で与えられる．ここで $\mathbf{p} = (p_x, p_y, p_z)$ を $p_x = p\sin\theta\cos\varphi$，$p_y = p\sin\theta\sin\varphi$，$p_z = p\cos\theta$ によって極座標表示 (p,θ,φ) すると，分母の積分は
$$I_1 = \int d\mathbf{p}\,e^{-\mathscr{H}_1(\mathbf{p})/k_B T} = \int_0^\infty dp\,p^2 e^{-cp/k_B T}\int_0^\pi d\theta\sin\theta\int_0^{2\pi}d\varphi$$
$$= 4\pi\int_0^\infty p^2 e^{-cp/k_B T}\,dp$$
となる．ここで部分積分を2度行なうと
$$\int_0^\infty p^2 e^{-cp/k_B T}\,dp = \left[p^2\left(-\frac{k_B T}{c}e^{-cp/k_B T}\right)\right]_0^\infty + \frac{k_B T}{c}\int_0^\infty 2pe^{-cp/k_B T}\,dp$$
$$= \frac{2k_B T}{c}\left\{\left[p\left(-\frac{k_B T}{c}\right)e^{-cp/k_B T}\right]_0^\infty + \frac{k_B T}{c}\int_0^\infty e^{-cp/k_B T}\,dp\right\}$$
$$= 2\left(\frac{k_B T}{c}\right)^3$$
が得られるので，$I_1 = 8\pi(k_B T/c)^3$ である．同様にして，分子の積分は
$$I_2 = \int d\mathbf{p}\,\mathscr{H}_1(\mathbf{p})\,e^{-\mathscr{H}_1(\mathbf{p})/k_B T} = 4\pi c\int_0^\infty p^3 e^{-cp/k_B T}\,dp$$
$$= 4\pi c \times 6\left(\frac{k_B T}{c}\right)^4 = 24\pi\frac{(k_B T)^4}{c^3}$$
と計算できる．よって，$U_1 = 3k_B T$ であり，N 粒子系全体の内部エネルギーはそれの N 倍の $U = NU_1 = 3Nk_B T$ と求められる．

（2）1粒子当りの分配関数は

$$Z_1(T) = \frac{1}{h^3} \int d\boldsymbol{p} \int_\Lambda d\boldsymbol{q}\ e^{-\mathscr{H}(\boldsymbol{p})/k_\mathrm{B}T}$$
$$= \frac{V}{h^3} 4\pi \int_0^\infty p^2 e^{-cp/k_\mathrm{B}T} dp = \frac{V}{h^3} 8\pi \left(\frac{k_\mathrm{B}T}{c}\right)^3$$

なので

$$Z_N(T) = \frac{Z_1(T)^N}{N!} = \frac{1}{N!} \left[\frac{V}{h^3} 8\pi \left(\frac{k_\mathrm{B}T}{c}\right)^3\right]^N$$

(3) ヘルムホルツの自由エネルギーは
$$F = -k_\mathrm{B}T \log Z_{\rho V}(T)$$
$$= -k_\mathrm{B}T \log \left\{\frac{V^{\rho V}}{(\rho V)!\, h^{3\rho V}} \left(\frac{k_\mathrm{B}T}{c}\right)^{3\rho V}\right\}$$
$$\sim -k_\mathrm{B}T \log \left\{\frac{V^{\rho V}}{(\rho V)^{\rho V} e^{-\rho V} h^{3\rho V}} \left(\frac{k_\mathrm{B}T}{c}\right)^{3\rho V}\right\}$$
$$= -k_\mathrm{B}\rho V (3\log T - \log \rho + 1 + \tilde{c}_3)$$

ただし，$\tilde{c}_3 = \log(k_\mathrm{B}/hc)^3$ である．途中で《数学公式 2》のスターリングの公式 (2.21) を用いた．よって

$$f(T,\rho) = \lim_{V\to\infty} \frac{F(T,V)}{V}$$
$$= -k_\mathrm{B}T\rho (3\log T - \log \rho + 1 + \tilde{c}_3)$$
$$= -k_\mathrm{B}T\rho \left(\log \frac{T^3}{\rho} + 1 + \tilde{c}_3\right)$$

(4) $F = -Nk_\mathrm{B}T(3\log T + \log V - \log N + 1 + \tilde{c}_3)$ となるので，
$$p = -\frac{\partial F}{\partial V} = Nk_\mathrm{B}T \frac{1}{V} = \rho k_\mathrm{B}T$$

よって，状態方程式は非相対論的な自由粒子系から成る理想気体と全く同じである．

(5) (1) の結果より，$u = \lim_{V\to\infty} U/V = 3\rho k_\mathrm{B}T$ なので (2.211) が成り立つ．(非相対論的な理想気体では $u = 3\rho k_\mathrm{B}T/2$ なので，$p = 3u/2$ である．)

(6) $c_V = \partial U_1/\partial T = 3k_\mathrm{B}$ である．これは非相対論的な理想気体の値の 2 倍である．

[10] (1) ハミルトニアンは (2.212) のように運動エネルギーの部分 $\mathscr{T}(\boldsymbol{p}) = \sum_{j=1}^N \boldsymbol{p}_j^2/2m$ とポテンシャルエネルギーの部分 $\mathscr{V}(\boldsymbol{q}) = (1/2)\sum_{j=1}^N \sum_{k=1;j\neq k}^N U(|\boldsymbol{q}_j - \boldsymbol{q}_k|)$ との和なので，ボルツマン因子は $e^{-\mathscr{H}(\boldsymbol{p},\boldsymbol{q})} = e^{-\mathscr{T}(\boldsymbol{p})/k_\mathrm{B}T} \times e^{-\mathscr{V}(\boldsymbol{q})/k_\mathrm{B}T}$ というように積に分解される．よって分配関数も，運

動量についての積分の部分 $J_N(T) = \int d\mathbf{p}\, e^{-\mathscr{T}(\mathbf{p})/k_B T}$ と位置についての積分の部分 $I_N(T)$ に分けることができて，$Z_N(T) = J_N(T)I_N(T)/N!h^{3N}$ となる．$J_N(T)$ は理想気体の場合と同様に計算できて，一般に空間次元が d のときには $(2\pi mk_B T)^{dN/2}$ と求められる．よって，$d=3$ のときには (2.214) が得られる．

（2） $|\mathbf{q}_j - \mathbf{q}_k| \leq a$ であると (2.215) より $U(|\mathbf{q}_j - \mathbf{q}_k|) = \infty$ であるので，そのような対 $j \neq k$ が1つでもあると $\mathscr{V}(\mathbf{q}) = \infty$ となり，$e^{-\mathscr{V}(\mathbf{q})/k_B T} = 0$ となる．このような対 $j \neq k$ が1つもないならば $\mathscr{V}(\mathbf{q}) = 0$ なので，$e^{-\mathscr{V}(\mathbf{q})/k_B T} = 1$ である．よって，(2.216) が成り立つことになる．

（3） 図 2.10 に示したように，1次元剛体球系では粒子の順番を1度決めてしまうと，以後の運動によってその順番が入れ替わることは決してない．初めに N 個の粒子を1次元的に（つまり1列に）並べる並べ方は $N!$ 通りある．そのうちの1つを定めて図の左から順番に剛体球に番号を付けて，各々の中心位置を $q_1 < q_2 < \cdots < q_N$ と書くことにすると，$0 < q_1 < q_2 - a$, $a < q_2 < q_3 - a$, $2a < q_3 < q_4 - a$, $\cdots$, $(N-2)a < q_{N-1} < q_N - a$, $(N-1)a < q_N < L$ でなければならないことがわかる．よって，(2.217) が得られる．

（4） $x_j = q_j - (j-1)a$, $1 \leq j \leq N$ とすると，$(j-1)a < q_j$ は $x_j > 0$ となる．また，$1 \leq j \leq N-1$ に対して，$q_j < q_{j+1} - a$ は $x_j + (j-1)a < x_{j+1} + ja - a$，つまり $x_j < x_{j+1}$ となり，$q_N < L$ は $x_N = q_N - (N-1)a < L - (N-1)a \equiv l(N)$ となる．よって，(2.217) は (2.218) に等しい．

$$K_N = \int_0^{x_N} dx_{N-1} \int_0^{x_{N-1}} dx_{N-2} \cdots \int_0^{x_3} dx_2 \int_0^{x_2} dx_1 \quad (N = 2, 3, \cdots)$$

とすると，$K_N = x_N^{N-1}/(N-1)!$ であることが次のように数学的帰納法によって証明することができる．

まず，$N=2$ のときは $K_2 = \int_0^{x_2} dx_1 = x_2$，次に $N=n$ のときには $K_n = x_n^{n-1}/(n-1)!$ であると仮定すると

$$K_{n+1} = \int_0^{x_{n+1}} K_n\, dx_n = \frac{1}{(n-1)!} \int_0^{x_{n+1}} x_n^{n-1}\, dx_n = \frac{x_{n+1}^n}{n!}$$

が得られる．以上より，

$$I_N = N! \int_0^{l(N)} K_N\, dx_N = \frac{N!}{(N-1)!} \int_0^{l(N)} x_N^{N-1}\, dx_N = l(N)^N$$

が結論される．

（5） ヘルムホルツの自由エネルギーは
$$F = -k_B T \log Z_{\rho L}(T)$$
$$= -k_B T \log\left[\frac{\{L-(N-1)a\}^{\rho L}}{(\rho L)!\, h^{\rho L}}(2\pi mk_B T)^{\rho L/2}\right]$$

$$\sim -k_{\rm B}T\log\left[\frac{\{L-(N-1)a\}^{\rho L}}{(\rho L)^{\rho L}e^{-\rho L}h^{\rho L}}(2\pi mk_{\rm B}T)^{\rho L/2}\right]$$

$$= -k_{\rm B}T\rho L\left\{\frac{1}{2}\log T+\log(\rho^{-1}-a)+1+\tilde{c}_4\right\}$$

となる．ただし $\tilde{c}_4=\log\{(2\pi mk_{\rm B})^{1/2}/h\}$ であり，計算の途中で《数学公式2》のスターリングの公式 (2.21) を用いた．よって，ヘルムホルツの自由エネルギー密度は

$$f=\lim_{L\to\infty}\frac{F}{L}=-k_{\rm B}T\rho\left\{\frac{1}{2}\log T+\log(\rho^{-1}-a)+1+\tilde{c}_4\right\}$$

と求められる．

（6） $f=F/L$, $\rho=N/L$ とおくと

$$F=-k_{\rm B}TN\left\{\frac{1}{2}\log T+\log\left(\frac{L}{N}-a\right)+1+\tilde{c}_4\right\}$$

が得られる．よって，熱力学関係式 $p=-\partial F/\partial L$ より状態方程式は

$$p=\frac{k_{\rm B}T}{1/\rho-a}$$

と求められる．剛体球の半径 $a\to 0$ として質点とすると $p=\rho k_{\rm B}T$ となり，理想気体の状態方程式と等しくなる．

（7） 上の（6）の結果より $p=k_{\rm B}T/(v-a)$ なので，

$$v=a+\frac{k_{\rm B}T}{p}$$

である．これより

$$\kappa=-\frac{1}{v}\frac{\partial v}{\partial p}=\frac{1}{v}\frac{k_{\rm B}T}{p^2}=\frac{(v-a)^2}{vk_{\rm B}T}$$

が得られる．よって，$v\to a$ で $\kappa\to 0$ である．これは，半径 a の剛体球から成る1次元系を考えているので，比容 v を a 以下にすることはできないからである．

[11]（1）(2.221) と (2.222) より

$$\frac{\partial}{\partial H}\log Z_N(T,H)=\frac{1}{Z_N(T,H)}\frac{\partial Z_N(T,H)}{\partial H}$$

$$=\frac{1}{Z_N(T,H)}\frac{\partial}{\partial H}\sum_{\sigma}e^{-\mathscr{H}_0(\sigma)/k_{\rm B}T+\mu_{\rm B}H\sum_{j=1}^{N}\sigma_j/k_{\rm B}T}$$

$$=\frac{1}{Z_N(T,H)}\sum_{\sigma}\left(\frac{\mu_{\rm B}}{k_{\rm B}T}\sum_{j=1}^{N}\sigma_j\right)e^{-\mathscr{H}_0(\sigma)/k_{\rm B}T+\mu_{\rm B}H\sum_{j=1}^{N}\sigma_j/k_{\rm B}T}$$

$$=\frac{1}{k_{\rm B}T}\sum_{\sigma}\left(\mu_{\rm B}\sum_{j=1}^{N}\sigma_j\right)\frac{e^{-\mathscr{H}(\sigma,H)/k_{\rm B}T}}{Z_N(T,H)}=\frac{1}{k_{\rm B}T}\left\langle\mu_{\rm B}\sum_{j=1}^{N}\sigma_j\right\rangle^{(T)}$$

（2） (2.223) より，$H=0$ のときには

$$M(T,0) = \frac{\mu_B}{Z_N(T,0)} \sum_{j=1}^{N} \sum_{\sigma} \sigma_j e^{-\mathscr{H}_0(\sigma)/k_B T}$$

である．ここで

$$\sum_{\sigma} \sigma_j e^{-\mathscr{H}_0(\sigma)/k_B T} = \sum_{\sigma_1=\pm 1} \cdots \sum_{\sigma_N=\pm 1} \sigma_j e^{-\mathscr{H}_0(\sigma)/k_B T}$$

であるが，$\sigma_k = -\tau_k, 1 \leq k \leq N$ によってスピン変数をおき換えてみる．すると $\sum_{\sigma_1=\pm 1} \cdots \sum_{\sigma_N=\pm 1} (\cdots) = \sum_{\tau_1=\pm 1} \cdots \sum_{\tau_N=\pm 1} (\cdots)$ であり，また仮定より $e^{-\mathscr{H}_0(\sigma)/k_B T} = e^{-\mathscr{H}_0(-\tau)/k_B T} = e^{-\mathscr{H}_0(\tau)/k_B T}$ であるが，$\sigma_j = -\tau_j$ であるから，

$$\sum_{\sigma} \sigma_j e^{-\mathscr{H}_0(\sigma)/k_B T} = \sum_{\tau} (-\tau_j) e^{-\mathscr{H}_0(\tau)/k_B T}$$

という等式が得られる．

ところが，右辺の変数 $\tau_k, 1 \leq k \leq N$ を $\sigma_k, 1 \leq k \leq N$ と書くことにすると，右辺の量は左辺の量にマイナスを掛けたものに等しい．つまり，

$$\sum_{\sigma} \sigma_j e^{-\mathscr{H}_0(\sigma)/k_B T} = -\sum_{\sigma} \sigma_j e^{-\mathscr{H}_0(\sigma)/k_B T}$$

ということになる．よって，$\sum_{\sigma} \sigma_j e^{-\mathscr{H}_0(\sigma)/k_B T} = 0$，つまり $M(T,0) = 0$ である．

（3）(2.223) を H で微分すると，分数の微分の公式 (1.87) より

$$\frac{\partial M(T,H)}{\partial H}$$

$$= \frac{\partial}{\partial H} \frac{\sum_{\sigma} (\sum_{j=1}^{N} \mu_B \sigma_j) e^{-\mathscr{H}_0(\sigma)/k_B T + \mu_B H \sum_{k=1}^{N} \sigma_k/k_B T}}{\sum_{\sigma'} e^{-\mathscr{H}_0(\sigma')/k_B T + \mu_B H \sum_{l=1}^{N} \sigma_l'/k_B T}}$$

$$= \Big[\sum_{\sigma} \Big(\sum_{j=1}^{N} \mu_B \sigma_j\Big) \Big(\frac{\mu_B}{k_B T} \sum_{k=1}^{N} \sigma_k\Big) e^{-\mathscr{H}_0(\sigma)/k_B T + \mu_B H \sum_{k=1}^{N} \sigma_k/k_B T}$$

$$\times \sum_{\sigma'} e^{-\mathscr{H}_0(\sigma')/k_B T + \mu_B H \sum_{l=1}^{N} \sigma_l'/k_B T} - \sum_{\sigma} \Big(\sum_{j=1}^{N} \mu_B \sigma_j\Big) e^{-\mathscr{H}_0(\sigma)/k_B T + \mu_B H \sum_{k=1}^{N} \sigma_k/k_B T}$$

$$\times \sum_{\sigma'} \Big(\frac{\mu_B}{k_B T} \sum_{l=1}^{N} \sigma_l'\Big) e^{-\mathscr{H}_0(\sigma')/k_B T + \mu_B H \sum_{l=1}^{N} \sigma_l'/k_B T} \Big] \Big/ \Big(\sum_{\sigma'} e^{-\mathscr{H}_0(\sigma')/k_B T + \mu_B H \sum_{l=1}^{N} \sigma_l'/k_B T}\Big)^2$$

$$= \frac{\mu_B^2}{k_B T} \sum_{j=1}^{N} \sum_{k=1}^{N} \Bigg[\frac{\sum_{\sigma} \sigma_j \sigma_k e^{-\mathscr{H}(\sigma,H)/k_B T}}{Z_N(T,H)}$$

$$- \frac{\sum_{\sigma} \sigma_j e^{-\mathscr{H}(\sigma,H)/k_B T}}{Z_N(T,H)} \times \frac{\sum_{\sigma'} \sigma_k' e^{-\mathscr{H}(\sigma',H)/k_B T}}{Z_N(T,H)} \Bigg]$$

$$= \frac{\mu_B^2}{k_B T} \sum_{j=1}^{N} \sum_{k=1}^{N} \big(\langle \sigma_j \sigma_k \rangle^{(T)} - \langle \sigma_j \rangle^{(T)} \langle \sigma_k \rangle^{(T)}\big)$$

他方，

$$\left(\sum_{j=1}^{N}\mu_B\sigma_j - M(T,H)\right)^2$$
$$= \sum_{j=1}^{N}\sum_{k=1}^{N}\mu_B^2\sigma_j\sigma_k - 2M(T,H)\sum_{j=1}^{N}\mu_B\sigma_j + M(T,H)^2$$
$$= \sum_{j=1}^{N}\sum_{k=1}^{N}\mu_B^2\sigma_j\sigma_k - 2\left\langle\sum_{k=1}^{N}\mu_B\sigma_k\right\rangle^{(T)}\sum_{j=1}^{N}\mu_B\sigma_j + \left\langle\sum_{j=1}^{N}\mu_B\sigma_j\right\rangle^{(T)}\left\langle\sum_{k=1}^{N}\mu_B\sigma_k\right\rangle^{(T)}$$
$$= \mu_B^2\sum_{j=1}^{N}\sum_{k=1}^{N}\left(\sigma_j\sigma_k - 2\langle\sigma_k\rangle^{(T)}\sigma_j + \langle\sigma_j\rangle^{(T)}\langle\sigma_k\rangle^{(T)}\right)$$

であるから，
$$\left\langle\left(\sum_{j=1}^{N}\mu_B\sigma_j - M(T,H)\right)^2\right\rangle^{(T)} = \mu_B^2\sum_{j=1}^{N}\sum_{k=1}^{N}\left(\langle\sigma_j\sigma_k\rangle^{(T)} - \langle\sigma_j\rangle^{(T)}\langle\sigma_k\rangle^{(T)}\right)$$

である．以上より，(2.226) が得られる．

（4） $H=0$ のときは，（2）より $M(T,0)=0$ であるから，(2.226) より
$$\chi_0(T) = \frac{1}{k_B T}\left\langle\left(\sum_{j=1}^{N}\mu_B\sigma_j\right)^2\right\rangle^{(T)}$$

ここで $\left(\sum_{j=1}^{N}\mu_B\sigma_j\right)^2 = \mu_B^2\sum_{j=1}^{N}\sum_{k=1}^{N}\sigma_j\sigma_k$ であるから，(2.227) が得られる．

[12] （1） (2.229) より
$$Z_N(T) = \sum_{\sigma_1=\pm1}\cdots\sum_{\sigma_{N-1}=\pm1}\prod_{j=1}^{N-2}e^{J_j\sigma_j\sigma_{j+1}/k_B T}\sum_{\sigma_N=\pm1}e^{J_{N-1}\sigma_{N-1}\sigma_N/k_B T}$$
$$= \sum_{\sigma_1=\pm1}\cdots\sum_{\sigma_{N-1}=\pm1}\prod_{j=1}^{N-2}e^{J_j\sigma_j\sigma_{j+1}/k_B T}\left(e^{J_{N-1}\sigma_{N-1}/k_B T} + e^{-J_{N-1}\sigma_{N-1}/k_B T}\right)$$
$$= \sum_{\sigma_1=\pm1}\cdots\sum_{\sigma_{N-1}=\pm1}\prod_{j=1}^{N-2}e^{J_j\sigma_j\sigma_{j+1}/k_B T}\,2\cosh\left(\frac{J_{N-1}\sigma_{N-1}}{k_B T}\right)$$

である．ここで，$\cosh x$ は偶関数（$\cosh(-x)=\cosh x$）であるから，$\sigma_{N-1}=1$ であろうと $\sigma_{N-1}=-1$ であろうと $\cosh(J_{N-1}\sigma_{N-1}/k_B T)=\cosh(J_{N-1}/k_B T)$ である．よって，
$$Z_N(T) = 2\cosh\left(\frac{J_{N-1}}{k_B T}\right)\sum_{\sigma_1=\pm1}\cdots\sum_{\sigma_{N-1}=\pm1}\prod_{j=1}^{N-1}e^{J_j\sigma_j\sigma_{j+1}/k_B T}$$

であるので，(2.230) が成り立つ．

（2） $$Z_2(T) = \sum_{\sigma_1=\pm1}\sum_{\sigma_2=\pm1}e^{J_1\sigma_1\sigma_2/k_B T} = \sum_{\sigma_1=\pm1}2\cosh\left(\frac{J_1\sigma_1}{k_B T}\right)$$
$$= \sum_{\sigma_1=\pm1}2\cosh\left(\frac{J_1}{k_B T}\right) = 4\cosh\left(\frac{J_1}{k_B T}\right)$$

（3）（1）で証明した漸化式より
$$Z_N(T) = 2\cosh\left(\frac{J_{N-1}}{k_B T}\right)Z_{N-1}(T)$$
$$= 2\cosh\left(\frac{J_{N-1}}{k_B T}\right)\times 2\cosh\left(\frac{J_{N-2}}{k_B T}\right)Z_{N-2}(T)$$

$$= \cdots$$
$$= \prod_{j=2}^{N-1}\left\{2\cosh\left(\frac{J_j}{k_\mathrm{B}T}\right)\right\}Z_2(T)$$

これに (2.231) を代入すると，(2.232) が導かれる.

（4） $J_j \equiv J$ のときは $Z_N(T) = 2\{2\cosh(J/k_\mathrm{B}T)\}^{N-1}$. よって
$$f(T) = \lim_{L\to\infty}\frac{1}{L}(-k_\mathrm{B}T\log Z_{\rho L})$$
$$= -k_\mathrm{B}T\lim_{L\to\infty}\frac{1}{L}\left[\log 2 + (\rho L - 1)\log\left\{2\cosh\left(\frac{J}{k_\mathrm{B}T}\right)\right\}\right]$$
$$= -k_\mathrm{B}T\rho\log\left\{2\cosh\left(\frac{J}{k_\mathrm{B}T}\right)\right\}$$

[13] （1） (2.229) より
$$\frac{\partial Z_N(T)}{\partial J_k} = \sum_\sigma \frac{\sigma_k\sigma_{k+1}}{k_\mathrm{B}T}e^{-\mathscr{H}(\sigma)/k_\mathrm{B}T}$$

であるから，(2.236) が導かれる.

（2） (2.229) より
$$\frac{\partial^2 Z_N(T)}{\partial J_k \partial J_{k+1}} = \sum_\sigma \frac{\sigma_k\sigma_{k+1}}{k_\mathrm{B}T}\frac{\sigma_{k+1}\sigma_{k+2}}{k_\mathrm{B}T}e^{-\mathscr{H}(\sigma)/k_\mathrm{B}T}$$

であるが，$\sigma_{k+1} = \pm 1$ なので $\sigma_{k+1}^2 = 1$ となり，これは $\sum_\sigma \sigma_j\sigma_{j+2}e^{-\mathscr{H}(\sigma)/k_\mathrm{B}T}/(k_\mathrm{B}T)^2$ に等しい．よって，(2.237) は $\langle\sigma_k\sigma_{k+2}\rangle^{(T)}$ に等しい.

（3） $1 \leq r \leq N-1, 1 \leq k \leq N-r$ に対して，上と同様にして
$$\langle\sigma_k\sigma_{k+r}\rangle^{(T)} = \frac{(k_\mathrm{B}T)^r}{Z_N(T)}\frac{\partial^r Z_N(T)}{\partial J_k\cdots\partial J_{k+r-1}}$$

が導かれる．(2.232) の結果より，これは $\prod_{j=k}^{k+r-1}\tanh(J_j/k_\mathrm{B}T)$ に等しいので，$J_j \equiv J$ とすると (2.238) が得られる.

（4） $\sigma_j^2 = 1$ なので
$$\sum_{j=1}^{N}\sum_{k=1}^{N}\langle\sigma_j\sigma_k\rangle^{(T)} = N + \sum_{1\leq j\neq k\leq N}\langle\sigma_j\sigma_k\rangle^{(T)}$$
$$= N + 2\sum_{j=1}^{N-1}\sum_{k=j+1}^{N}\langle\sigma_j\sigma_k\rangle^{(T)}$$
$$= N + 2\sum_{j=1}^{N-1}\sum_{r=1}^{N-j}\langle\sigma_j\sigma_{j+r}\rangle^{(T)}$$

以下では $t = \tanh(J/k_\mathrm{B}T)$ と略記することにする．$|J/k_\mathrm{B}T| < \infty$ なので $|t| < 1$ である．(2.238) より

$$\sum_{j=1}^{N}\sum_{k=1}^{N}\langle\sigma_j\sigma_k\rangle^{(T)}$$
$$=N+2\sum_{j=1}^{N-1}\sum_{r=1}^{N-j}t^r=N+2\sum_{j=1}^{N-1}\frac{t-t^{N-j+1}}{1-t}$$
$$=N+\frac{2(N-1)t}{1-t}-\frac{2}{1-t}\sum_{k=2}^{N}t^k=N+\frac{2(N-1)t}{1-t}-\frac{2(t^2-t^{N+1})}{(1-t)^2}$$
$$=\frac{1+t}{1-t}N-\frac{2t}{(1-t)^2}+\frac{2t^{N+1}}{(1-t)^2}$$

よって，
$$\chi_N^0(T)=\frac{\mu_B^2}{k_BT}\left\{\frac{1+t}{1-t}N-\frac{2t}{(1-t)^2}+\frac{2t^{N+1}}{(1-t)^2}\right\}$$

という結果が得られる．

(5) $|t|<1$ なので，$\lim_{L\to\infty}t^{\rho L+1}=0$ である．よって，$\chi^0(T)=(\rho\mu_B^2/k_BT)(1+t)/(1-t)$ であるが，$(1+t)/(1-t)=e^{2J/k_BT}$ であるから，
$$\chi^0(T)=\frac{\rho\mu_B^2}{k_BT}e^{2J/k_BT}$$

である．

[14] (1) (2.241) より
$$T=\begin{pmatrix}t_{11}&t_{1-1}\\t_{-11}&t_{-1-1}\end{pmatrix}=\begin{pmatrix}e^{J/k_BT+\mu_BH/k_BT}&e^{-J/k_BT}\\e^{-J/k_BT}&e^{J/k_BT-\mu_BH/k_BT}\end{pmatrix}$$

である．${}^tT=T$ であり，対称行列である．

(2) 行列 T の定義 (2.243) より，$\sigma=\pm 1$，$\sigma'=\pm 1$ に対して $t_{\sigma\sigma'}$ を行列 T の (σ,σ') 成分と見なして，$(T)_{\sigma\sigma'}=t_{\sigma\sigma'}$ と書くことにする．行列の掛け算の定義より，T の 2 乗 T^2 で与えられる 2×2 行列の (σ_1,σ_3) 成分は
$$(T^2)_{\sigma_1\sigma_3}=\sum_{\sigma_2=\pm 1}(T)_{\sigma_1\sigma_2}(T)_{\sigma_2\sigma_3}=\sum_{\sigma_2=\pm 1}t_{\sigma_1\sigma_2}t_{\sigma_2\sigma_3}$$

で与えられることになる．同様に，(2.242) の分配関数は
$$Z_N(T,H)=\sum_{\sigma_1=\pm 1}(T^N)_{\sigma_1\sigma_1}$$

であることが導かれる．この式は 2×2 行列 T^N の 2 つの対角成分 $(T^N)_{11}$ と $(T^N)_{-1-1}$ の和なので，(2.244) と書ける．

(3) 行列 T の**特性方程式** $\det(\lambda I-T)=0$ を書き下すと
$$\lambda^2-2e^{J/k_BT}\cosh\left(\frac{\mu_BH}{k_BT}\right)+2\sinh\left(\frac{2J}{k_BT}\right)=0$$

となるので，この 2 次方程式を解くと
$$\lambda_\pm=e^{J/k_BT}\cosh\left(\frac{\mu_BH}{k_BT}\right)\pm e^{-J/k_BT}\sqrt{1+4e^{J/k_BT}\sinh^2\left(\frac{\mu_BH}{k_BT}\right)}$$

第 2 章   225

（複号同順）が得られる．

（4） (2.243), (2.245), および (2.246) より
$${}^t\mathrm{U}T\mathrm{U} = \begin{pmatrix} m_+ & m_0 \\ m_0 & m_- \end{pmatrix}$$

とおくと
$$m_\pm = e^{J/k_\mathrm{B}T \pm \mu_\mathrm{B}H/k_\mathrm{B}T}\cos^2\phi + e^{J/k_\mathrm{B}T \mp \mu_\mathrm{B}H/k_\mathrm{B}T}\sin^2\phi \pm 2e^{-J/k_\mathrm{B}T}\sin\phi\cos\phi$$
$$m_0 = e^{-J/k_\mathrm{B}T}(\cos^2\phi - \sin^2\phi) - 2e^{J/k_\mathrm{B}T}\sinh\left(\frac{\mu_\mathrm{B}H}{k_\mathrm{B}T}\right)\sin\phi\cos\phi$$

である．これが対角行列であるという条件 $m_0 = 0$ より
$$\frac{\cos^2\phi - \sin^2\phi}{2\sin\phi\cos\phi} = e^{2J/k_\mathrm{B}T}\sinh\left(\frac{\mu_\mathrm{B}H}{k_\mathrm{B}T}\right)$$

が得られる．三角関数の倍角の公式 $\cos^2\phi - \sin^2\phi = \cos 2\phi$, $2\sin\phi\cos\phi = \sin 2\phi$ を用いると，(2.248) が導かれる．

（5） $\mathrm{U}\,{}^t\mathrm{U} = I$ であるので，(2.244) は
$$Z_N(T, H) = \mathrm{tr}\left\{(\mathrm{U}\,{}^t\mathrm{U})\,T\,(\mathrm{U}\,{}^t\mathrm{U})\,T\,(\mathrm{U}\,{}^t\mathrm{U})\cdots(\mathrm{U}\,{}^t\mathrm{U})\,T\,(\mathrm{U}\,{}^t\mathrm{U})\right\}$$
$$= \mathrm{tr}\left\{\mathrm{U}({}^t\mathrm{U}T\mathrm{U})({}^t\mathrm{U}T\mathrm{U})\cdots({}^t\mathrm{U}T\mathrm{U})\,{}^t\mathrm{U}\right\}$$
$$= \mathrm{tr}\left\{\mathrm{U}({}^t\mathrm{U}T\mathrm{U})^N\,{}^t\mathrm{U}\right\}$$

と書ける．

一般に，2つの正方行列 M と $\tilde{\mathrm{M}}$ に対して $\mathrm{tr}(M\tilde{M}) = \mathrm{tr}(\tilde{M}M)$ が成り立つので，上の式で $M = U$, $\tilde{M} = ({}^t\mathrm{U}T\mathrm{U})^N\,{}^t\mathrm{U}$ とすると $\tilde{M}M = ({}^t\mathrm{U}T\mathrm{U})^N\,{}^t\mathrm{U}\mathrm{U} = ({}^t\mathrm{U}T\mathrm{U})^N$ となるので（${}^t\mathrm{U}\mathrm{U} = I$ を用いた），$Z_N(T, H) = \mathrm{tr}({}^t\mathrm{U}T\mathrm{U})^N$．ここで (2.247) を適用すると
$$({}^t\mathrm{U}T\mathrm{U})^N = \begin{pmatrix} \lambda_+ & 0 \\ 0 & \lambda_- \end{pmatrix}^N = \begin{pmatrix} \lambda_+^N & 0 \\ 0 & \lambda_-^N \end{pmatrix}$$

なので，
$$Z_N(T, H) = \mathrm{tr}\begin{pmatrix} \lambda_+^N & 0 \\ 0 & \lambda_-^N \end{pmatrix} = \lambda_+^N + \lambda_-^N$$

となる．

（6）
$$f = -k_\mathrm{B}T\lim_{L\to\infty}\frac{1}{L}\log(\lambda_+^{\rho L} + \lambda_-^{\rho L})$$
$$= -k_\mathrm{B}T\lim_{L\to\infty}\left[\rho\log\lambda_+ + \frac{1}{L}\log\left\{1 + \left(\frac{\lambda_-}{\lambda_+}\right)^{\rho L}\right\}\right]$$

$\lambda_+ > \lambda_-$ なので，$L \to \infty$ で $(\lambda_-/\lambda_+)^{\rho L} \to 0$ であり，
$$f(T, H) = -k_\mathrm{B}T\rho\log\lambda_+$$

$$= -k_\mathrm{B}T\rho \log\Bigl\{e^{J/k_\mathrm{B}T}\cosh\Bigl(\frac{\mu_\mathrm{B}H}{k_\mathrm{B}T}\Bigr) + e^{-J/k_\mathrm{B}T}\sqrt{1 + e^{4J/k_\mathrm{B}T}\sinh^2\Bigl(\frac{\mu_\mathrm{B}H}{k_\mathrm{B}T}\Bigr)}\Bigr\}$$

が得られる．$H=0$ とすると，これは

$$f(T,0) = -k_\mathrm{B}T\rho \log(e^{J/k_\mathrm{B}T} + e^{-J/k_\mathrm{B}T})$$

となるので，[12] の（4）の答えと一致する．

（7） $m = -\partial f/\partial H$ を計算すると（2.251）が得られる．

（8）（2.251）で $H=0$ とすると $m(T,0)=0$ となり，自発磁化はない．あるいは，(2.240) のハミルトニアンで $H=0$ として得られるゼロ磁場ハミルトニアン $\mathscr{H}_0(\boldsymbol{\sigma}) = -J\sum_{j=1}^{N}\sigma_j\sigma_{j+1}$ はスピン反転対称性 $\mathscr{H}(-\boldsymbol{\sigma}) = \mathscr{H}(\boldsymbol{\sigma})$ をもつので，[11] の（2）で証明した一般論より自発磁化はないことが結論される．

また，

$$\chi^0(T) = \frac{\partial m(T,H)}{\partial H}\Big|_{H=0} = \rho\mu_\mathrm{B}^2\frac{e^{2J/k_\mathrm{B}T}}{k_\mathrm{B}T}$$

となり，[13] の（5）の結果と一致する．

[15]（1）（2.253）は

$$\langle\sigma_j\rangle^{(T)} = \frac{1}{Z_N}\sum_{\sigma_1=\pm 1}\cdots\sum_{\sigma_N=\pm 1} t_{\sigma_1\sigma_2}\cdots t_{\sigma_{j-1}\sigma_j}\sigma_j t_{\sigma_j\sigma_{j+1}}\cdots t_{\sigma_N\sigma_1}$$

$$= \frac{1}{Z_N}\sum_{\sigma_1=\pm 1}\sum_{\sigma_j=\pm 1}(\mathrm{T}^{j-1})_{\sigma_1\sigma_j}\sigma_j(\mathrm{T}^{N-j+1})_{\sigma_j\sigma_1}$$

と書き直せる．(2.254) で定義した行列 S を用いると

$$(\mathrm{T}^{j-1})_{\sigma_1\sigma_j}\sigma_j = (\mathrm{T}^{j-1}\mathrm{S})_{\sigma_1\sigma_j}$$

が $\sigma_1 = \pm 1, \sigma_j = \pm 1$ に対して成り立つ．よって，

$$\langle\sigma_j\rangle^{(T)} = \frac{1}{Z_N}\sum_{\sigma_1=\pm 1}\sum_{\sigma_j=\pm 1}(\mathrm{T}^{j-1}\mathrm{S})_{\sigma_1\sigma_j}(\mathrm{T}^{N-j+1})_{\sigma_j\sigma_1}$$

$$= \frac{1}{Z_N}\sum_{\sigma_1=\pm 1}(\mathrm{T}^{j-1}\mathrm{S}\mathrm{T}^{N-j+1})_{\sigma_1\sigma_1} = \frac{1}{Z_N}\mathrm{tr}(\mathrm{T}^{j-1}\mathrm{S}\mathrm{T}^{N-j+1})$$

となり，$\mathrm{tr}(\mathrm{T}^{j-1}\mathrm{S}\mathrm{T}^{N-j+1}) = \mathrm{tr}\{\mathrm{T}^{j-1}(\mathrm{S}\mathrm{T}^{N-j+1})\} = \mathrm{tr}\{(\mathrm{S}\mathrm{T}^{N-j+1})\mathrm{T}^{j-1}\} = \mathrm{tr}(\mathrm{S}\mathrm{T}^N)$ なので，(2.255) が得られる．

（2）(2.255) を

$$\langle\sigma_j\rangle^{(T)} = \frac{1}{Z_N}\mathrm{tr}\{({}^t\mathrm{U}\mathrm{S}\mathrm{U})({}^t\mathrm{U}\mathrm{T}\mathrm{U})^N\}$$

と書き直す．三角関数の倍角の公式より

$${}^t\mathrm{U}\mathrm{S}\mathrm{U} = \begin{pmatrix} \cos 2\phi & -\sin 2\phi \\ -\sin 2\phi & -\cos 2\phi \end{pmatrix}$$

となることに注意すると，(2.247) および (2.249) より

$$\langle \sigma_j \rangle^{(T)} = \frac{1}{\lambda_+^N + \lambda_-^N} \mathrm{tr}\left\{\begin{pmatrix} \cos 2\phi & -\sin 2\phi \\ -\sin 2\phi & -\cos 2\phi \end{pmatrix}\begin{pmatrix} \lambda_+^N & 0 \\ 0 & \lambda_-^N \end{pmatrix}\right\}$$

$$= \frac{1}{\lambda_+^N + \lambda_-^N} \mathrm{tr}\begin{pmatrix} \cos 2\phi \ \lambda_+^N & -\sin 2\phi \ \lambda_-^N \\ -\sin 2\phi \ \lambda_+^N & -\cos 2\phi \ \lambda_-^N \end{pmatrix}$$

であり，これより (2.256) が得られる．

（3） N スピン系の磁化は $M = \sum_{j=1}^{N} \mu_{\mathrm{B}} \langle \sigma_j \rangle^{(T)} = N\mu_{\mathrm{B}} \langle \sigma_j \rangle^{(T)}$ で与えられるので

$$m = \lim_{L\to\infty} \frac{M}{L} = \rho\mu_{\mathrm{B}} \lim_{L\to\infty} \frac{\lambda_+^{\rho L} - \lambda_-^{\rho L}}{\lambda_+^{\rho L} + \lambda_-^{\rho L}} \cos 2\phi$$

$\lambda_+ > \lambda_-$ より，この極限は (2.257) となる．(2.248) の両辺を 2 乗して $\sin^2 2\phi = 1 - \cos^2 2\phi$ を用いると，

$$\frac{\cos^2 2\phi}{1 - \cos^2 2\phi} = e^{4J/k_{\mathrm{B}}T} \sinh^2\left(\frac{\mu_{\mathrm{B}}H}{k_{\mathrm{B}}T}\right)$$

が得られる．これを $\cos^2 2\phi$ について解き，$\cos 2\phi > 0$ とすると

$$\cos 2\phi = \cos^2 \phi - \sin^2 \phi$$
$$= \frac{e^{2J/k_{\mathrm{B}}T} \sinh(\mu_{\mathrm{B}}H/k_{\mathrm{B}}T)}{\sqrt{1 + e^{4J/k_{\mathrm{B}}T} \sinh^2(\mu_{\mathrm{B}}H/k_{\mathrm{B}}T)}}$$

と求めることができる．これを (2.257) に代入すると，(2.251) が導かれる．

[**16**] （1） (2.258) において

$$\sum_{\sigma} \sigma_j \sigma_{j+r} e^{-\mathcal{H}(\sigma)/k_{\mathrm{B}}T}$$

$$= \sum_{\sigma_1=\pm 1}\cdots\sum_{\sigma_N=\pm 1} t_{\sigma_1\sigma_2}\cdots t_{\sigma_{j-1}\sigma_j}\sigma_j t_{\sigma_j\sigma_{j+1}}\cdots t_{\sigma_{j+r-1}\sigma_{j+r}}\sigma_{j+r} t_{\sigma_{j+r}\sigma_{j+r+1}}\cdots t_{\sigma_N\sigma_1}$$

$$= \sum_{\sigma_1=\pm 1}\sum_{\sigma_j=\pm 1}\sum_{\sigma_{j+r}=\pm 1} (\mathrm{T}^{j-1}\mathrm{S})_{\sigma_1\sigma_j}(\mathrm{T}^r\mathrm{S})_{\sigma_j\sigma_{j+r}}(\mathrm{T}^{N-j-r+1})_{\sigma_{j+r}\sigma_1}$$

$$= \mathrm{tr}\,(\mathrm{T}^{j-1}\mathrm{ST}^r\mathrm{ST}^{N-j-r+1}) = \mathrm{tr}\,(\mathrm{ST}^r\mathrm{ST}^{N-r})$$

なので，(2.259) が得られる．

（2） (2.259) は

$$C_N(r) = \frac{1}{Z_N} \mathrm{tr}\,\{({}^t\mathrm{USU})({}^t\mathrm{UTU})^r({}^t\mathrm{USU})({}^t\mathrm{UTU})^{N-r}\}$$

と書き直せるので，[15] の解答と同様の計算により，これは

$$C_N(r) = \frac{1}{\lambda_+^N + \lambda_-^N}\{\cos^2 2\phi\ \lambda_+^N + \sin^2 2\phi\ \lambda_-^r\lambda_+^{N-r} + \sin^2 2\phi\ \lambda_+^r\lambda_-^{N-r} + \cos^2 2\phi\ \lambda_-^N\}$$

に等しいことが示せる．よって，極限 (2.260) をとると，(2.261) が得られる．

（3） $\lambda_+ > \lambda_-$ なので，(2.261) より $\lim_{r\to\infty} C(r) = \cos^2 2\phi$．よって，[15] の (3) で導いた (2.257) より，(2.262) が得られる．

（4） $G(r) = \sin^2 2\phi \times (\lambda_-/\lambda_+)^r$ なので
$$g(T, H) = \sin^2 2\phi = \frac{1}{1 + e^{4J/k_\mathrm{B}T} \sinh^2(\mu_\mathrm{B}H/k_\mathrm{B}T)}$$
また，
$$\xi(T, H) = \left(\log \frac{\lambda_+}{\lambda_-}\right)^{-1}$$
が得られる．$\lambda_\pm = \lambda_\pm(T, H)$ は [14] の（3）で求めてある．特に $H = 0$ のときは
$$\lambda_\pm(T, 0) = e^{J/k_\mathrm{B}T} \pm e^{-J/k_\mathrm{B}T}$$
であるから，
$$\xi(T, 0) = \left\{\log\left(\coth \frac{J}{k_\mathrm{B}T}\right)\right\}^{-1}$$
である．また，$g(T, 0) = 1$ である．[13] の（3）の（2.238）は
$$\langle \sigma_k \sigma_{k+r} \rangle^{(T)} = \exp\left[r \log\left\{\tanh \frac{J}{k_\mathrm{B}T}\right\}\right]$$
と書けるが，ここで $r \log\{\tanh(J/k_\mathrm{B}T)\} = -r \log\{\coth(J/k_\mathrm{B}T)\} = -r/\xi(T, 0)$ であるので，上の結果と一致する．$T \to 0$ では $J/k_\mathrm{B}T \to \infty$ なので $\coth(J/k_\mathrm{B}T) \to 1$ である．よって，$\xi(T, 0) \to \infty$ である．

[17]（1） 1振動子当りのハミルトニアンは
$$\mathscr{H}(p, q) = \frac{p^2}{2m} + \frac{m}{2}(2\pi\nu)^2 q^2$$
である．よって，1振動子当りの分配関数は，《数学公式3》の1番目（2.91）で与えてあるガウス積分の公式を用いると，
$$Z_1(T) = \frac{1}{h}\int_{-\infty}^{\infty} dp \int_{-\infty}^{\infty} dq \, e^{-\mathscr{H}(p,q)/k_\mathrm{B}T}$$
$$= \frac{1}{h}\int_{-\infty}^{\infty} e^{p^2/2mk_\mathrm{B}T} dp \int_{-\infty}^{\infty} e^{-m(2\pi\nu)^2 q^2/2k_\mathrm{B}T} dq$$
$$= \frac{1}{h}\sqrt{2\pi m k_\mathrm{B}T} \times \sqrt{\frac{2\pi k_\mathrm{B}T}{m(2\pi\nu)^2}} = \frac{k_\mathrm{B}T}{h\nu}$$
と求められる．

（2） 1振動子当りの自由エネルギーは $-k_\mathrm{B}T \log Z_1(T) = -k_\mathrm{B}T \log(k_\mathrm{B}T/h\nu)$ である．よって，振動子の数密度が ρ のときのヘルムホルツの自由エネルギー密度は
$$f(T, \rho) = -\rho k_\mathrm{B}T \log\left(\frac{k_\mathrm{B}T}{h\nu}\right)$$
である．

（3） エントロピー密度は
$$s(T, \rho) = -\frac{\partial f}{\partial T} = \rho\left[1 + \log\left(\frac{k_\mathrm{B}T}{h\nu}\right)\right]k_\mathrm{B}$$

（4） 単位体積当りの熱量を δq と書くと，クラウジウスの式より $\delta q = T\,ds$ なので，$\bar{c}_V = \delta q/dT$ から (2.264) が導かれる．

（5） $\bar{c}_V = T\,\partial s/\partial T = \rho k_B$

[18]（1） 1自由度当りの分配関数が (2.171) で与えられるので，それを $3N$ 乗すればよい．

（2） $f(T) = \lim_{V \to \infty}(-k_B T \log Z_{\rho V}(T))/V$ なので

$$f(T) = 3\rho\left[\frac{h\nu}{2} + k_B T \log(1 - e^{-h\nu/k_B T})\right]$$

エントロピー密度 $s(T)$ は

$$\begin{aligned}s(T) &= -\frac{\partial f(T)}{\partial T} \\ &= -3\rho\left[\log(1 - e^{-h\nu/k_B T}) + \frac{h\nu}{k_B T}\frac{e^{-h\nu/k_B T}}{1 - e^{-h\nu/k_B T}}\right]\end{aligned}$$

と求められる．

（3） 上で求めた $s(T)$ を T で微分して (2.264) を計算すると，(2.266) が得られる．$x = T/\Theta_E$，$f = \bar{c}_V/3\rho k_B$ とおくと

$$f = f(x) = \frac{e^{-1/x}}{x^2(1 - e^{-1/x})^2}$$

である．$x \to 0$ では $f(x) \simeq e^{-1/x}/x^2$ なので，指数関数的に急激にゼロになる．また，$x \gg 1$ では $e^{-1/x} = 1 - 1/x + O((1/x)^2)$ とテイラー展開できるので，$x \to \infty$ で

$$f(x) \simeq \frac{1}{x^2}\frac{1 - 1/x + O((1/x)^2)}{\{1/x + O((1/x)^2)\}^2} \to 1$$

である．グラフは図B.4のようになる．つまり，アインシュタインの固体モデルの単位体積当りの比熱 $\bar{c}_V$ は，低温 $T \ll \Theta_E$ では指数関数的にゼロになり，

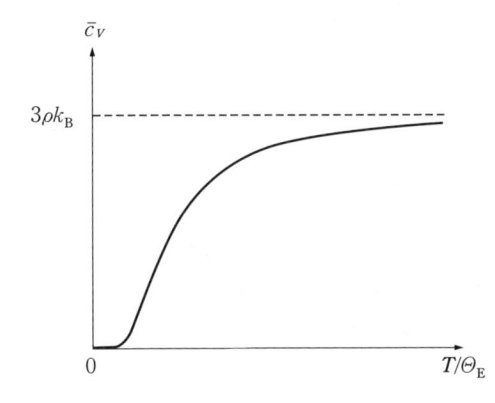

図 B.4 アインシュタインの固体モデルの単位体積当りの比熱 $\bar{c}_V$

高温 $T \gg \varTheta_\mathrm{E}$ では $3\rho k_\mathrm{B}$ に収束する．

第 3 章

［1］（1） x 方向には $c/2L_x$ の間隔，y 方向には $c/2L_y$ の間隔，z 方向には $c/2L_z$ の間隔で並ぶ格子点から成る3次元立方格子を考えると，(3.94)はこの中の1つの格子点 $\bm{n}=(n_x,n_y,n_z)$ の原点からの距離になっている．よって，定常波モードの総数は，半径 ν の球の第1象限部分 $(x>0,\ y>0,\ z>0$ の部分) の中に含まれる格子点の総数ということになる．

上述の格子点1個当りの体積は

$$\frac{c}{2L_x} \times \frac{c}{2L_y} \times \frac{c}{2L_z} = \frac{c^3}{8V}$$

である．半径 ν の球の体積 $4\pi\nu^3/3$ を $1/8$ 倍すると第1象限の部分だけの体積になるので，求める総数は，この体積を格子点1個当りの体積で割った

$$\frac{1}{8} \times \frac{4\pi\nu^3/3}{c^3/8V} = \frac{4\pi\nu^3 V}{3c^3}$$

で与えられる（図B.5を参照）．

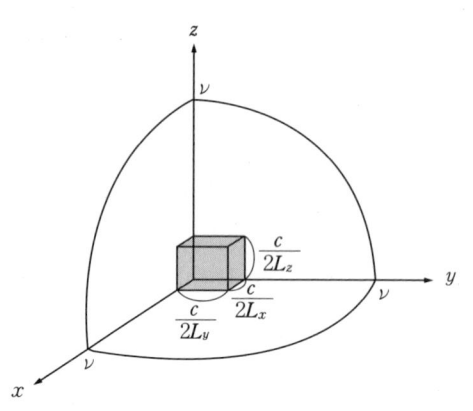

図 B.5 半径 ν の球の $1/8$（第1象限のみ）を考える．$c/2L_x \times c/2L_y \times c/2L_z$ の直方体1つごとに1つの定常波モードが存在する．

（2） $\mathscr{D}(\nu)$ の定義より $\int_0^\nu \mathscr{D}(\nu')\,d\nu'$ は振動数が ν 以下のモードの総数であり，これは（1）で導いた $4\pi\nu^3 V/3c^3$ に等しいので

$$\int_0^\nu \mathscr{D}(\nu')\,d\nu' = \frac{4\pi\nu^3 V}{3c^3}$$

である．この等式を ν で微分すると

$$\mathscr{D}(\nu) = \frac{4\pi\nu^2 V}{c^3}$$

が得られるので，(3.96) の関係式が導かれる．

（3）
$$\int_0^{\nu_D} \mathscr{D}(\nu)\,d\nu = \frac{4\pi\nu_D^3 V}{3c^3} = 3N$$

より

$$\nu_D = \left(\frac{9Nc^3}{4\pi V}\right)^{1/3}$$

なので，これを使うと (3.95) は (3.98) となる．

（4） (3.100) に (3.98) と (3.99) を代入すると

$$U = \frac{9N}{\nu_R^3}\int_0^{\nu_D} \frac{h\nu^3}{e^{h\nu/k_B T}-1}\,d\nu$$

となるから，

$$u = \lim_{V\to\infty}\frac{U}{V} = \frac{9\rho h}{\nu_D^3}\int_0^{\nu_D}\frac{\nu^3}{e^{h\nu/k_B T}-1}\,d\nu$$

である．

（5） 単位体積当りの定積比熱は

$$\bar{c}_V = \frac{\partial u}{\partial T} = \frac{9\rho h}{\nu_D^3}\int_0^{\nu_D}\nu^3\frac{\partial}{\partial T}\left(\frac{1}{e^{h\nu/k_B T}-1}\right)d\nu$$

$$= \frac{9\rho h^2}{\nu_D^3 k_B T}\int_0^{\nu_D}\frac{\nu^4 e^{h\nu/k_B T}}{(e^{h\nu/k_B T}-1)^2}\,d\nu$$

ここで $h\nu/k_B T = \xi$ と変数変換すると，$d\nu = (k_B T/h)d\xi$ となるので，

$$\bar{c}_V = 9\rho\frac{k_B^4 T^3}{h^3 \nu_D^3}\int_0^{h\nu_D/k_B T}\frac{\xi^4 e^\xi}{(e^\xi-1)^2}\,d\xi$$

となる．これを書き直したのが (3.103) である．

（6） 積分区間の上限 $\Theta_D/T \ll 1$ なので，(3.102) で与えられた $g(x)$ の被積分関数も $0 < \xi \ll 1$ の場合を考えればよく，$\xi^4 e^\xi/(e^\xi-1)^2 \simeq \xi^2$ と近似できる．よって，

$$g\left(\frac{\Theta_D}{T}\right) \simeq 3\left(\frac{T}{\Theta_D}\right)^3\int_0^{\Theta_D/T}\xi^2\,d\xi = 1$$

であるから，(3.104) が得られる．

（7） $\Theta_D/T \gg 1$ なので，(3.102) の積分の上限を ∞ におき換えて

$$g\left(\frac{\Theta_D}{T}\right) \simeq A\left(\frac{T}{\Theta_D}\right)^3$$

が得られる．第 2 章の演習問題 [18] で扱ったアインシュタインの固体モデルでは，比熱は $T \to 0$ で指数関数的にゼロになった．デバイの固体モデルでは比熱は T^3 に比例してゼロになり，これは実際の固体物質の**格子比熱**の様子と合っている．ここで係数は

$$A = 3 \int_0^\infty \frac{\xi^4 e^\xi}{(e^\xi - 1)^2} \, d\xi$$

である．

$$\frac{\partial}{\partial \xi} \frac{1}{e^\xi - 1} = -\frac{e^\xi}{(e^\xi - 1)^2}$$

であるから，部分積分をすると

$$A = 3 \left\{ \left[-\frac{\xi^4}{e^\xi - 1} \right]_0^\infty + \int_0^\infty \frac{4\xi^3}{e^\xi - 1} \, d\xi \right\} = 12 \int_0^\infty \frac{\xi^3}{e^\xi - 1} \, d\xi$$

となる．

ここに現れる積分は

$$\int_0^\infty \frac{x^3}{e^x - 1} \, dx = \sum_{n=1}^\infty \int_0^\infty x^3 e^{-nx} \, dx$$

と展開できる．各項の積分は $nx = s$ とおくと

$$\int_0^\infty x^3 e^{-nx} \, dx = \frac{1}{n^4} \int_0^\infty e^{-s} s^3 \, ds = \frac{\Gamma(4)}{n^4} = \frac{6}{n^4}$$

と計算できるので（付録 A.1 の (A.5), (A.7) を参照）

$$\int_0^\infty \frac{x^3}{e^x - 1} \, dx = 6 \sum_{n=1}^\infty \frac{1}{n^4} = 6\zeta(4) = \frac{\pi^4}{15}$$

と値が求められる．ここで，リーマンのゼータ関数の特殊値に対する結果 (A.22) を用いた（付録 A.1 を参照）．よって，係数 A の値は $4\pi^4/5$ である．

[2]（1）(3.107) で $k_\mathrm{B} T \gg h\nu$ のときは $e^{h\nu/k_\mathrm{B}T} - 1 \simeq h\nu/k_\mathrm{B}T$ なので

$$u^{(T)}(\nu) \simeq \frac{8\pi \nu^2 V}{c^3} k_\mathrm{B} T$$

となり，(3.108) の近似式が得られる．

（2）$k_\mathrm{B} T \ll h\nu$ のときは $e^{h\nu/k_\mathrm{B}T} - 1 \simeq e^{h\nu/k_\mathrm{B}T}$ なので，$f_\mathrm{BE}^{(T,0)}(h\nu) \simeq e^{-h\nu/k_\mathrm{B}T}$ であるから，(3.109) の近似式が得られる．

（3）

$$u(T) = \frac{U(T)}{V} = \frac{1}{V} \int_0^\infty u^{(T)}(\nu) \, d\nu$$

において，$x = h\nu/k_\mathrm{B}T$ に従って積分変数を ν から x に変換すると，(3.110) が導かれる．ただし，係数は

$$a = \frac{8\pi k_\mathrm{B}^4}{c^3 h^3} \int_0^\infty \frac{x^3}{e^x - 1} \, dx$$

である.
　上の［1］の（7）の解答で示したように，
$$\int_0^\infty \frac{x^3}{e^x - 1}\, dx = 6\zeta(4) = \frac{\pi^4}{15}$$
である．よって，係数 a の値は $a = 8\pi^5 k_B^4 / 15 c^3 h^3$ である．この係数 a は**シュテファン－ボルツマン定数**とよばれる．

［3］ 部分積分を行なうと
$$\int_0^\infty \nu^2 \log\left(1 - e^{-h\nu/k_B T}\right) d\nu$$
$$= \left[\frac{\nu^3}{3} \log\left(1 - e^{-h\nu/k_B T}\right)\right]_0^\infty - \frac{1}{3k_B T}\int_0^\infty \frac{\nu^3 e^{-h\nu/k_B T}}{1 - e^{-h\nu/k_B T}} d\nu$$
となるが，右辺の第1項はゼロなので
$$\log \Xi(T, \mu) = \frac{8\pi V}{3k_B T c^3} \int_0^\infty \frac{\nu^3 e^{-h\nu/k_B T}}{1 - e^{-h\nu/k_B T}} d\nu$$
$$= \frac{1}{3k_B T}\int_0^\infty \frac{8\pi V}{c^3} \frac{\nu^3}{e^{h\nu/k_B T} - 1} d\nu = \frac{V}{3k_B T} u(T)$$
となる．ここで $u(T) = U/V$ は内部エネルギー密度である．よって，公式（1.118）より（3.112）が得られる.

［4］ （3.64）にフェルミ分布関数（3.61）を代入すると
$$\rho = 2\pi \left(\frac{2m}{h^2}\right)^{3/2} \int_0^\infty \frac{\varepsilon^{1/2}}{e^{(\varepsilon - \mu)/k_B T} + 1} d\varepsilon$$
$$= \left(\frac{2\pi m k_B T}{h^2}\right)^{3/2} \frac{2}{\sqrt{\pi}(k_B T)^{3/2}} \int_0^\infty \frac{\varepsilon^{1/2}}{e^{(\varepsilon - \mu)/k_B T} + 1} d\varepsilon$$
が得られる．この最右辺の積分において $\varepsilon/k_B T = x$ と変数変換すると
$$\rho = \left(\frac{2\pi m k_B T}{h^2}\right)^{3/2} I_{\mathrm{FD}}\left(-\frac{\mu}{k_B T}\right)$$
$$I_{\mathrm{FD}}(a) = \frac{2}{\sqrt{\pi}} \int_0^\infty \frac{x^{1/2}}{e^{x+a} + 1} dx$$
が得られる．ここで $I_{\mathrm{FD}}(a)$ の被積分関数を
$$\frac{x^{1/2}}{e^{x+a} + 1} = \frac{x^{1/2} e^{-(x+a)}}{1 + e^{-(x+a)}} = x^{1/2} \sum_{k=1}^\infty (-1)^{k-1} e^{-k(x+a)}$$
と級数展開して項別積分すると
$$I_{\mathrm{FD}}(a) = \sum_{k=1}^\infty (-1)^{k-1} e^{-ka} \frac{2}{\sqrt{\pi}} \int_0^\infty x^{1/2} e^{-kx} dx$$
$$= \sum_{k=1}^\infty \frac{(-1)^{k-1} e^{-ka}}{k^{3/2}}$$
となるので，（3.114）が導かれる．

[5] （ 1 ）自由ボース粒子系に対しては

$$p_{\text{BE}} = \frac{k_{\text{B}}T}{V} \log \Xi_{\text{BE}}(T, \mu)$$

$$= -\frac{k_{\text{B}}T}{V} \int_0^\infty \log\{1 - e^{-(\varepsilon-\mu)/k_{\text{B}}T}\} 2\pi V \left(\frac{2m}{h^2}\right)^{3/2} \varepsilon^{1/2} d\varepsilon$$

$$= -2\pi k_{\text{B}}T \left(\frac{2m}{h^2}\right)^{3/2} \int_0^\infty \varepsilon^{1/2} \log\{1 - e^{-(\varepsilon-\mu)/k_{\text{B}}T}\} d\varepsilon$$

部分積分を行なうと

$$\int_0^\infty \varepsilon^{1/2} \log\{1 - e^{-(\varepsilon-\mu)/k_{\text{B}}T}\} d\varepsilon$$

$$= \left[\frac{2}{3}\varepsilon^{3/2} \log\{1 - e^{-(\varepsilon-\mu)/k_{\text{B}}T}\}\right]_0^\infty - \frac{2}{3k_{\text{B}}T} \int_0^\infty \frac{\varepsilon^{3/2} e^{-(\varepsilon-\mu)/k_{\text{B}}T}}{1 - e^{-(\varepsilon-\mu)/k_{\text{B}}T}} d\varepsilon$$

$$= -\frac{2}{3k_{\text{B}}T} \int_0^\infty \frac{\varepsilon^{3/2}}{e^{(\varepsilon-\mu)/k_{\text{B}}T} - 1} d\varepsilon$$

となるので，(3.115) が得られる．

自由フェルミ粒子系に対しては

$$p_{\text{FD}} = \frac{k_{\text{B}}T}{V} \log \Xi_{\text{FD}}(T, \mu)$$

$$= \frac{k_{\text{B}}T}{V} \int_0^\infty \log\{1 + e^{-(\varepsilon-\mu)/k_{\text{B}}T}\} 2\pi V \left(\frac{2m}{h^2}\right)^{3/2} \varepsilon^{1/2} d\varepsilon$$

$$= 2\pi k_{\text{B}}T \left(\frac{2m}{h^2}\right)^{3/2} \int_0^\infty \varepsilon^{1/2} \log\{1 + e^{-(\varepsilon-\mu)/k_{\text{B}}T}\} d\varepsilon$$

部分積分を行なうと

$$\int_0^\infty \varepsilon^{1/2} \log\{1 + e^{-(\varepsilon-\mu)/k_{\text{B}}T}\} d\varepsilon$$

$$= \left[\frac{2}{3}\varepsilon^{3/2} \log\{1 + e^{-(\varepsilon-\mu)/k_{\text{B}}T}\}\right]_0^\infty + \frac{2}{3k_{\text{B}}T} \int_0^\infty \frac{\varepsilon^{3/2} e^{-(\varepsilon-\mu)/k_{\text{B}}T}}{1 + e^{-(\varepsilon-\mu)/k_{\text{B}}T}} d\varepsilon$$

$$= \frac{2}{3k_{\text{B}}T} \int_0^\infty \frac{\varepsilon^{3/2}}{e^{(\varepsilon-\mu)/k_{\text{B}}T} + 1} d\varepsilon$$

となるので，(3.116) が得られる．

（ 2 ）(3.115) を

$$\frac{p_{\text{BE}}}{k_{\text{B}}T} = \left(\frac{2\pi m k_{\text{B}}T}{h^2}\right)^{3/2} \frac{4}{3\sqrt{\pi}(k_{\text{B}}T)^{5/2}} \int_0^\infty \frac{\varepsilon^{3/2}}{e^{(\varepsilon-\mu)/k_{\text{B}}T} - 1} d\varepsilon$$

と書き直す．積分において $\varepsilon/k_{\text{B}}T = x$ とおくと

$$\frac{p_{\text{BE}}}{k_{\text{B}}T} = \left(\frac{2\pi m k_{\text{B}}T}{h^2}\right)^{3/2} J_{\text{BE}}\left(-\frac{\mu}{k_{\text{B}}T}\right)$$

$$J_{\text{BE}}(a) = \frac{4}{3\sqrt{\pi}} \int_0^\infty \frac{x^{3/2}}{e^{x+a} - 1} dx$$

が得られる．ここで
$$\frac{x^{3/2}}{e^{x+a}-1} = \frac{x^{3/2}e^{-(x+a)}}{1-e^{-(x+a)}} = x^{3/2}\sum_{k=1}^{\infty} e^{-k(x+a)}$$
なので
$$J_{\mathrm{BE}}(a) = \sum_{k=1}^{\infty} e^{-ka} \frac{4}{3\sqrt{\pi}} \int_0^{\infty} x^{3/2} e^{-ka} dx$$
$x^{1/2}=y$ と変数変換すると，《数学公式3》の3番目の積分公式 (2.93) が使えて
$$\int_0^{\infty} x^{3/2} e^{-kx} dx = \int_{-\infty}^{\infty} y^4 e^{-ky^2} dy = \frac{3\sqrt{\pi}}{4} k^{-5/2}$$
と求められるので，
$$J_{\mathrm{BE}}(a) = \sum_{k=1}^{\infty} \frac{e^{-ka}}{k^{5/2}}$$
となる．よって，(3.117) が得られる．

同様にして，(3.116) を
$$\frac{p_{\mathrm{FD}}}{k_{\mathrm{B}}T} = \left(\frac{2\pi m k_{\mathrm{B}}T}{h^2}\right)^{3/2} \frac{4}{3\sqrt{\pi}(k_{\mathrm{B}}T)^{5/2}} \int_0^{\infty} \frac{\varepsilon^{3/2}}{e^{(\varepsilon-\mu)/k_{\mathrm{B}}T}+1} d\varepsilon$$
$$= \left(\frac{2\pi m k_{\mathrm{B}}T}{h^2}\right)^{3/2} J_{\mathrm{FD}}\left(-\frac{\mu}{k_{\mathrm{B}}T}\right)$$
と書き直す．ここで
$$J_{\mathrm{FD}}(a) = \frac{4}{3\sqrt{\pi}} \int_0^{\infty} \frac{x^{3/2}}{e^{x+a}+1} dx$$
$$= \frac{4}{3\sqrt{\pi}} \int_0^{\infty} x^{3/2} \sum_{k=1}^{\infty} (-1)^{k-1} e^{-k(x+a)} dx$$
$$= \sum_{k=1}^{\infty} \frac{(-1)^{k-1} e^{-ka}}{k^{5/2}}$$
であるから，(3.118) が得られる．

[6] (1) (3.122) と
$$e^{-2a} = \left(\frac{2\pi m k_{\mathrm{B}}T}{h^2}\right)^{-3} \rho_{\mathrm{BE}}^2 + \cdots$$
を (3.120) に代入すると
$$\frac{p_{\mathrm{BE}}}{k_{\mathrm{B}}T} = \left(\frac{2\pi m k_{\mathrm{B}}T}{h^2}\right)^{3/2} \left[\left(\frac{2\pi m k_{\mathrm{B}}T}{h^2}\right)^{-3/2} \rho_{\mathrm{BE}} - \frac{1}{2^{3/2}}\left(\frac{2\pi m k_{\mathrm{B}}T}{h^2}\right)^{-3} \rho_{\mathrm{BE}}^2 \right.$$
$$\left. + \frac{1}{2^{5/2}}\left(\frac{2\pi m k_{\mathrm{B}}T}{h^2}\right)^{-3} \rho_{\mathrm{BE}}^2 + \cdots\right]$$
$$= \rho_{\mathrm{BE}} - \frac{1}{2^{3/2}}\left(\frac{h^2}{2\pi m k_{\mathrm{B}}T}\right)^{3/2} \rho_{\mathrm{BE}}^2 + \frac{1}{2^{5/2}}\left(\frac{h^2}{2\pi m k_{\mathrm{B}}T}\right)^{3/2} \rho_{\mathrm{BE}}^2 + \cdots$$
より，(3.123) が得られる．

（2）自由フェルミ粒子の場合は (3.124) より

$$e^{-a} = \left(\frac{2\pi m k_B T}{h^2}\right)^{-3/2} \rho_{FD} + \frac{e^{-2a}}{2^{3/2}} + \cdots$$

$$= \left(\frac{2\pi m k_B T}{h^2}\right)^{-3/2} \rho_{FD} + \frac{1}{2^{3/2}}\left(\frac{2\pi m k_B T}{h^2}\right)^{-3} \rho_{FD}^2 + \cdots$$

なので，(3.125) に代入すると

$$\frac{p_{FD}}{k_B T} = \left(\frac{2\pi m k_B T}{h^2}\right)^{3/2} \left[\left(\frac{2\pi m k_B T}{h^2}\right)^{-3/2}\rho_{FD} + \frac{1}{2^{3/2}}\left(\frac{2\pi m k_B T}{h^2}\right)^{-3}\rho_{FD}^2\right.$$
$$\left. - \frac{1}{2^{5/2}}\left(\frac{2\pi m k_B T}{h^2}\right)^{-3}\rho_{FD}^2 + \cdots\right]$$

$$= \rho_{FD} + \frac{1}{2^{3/2}}\left(\frac{h^2}{2\pi m k_B T}\right)^{3/2}\rho_{FD}^2 - \frac{1}{2^{5/2}}\left(\frac{h^2}{2\pi m k_B T}\right)^{3/2}\rho_{FD}^2 + \cdots$$

より，(3.126) が得られる．

[7]（1）(3.128) で分母の ± 1 を無視したものを $J_0(T, \mu)$ と書くことにすると

$$J_0(T, \mu) = \frac{2}{\sqrt{\pi}(k_B T)^{3/2}} \int_0^\infty \varepsilon^{1/2} e^{-(\varepsilon - \mu)/k_B T} d\varepsilon$$

$$= \frac{2 e^{\mu/k_B T}}{\sqrt{\pi}(k_B T)^{3/2}} \int_0^\infty \varepsilon^{1/2} e^{-\varepsilon/k_B T} d\varepsilon$$

となる．$\varepsilon/k_B T = x^2$ とおくと，$\varepsilon^{1/2} d\varepsilon = 2(k_B T)^{3/2} x^2 dx$ なので

$$J_0(T, \mu) = e^{\mu/k_B T} \frac{2}{\sqrt{\pi}} \int_{-\infty}^\infty x^2 e^{-x^2} dx = e^{\mu/k_B T}$$

が得られる．ここで《数学公式 3》の 2 番目の積分公式 (2.92) を用いた．よって，(3.129) の $J_\pm$ を J_0 で近似すると (2.106) が得られる．

（2）(3.130) の条件下では，上で求めたように

$$\rho = \left(\frac{2\pi m k_B T}{h^2}\right)^{3/2} e^{\mu/k_B T}$$

が成り立つ．これを用いると，条件 (3.130) は $\rho_c(T) = (2\pi m k_B T/h^2)^{3/2}$ としたとき，$\rho \ll \rho_c(T)$ と表せる．つまり，各温度 T に対して，$T^{3/2}$ に比例して上述の式で定まる値 $\rho_c(T)$ よりも粒子数密度 ρ が十分に低いときには，条件 (3.130) が成り立つことになる．つまり，フェルミ粒子であろうがボース粒子であろうが，それらが希薄気体であるときには，古典的な理想気体と同じ振舞いをするというわけである．

[8]（1）(3.133) で $\varepsilon/k_B T = x$ とおくと，

$$u(T, 0) = \left(\frac{2\pi m}{h^2}\right)^{3/2} (k_B T)^{5/2} \frac{2}{\sqrt{\pi}} \int_0^\infty \frac{x^{3/2}}{e^x - 1} dx \quad \propto \quad T^{5/2}$$

が導かれる．ここで

$$\frac{2}{\sqrt{\pi}}\int_0^\infty \frac{x^{3/2}}{e^x-1}dx = \sum_{k=1}^\infty \frac{2}{\sqrt{\pi}}\int_0^\infty x^{3/2}e^{-kx}dx$$
$$= \sum_{k=1}^\infty \frac{2}{\sqrt{\pi}}\int_0^\infty y^4 e^{-ky^2}dy = \frac{3}{2}\zeta\left(\frac{5}{2}\right)$$

である.計算の途中で $x^{1/2}=y$ とおき,《数学公式3》の3番目の積分公式 (2.93) を用いた.よって,係数も正確に書くと

$$u(T,0) = \frac{3}{2}\left(\frac{2\pi m}{h^2}\right)^{3/2}\zeta\left(\frac{5}{2}\right)(k_B T)^{5/2}$$

であり,単位体積当りの定積比熱は

$$\bar{c}_V = \frac{15}{4}\left(\frac{2\pi m}{h^2}\right)^{3/2}\zeta\left(\frac{5}{2}\right)k_B^{5/2}T^{3/2}$$

と求められる.ここで $\zeta(5/2) \fallingdotseq 1.345$ である.

(2) $T>T_c$ では $\mu \neq 0$ なので (3.131) は

$$u(T,\mu) = 2\pi\left(\frac{2m}{h^2}\right)^{3/2}\int_0^\infty \frac{\varepsilon^{3/2}}{e^{(\varepsilon-\mu)/k_B T}-1}d\varepsilon$$

であるが,十分高温では条件 (3.130) が成り立つので,被積分関数の分母の -1 の項は無視できる.よって,

$$u(T,\mu) \simeq 2\pi\left(\frac{2m}{h^2}\right)^{3/2}e^{\mu/k_B T}\int_0^\infty \varepsilon^{3/2}e^{-\varepsilon/k_B T}d\varepsilon$$

となる.ここで $\varepsilon/k_B T = x^2$ とおいて,《数学公式3》の3番目の積分公式 (2.93) を用いると,

$$\int_0^\infty \varepsilon^{3/2}e^{-\varepsilon/k_B T}d\varepsilon = 2(k_B T)^{5/2}\int_0^\infty x^4 e^{-x^2}dx = (k_B T)^{5/2}\frac{3}{4}\sqrt{\pi}$$

と計算できて,

$$u(T,\mu) \simeq \frac{3}{2}\left(\frac{2\pi m}{h^2}\right)^{3/2}e^{\mu/k_B T}(k_B T)^{5/2}$$

という評価が得られる.

この近似では粒子数密度 ρ は (2.106) で与えられるので,これは $u(T,\mu) \simeq 3\rho k_B T/2$ となる.よって,$\bar{c}_V = \partial u(T,\mu)/\partial T$ に対しては,(3.133) が結論される.

索　　引

ア

アインシュタインの
　　固体モデル　145
圧力　24, 38, 54
アボガドロ定数　4

イ

1次元イジング模型
　　138
1次元系　75
1次元剛体球系　136
1粒子分布関数　84
1粒子当りの分配関数
　　83
1粒子エネルギー準位
　　151
1粒子状態密度関数
　　158
位相空間　64
一様分布　18, 22, 128

ウ

ウィーンの輻射式　192

エ

Nスピン系　101
エネルギー状態密度
　　関数　10
エネルギー等分配の
　　法則　87

エネルギー量子
　　122, 151
エントロピー　23, 38
　　——増大則　4
　　——密度　69
　　シャノンの——関数
　　　18
　　相対——関数　31

オ

音波　188

カ

χ^2分布　132
開境界条件　140
開放系　48
ガウス積分　79, 197
ガウス分布（正規分布）
　　127
化学平衡　48
化学ポテンシャル　48
可逆　3
確率分布　16
確率変数　46
　　独立な——　84
確率密度関数　82, 127
カノニカル集団（正準
　　集団）　27, 33
カノニカル分布（正準
　　分布）　27, 33
ガンマ関数　198

ガンマ分布　132

キ

規格化条件　127
期待値（平均値）　16
基底エネルギー
　　5, 36, 151, 171
基底状態　5, 112, 122
ギブス-デュエムの
　　関係　49
ギブスの自由エネル
　　ギー　49
　　——密度　94
ギブスのパラドックス
　　69
逆温度　40
球殻　199
強磁性相互作用　138

ク

空気抵抗　3, 27
クラウジウスの式　23
グランドカノニカル
　　集団（大正準集団）　53
グランドカノニカル
　　分布（大正準分布）　53

コ

光子（フォトン）
　　133, 167
　　——気体　192

索　　引　239

格子比熱　232
光速度　133
剛体球系　135
　　1次元——　136
固有値　142
孤立系　21

サ

算術平均　14

シ

磁化　110
　　——密度　110
磁気モーメント　99
示強性　69
指示関数　65
指数関数　93
磁性体　110
実対称行列　141
実直交行列　142
質量密度　23
自発磁化　137
シャノンのエントロピー関数　18
周期的境界条件　140
自由電子　185
自由フェルミ粒子系　170
自由ボース粒子系　153
自由粒子系　75, 84
縮退　178
　　——温度　178
シュテファン−ボルツマン定数　233
シュテファン−ボルツマンの法則　192
常磁性　111
小正準集団（ミクロカノニカル集団）　15
状態　8
　　——空間　8
　　——数　12, 65
　　——方程式　25, 47, 110
　　——密度　10, 71
　　——和　37
ショットキー型比熱　115
示量性　69

ス

数学的帰納法　56
スターリングの公式　68
スピン　99
　　——角運動量　99
　　——相関関数　139
　　——反転対称性　137
　　——変数　100

セ

正規分布（ガウス分布）　127
静止エネルギー　133
正準集団（カノニカル集団）　27, 33
正準分布（カノニカル分布）　27, 33
ゼーマンエネルギー　101
ゼーマン効果　99
漸近評価　201
占有　151
　　——率　172

ソ

相関長　145
相互作用　28, 170
相対エントロピー関数　31
相転移　169
素粒子　167

タ

大状態和　53
帯磁率　137
ゼロ磁場——　137
大正準集団（グランドカノニカル集団）　53
大正準分布（グランドカノニカル分布）　53
大分配関数　53

チ

逐次代入法　194
超流動　169

テ

定積熱容量　42, 114
定積比熱　44, 90, 115
定積モル比熱　44, 90
低密度・高温展開　194
テイラー展開　128
デバイ振動数　189
デバイの固体モデル

240　索引

188
デバイの T^3 法則　191
デバイの比熱の式　190
デュロン-プティの
　法則　190
典型的な状態　14
電子比熱　186
転送行列　141

ト

等エネルギー状態　21
等温圧縮率　60
統計集団　16
統計力学のアイデア
　26
逃散能　54
等重率の仮定　25
等重率の原理　25
等比級数の和　120
特殊相対性理論　133
特性方程式　224
独立な確率変数　84
トレース　141

ナ

内部エネルギー　22, 29
　――密度　45, 67
内部磁場　116

ニ

2項展開　56
2項分布　56
2準位系　102
2体力相互作用　134
2体力ポテンシャル

134

ネ

熱エネルギー　3, 26
熱の移動　27
熱平衡状態　27
熱容量　8, 41, 87, 114
　定積――　42, 114
熱力学　3, 45
　――関係式　23
　――関数　22
　――極限　45, 67
　――第1法則
　　23, 115
　――第2法則　3
粘性　27

ハ

ハイゼンベルクの不確
　定性原理　66
パウリの排他律　152
ハミルトニアン　9, 74
反強磁性相互作用　138
反転分布状態　114

ヒ

非可逆　3
ビット　102
比熱　41, 87, 114
　格子――　232
　ショットキー型――
　　115
　定積――　44, 90, 115
　定積モル――　44, 90
　電子――　186

非平衡状態　114
標準偏差　42
比容積（比容）　60

フ

フェルミエネルギー
　密度　177
フェルミ温度　177
フェルミ準位　173
フェルミ-ディラック
　統計　173
フェルミ分布関数　172
フェルミポテンシャル
　173
フェルミ粒子（フェルミ
　オン）　152
　自由――系　170
フォトン（光子）
　133, 167
フォノン　167, 189
フガシティ　54
複合粒子　167
部分分数展開　201
プランク定数　5
プランクの輻射公式
　191
分散　41, 87
分配関数　38, 75, 82
　1粒子当りの――
　　83
　大――　53

ヘ

平均値（期待値）　16
平衡状態　21, 26

索　引　241

ヘリウム 3　168
ヘリウム 4　168
ヘルムホルツの自由
　エネルギー　30, 74
　——密度　80
偏光　191
変分法　29

ホ

ボーア磁子　99
ポアソン分布　97, 125
ボイル-シャルルの
　法則　61
ボース-アインシュタ
　イン凝縮　164
ボース-アインシュタ
　イン統計　158
ボース分布関数　156
ボース粒子（ボソン）
　152
　自由——系　153
ボルツマン因子　35, 74
ボルツマン定数　18
　シュテファン-——
　233
ボルツマンの式　23, 73

マ

マクスウェルの速度
　分布　130
マクローリン展開　93,
　128
摩擦　3, 5, 27

ミ

ミクロカノニカル集団
　（小正準集団）　15
ミクロカノニカル分布
　22
ミクロな状態　8

モ

モード　189
　——密度関数　189
モーメント　128
　——母関数　128

ヤ

ヤコビ行列式（ヤコビア
　ン）　197

ラ

ラグランジュの未定
　乗数法　29
ラプラス変換　127

リ

力学的エネルギー
　保存則　3
理想気体　47, 61, 75
　——の状態方程式
　47
理想ボース気体　158
リーマンのゼータ関数
　162, 182, 202
粒子数密度　22, 45
流体　27
量子効果　166
量子補正　195

レ

励起状態　5, 112, 122
零点エネルギー　5
零点振動　117
レイリー-ジーンズの
　輻射式　192

著者略歴

1961年 埼玉県出身．東京大学理学部物理学科卒．同大学院理学系研究科物理学専門課程博士課程修了．東京大学理学部助手，中央大学理工学部助教授を経て，現在，中央大学理工学部物理学科教授．理学博士．

主な著書：*Coherent Anomaly Method-Mean Field, Fluctuations and Systematics*（共著，World Scientific），「複雑系を解く確率モデル」（講談社），「物理数学の基礎」，「問題例で深める物理」（共著，サイエンス社），「科学技術者のための数学ハンドブック」，「統計物理学ハンドブック ―熱平衡から非平衡まで―」（共訳，朝倉書店）．

裳華房フィジックスライブラリー **統計力学**

2010年11月25日　第1版1刷発行

検印省略	著作者	香取 眞理
	発行者	吉野 和浩
定価はカバーに表示してあります．	発行所	〒102-0081 東京都千代田区四番町8-1 電話 03-3262-9166〜9 株式会社 裳華房
	印刷所	横山印刷株式会社
	製本所	牧製本印刷株式会社

社団法人 自然科学書協会会員

JCOPY〈(社)出版者著作権管理機構 委託出版物〉
本書の無断複写は著作権法上での例外を除き禁じられています．複写される場合は，そのつど事前に，(社)出版者著作権管理機構（電話03-3513-6969，FAX03-3513-6979，e-mail: info@jcopy.or.jp）の許諾を得てください．

ISBN 978-4-7853-2235-9

©香取眞理，2010　Printed in Japan

2010年11月現在

裳華房フィジックスライブラリー

著者	書名	定価
木下紀正 著	大学の物理	2940円
高木隆司 著	力学 (I)・(II)	(I)2100円 (II)1995円
久保謙一 著	解析力学	2205円
近 桂一郎 著	振動・波動	3465円
原 康夫 著	電磁気学 (I)・(II)	(I)2415円 (II)2415円
中山恒義 著	物理数学 (I)・(II)	(I)2415円 (II)2415円
香取眞理 著	統計力学	3150円
小野寺嘉孝 著	演習で学ぶ量子力学	2415円
坂井典佑 著	場の量子論	3045円
塚田 捷 著	物性物理学	3255円
十河 清 著	非線形物理学	2415円
松下 貢 著	フラクタルの物理 (I)・(II)	(I)2520円 (II)2520円
齋藤幸夫 著	結晶成長	2520円
中川・蛯名・伊藤 著	環境物理学	3150円
小山慶太 著	物理学史	2625円

裳華房テキストシリーズ－物理学

川村 清 著	力学	1995円
宮下精二 著	解析力学	1890円
小形正男 著	振動・波動	2100円
小野嘉之 著	熱力学	1890円
兵頭俊夫 著	電磁気学	2730円
阿部龍蔵 著	エネルギーと電磁場	2520円
原 康夫 著	現代物理学	2205円
原・岡崎 著	工科系のための現代物理学	2205円
松下 貢 著	物理数学	3150円
岡部 豊 著	統計力学	1890円
香取眞理 著	非平衡統計力学	2310円
小形正男 著	量子力学	3045円
松岡正浩 著	量子光学	2940円
窪田・佐々木 著	相対性理論	2730円
永江・永宮 著	原子核物理学	2730円
原 康夫 著	素粒子物理学	2940円
鹿児島誠一 著	固体物理学	2520円
永田一清 著	物性物理学	3780円